U0167683

一级注册建筑师执业资格考试要点

设计前期与场地设计
（知识题）

总主编单位　深圳市注册建筑师协会
总　主　编　张一莉
本 册 主 编　王　静
本册副主编　陈晓然　范永盛

中国建筑工业出版社

图书在版编目（CIP）数据

设计前期与场地设计：知识题 / 王静本册主编；陈晓然，范永盛副主编. — 北京：中国建筑工业出版社，2022.2

一级注册建筑师执业资格考试要点式复习教程 / 张一莉总主编

ISBN 978-7-112-27079-8

Ⅰ. ①设… Ⅱ. ①王… ②陈… ③范… Ⅲ. ①建筑设计-资格考试-自学参考资料 Ⅳ. ①TU2

中国版本图书馆 CIP 数据核字（2022）第 014768 号

责任编辑：费海玲　张幼平
责任校对：李美娜

一级注册建筑师执业资格考试要点式复习教程
设计前期与场地设计
（知识题）
总主编单位　深圳市注册建筑师协会
总　主　编　张一莉
本 册 主 编　王　静
本册副主编　陈晓然　范永盛

*

中国建筑工业出版社出版、发行（北京海淀三里河路 9 号）
各地新华书店、建筑书店经销
北京鸿文瀚海文化传媒有限公司制版
天津安泰印刷有限公司印刷

*

开本：787 毫米×1092 毫米　1/16　印张：14　字数：339 千字
2022 年 1 月第一版　　2022 年 1 月第一次印刷
定价：**45.00** 元
ISBN 978-7-112-27079-8
（38853）

版权所有　翻印必究
如有印装质量问题，可寄本社图书出版中心退换
（邮政编码 100037）

《一级注册建筑师执业资格考试要点式复习教程》总编委会

总编委会主任　艾志刚　咸大庆

总编委会副主任　张一莉　费海玲　张幼平

总编委会总主编　张一莉

总编委会专家委员（以姓氏笔画为序）

马　越　王　静　王红朝　王晓晖
艾志刚　冯　鸣　吴俊奇　佘　赟
张　晖　张　霖　陆　洲　陈晓然
范永盛　林　毅　周　新　赵　阳
洪　悦　袁树基　郭智敏

总主编单位：深圳市注册建筑师协会
联合主编单位：中国建筑工业出版社

《设计前期与场地设计（知识题）》
编委会

主 编 单 位： 华南理工大学建筑学院

奥意建筑工程设计有限公司

联合主编单位： 深圳市欧博建筑工程设计有限公司

主　　编： 王　静

副 主 编： 陈晓然　范永盛

编　　委：（以姓氏笔画为序）

韦久跃　陆姗姗　陈泽斌　周林森　莫英莉

曹韶辉　戴小犇

《一级注册建筑师执业资格考试要点式复习教程》总编写分工

序号	书名	分册主编、副主编	分册编委	编委工作单位
1	《设计前期与场地设计》 （知识题）	王 静 主 编 陈晓然 副主编 范永盛 副主编	王 静	华南理工大学建筑学院
			戴小犇 陈晓然 韦久跃 莫英莉 陆姗姗 周林森 陈泽斌	奥意建筑工程设计有限公司
			范永盛	深圳市欧博工程设计顾问有限公司
			曹韶辉	悉地国际设计顾问（深圳）有限公司
2	《建筑设计》（知识题）	艾志刚 主 编 马 越 副主编 佘 赟 副主编	马 越 艾志刚 吕诗佳 吴向阳 罗 薇 俞峰华	深圳大学建筑设计研究院有限公司、深圳大学城市规划设计研究院有限公司、深圳大学建筑与城市规划学院
			黄 河 王 超 张金保	北建院建筑设计（深圳）有限公司
			佘 赟 苏绮韶	筑博设计股份有限公司
			李朝晖	深圳机械院建筑设计有限公司
3	《建筑物理与设备》 （知识题）	张 霖 主 编 吴俊奇 副主编 王晓晖 副主编 谢雨飞 副主编 王红朝 副主编	张 霖	华蓝设计（集团）有限公司
			谭方彤	华蓝设计（集团）有限公司
			禤晓林	华蓝设计（集团）有限公司
			吴俊奇	北京建筑大学
			秦纪伟	北京京北职业技术学院
			王晓晖 谢雨飞	北京建筑大学
			王红朝	深圳市华森建筑工程咨询有限公司
4	《建筑材料与构造》 （知识题）	冯 鸣 主 编 洪 悦 副主编 赵 阳 副主编	洪 悦 冯 鸣 杨 钧	深圳大学建筑设计研究院有限公司（建材）
			赵 阳 冯 鸣 马 越 王 鹏 高文峰 崔光勋	深圳大学建筑设计研究院有限公司（构造）

续表

<table>
<tr><th>序号</th><th>书名</th><th>分册主编、副主编</th><th>分册编委</th><th>编委工作单位</th></tr>
<tr><td rowspan="3">5</td><td rowspan="3">《建筑经济、施工与设计业务管理》(知识题)</td><td rowspan="3">郭智敏 主 编
陆 洲 副主编</td><td>郭智敏 陆 洲</td><td>深圳华森建筑与工程设计顾问有限公司</td></tr>
<tr><td>林彬海</td><td>深圳市清华苑建筑与规划设计研究有限公司</td></tr>
<tr><td>张 鹏</td><td>深圳市华森建筑工程咨询有限公司</td></tr>
<tr><td rowspan="3">6</td><td rowspan="3">《建筑方案设计》
(作图题)</td><td rowspan="3">林 毅 主 编
周 新 副主编
张 晖 副主编
范永盛 副主编</td><td>周 新 鲁 艺
徐基云 雷 音
刘小良</td><td>香港华艺设计顾问(深圳)有限公司</td></tr>
<tr><td>张 晖 赵 婷
周圣捷</td><td>深圳华森建筑与工程设计顾问有限公司</td></tr>
<tr><td>范永盛</td><td>深圳市欧博工程设计顾问有限公司</td></tr>
</table>

前　言

本书的编写依据是一级注册建筑师的国家考试大纲，编写目的是帮助参加全国一级注册建筑师考试的执业人员进行有序高效的考前复习。编委会由此依据和目的出发，梳理考点、组织大纲、遴选材料，历经数次激烈的研讨和甄选，定稿成书。

本书的内容围绕设计前期与场地设计的诸多内容展开。这些内容在国家考试大纲里涉及的考点极为丰富，因此在一级注册建筑师考试中转化考题的变化形式也是多种多样。面对大量的考点和多元的考题，如果想取得理想的成绩，即使对于具有一定工作经验的执业者，也需要在考前投入相当程度的时间；而对于刚刚开始工作的“职场小白”，由于实践经验积累尚少，难度更加是不言而喻。更何况，无论是颇有经验的老手抑或是初出茅庐的新丁，都在日常工作中面临并承担着巨大压力，往往在工作之余才能挤出有限的时间进行复习。本书正是深入理解与分析了考生的实际诉求，编写了相关内容，设计了相应的表现形式。

本书具有针对性与系统性两大特点。一方面，为了节省广大考生宝贵的复习时间，全面梳理了考试大纲中的重点问题和高频考点，结合思维导图与规范诠释，呈现出关键问题的关键答案。另一方面，希望各位考生亦能借复习之机理解考点背后的规律，从而建立对知识的系统认知。因此，编委会也将设计前期与场地设计的总体知识点进行了全局概览。全体编委会成员由衷希望，考生们借助于考试复习在专业上有所提升和助益，从而做到仰望星空，脚踏大地。

最后，感谢编委会全体成员的辛勤付出。本书出版后，希望能够与读者积极互动，从而继续更新优化。

《设计前期与场地设计（知识题）》编委会
2021 年 11 月于深圳

目　　录

第一章　设计前期

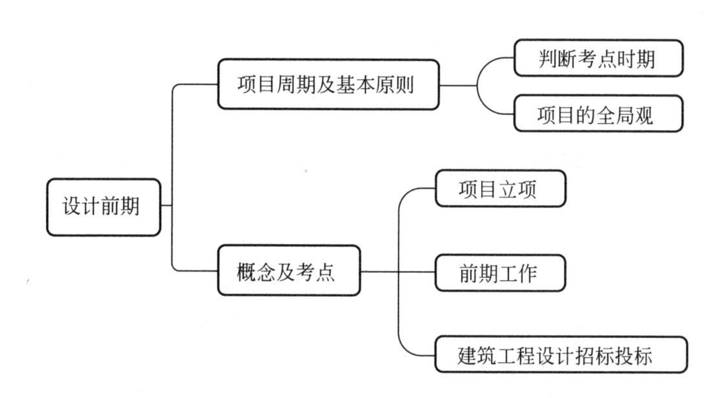

第一节　项目周期及基本原则

作为建筑师需要把项目的周期阶段以及各阶段的内容熟记心中，也许平时大家工作中会各有侧重，有的人偏向前期，有的人偏向后期，但对全项目周期阶段的掌握是建筑师的一个基本的素养，在考试中也能通过判断提高正确率。基本原则的把握对于遇到陌生的题目非常有帮助，因为可以在符合基本原则的情况下将错误选项排除或者将可能正确的选项排序，从而提高此类题目的正确率。

投资决策、建设实施和运营管理三个时期　　表 1.1.1

策划投资决策时期					建设实施时期							运营使用时期		
项目意向	项目建议书	可行性研究报告	项目评估报告	决策审批	设计招标	设计任务书	工程设计			施工准备	施工建设	竣工验收	运营使用	使用后评估
							方案设计	初步设计	施工图设计	施工准备	施工实施			

一、判断考点时期

审题并判断题干界定的考试范围。了解并回忆相应阶段的关键考点。

二、项目的全局观

虽然本章节在考前期，但更需要有全局观，通过排除部分选项的方式缩小范围或直接得出答案。注意部分迷惑选项，特别是建筑师觉得很常见的词（如初步设计和概算），并不是设计前期的工作。

例题：

建设一个新的经济开发区的设计前期工作中，不包括（　　）

A. 编写项目建议书　　B. 建设项目的总概算

C. 拟制项目评估报告　　D. 进行预可行性和可行性研究

解析：本题在考察设计前期工作阶段。这个阶段包括提出项目建议书，批准可行性研究报告与其最终投资决策做出项目评估报告等三项内容，达到最终建筑立项目标。而概算不是本阶段内容。

正确答案：B

例题：

建筑与规划的结合首先应体现在选址问题上，选址的主要依据不包括以下哪项？（　　）

A. 项目建议书　　B. 可行性研究报告

C. 环境保护评价报告　　D. 初步设计文件

解析：初步设计文件对于“选址”显然太早，可以按照经验做出选择。

正确答案：D

详细内容参考《建设项目选址规划管理办法》第六条规定。

第六条　建设项目选址意见书应当包括下列内容：

（一）建设项目的基本情况

主要是建设项目名称、性质，用地与建设规模，供水与能源的需求量，采取的运输方式与运输量，以及废水、废气、废渣的排放方式和排放量。

（二）建设项目规划选址的主要依据

1. 经批准的项目建议书；

2. 建设项目与城市规划布局的协调；

3. 建设项目与城市交通、通信、能源、市政、防灾规划的衔接与协调；

4. 建设项目配套的生活设施与城市生活居住及公共设施规划的衔接与协调；

5. 建设项目对于城市环境可能造成的污染影响，以及与城市环境保护规划和风景名胜、文物古迹保护规划的协调。

（三）建设项目选址、用地范围和具体规划要求。

第二节　概念及考点

一、项目立项

项目通过项目实施组织决策者申请，得到政府发改委部门的审议批准，并列入项目实施组织或者政府计划的过程叫发改委立项。立项分类：鼓励类、许可类、限制类，分别对应的报批程序为备案制、核准制、审批制。报批程序结束即为项目立项完成。

项目立项报告可以作为：1）项目拟建主体上报审批部门审批决策的依据；2）批复后编制项目可行性研究报告的依据；3）投资建议的依据；4）项目发展周期初始阶段基本情况汇总的依据。

二、前期工作

（一）项目建议书

基于《全过程工程咨询服务管理标准》T/CCIAT 0024—2020 中对项目建议书的定义：

5.3.1 项目建议书作为政府投资项目立项的重要依据，应对项目建设的必要性进行充分论证，并对主要建设内容、拟建地点、拟建规模、投资估算、资金筹措以及社会效益和经济效益等进行初步分析。

5.3.2 项目建议书的编制应满足下列要求：

1 依据建设项目的相关资料进行编制。

2 编制格式、内容和深度达到规定要求。

3 由专业咨询工程师编制，经总咨询师审核、建设单位确认后报投资主管部门审批。

5.3.3 项目建议书的编制和评估应注意下列事项：

1 重点论证项目建设的必要性。

2 全面掌握宏观信息，即国家经济和社会发展规划；行业或地区规划、项目周边自然资源等信息。

3 根据项目预测结果，并结合用地规划情况及与同类项目类比的情况，论证提出合理的建设规模。

4 保证项目整体构架完整，避免建设内容遗漏。

（二）可行性研究报告

可行性研究报告为本节重点，主要考查作用、主要内容和编制要求，下面为《全过程工程咨询服务管理标准》T/CCIAT 0024—2020 中可行性研究报告的相关条文。

5.4.1 可行性研究报告应重点分析项目的经济技术可行性、社会效益以及项目资金等主要建设条件的落实情况，应提供多种建设方案比选，提出项目建设必要性、可行性和合理性的研究结论。

5.4.2 可行性研究报告编制应满足下列要求：

1 全过程工程咨询服务单位负责编制项目可行性研究报告任务书，明确提出可行性研究报告编制工作的范围、重点、深度要求、完成时间、费用预算和质量要求。

2 可行性研究报告编制工作由其他咨询服务机构承担时，全过程工程咨询服务单位按项目可行性研究报告任务书的规定，与被委托单位签订委托合同。

3 全过程工程咨询服务单位监督可行性研究报告编制单位组建专业齐全、技术资格合格、工作能力匹配、组织有序的团队承担编制任务。

4 全过程工程咨询服务单位根据项目特点和工程进度的总体要求，对可行性研究报告编制团队制定的工作计划和可行性研究报告编制大纲提出意见，并以双方认定的工作计划和编制大纲为依据开展工作。

5 可行性研究报告的编制格式、内容和深度达到规定要求。

6 全过程工程咨询服务单位对可行性研究报告编制实施全过程管理监督，在报告初稿形成后，提出修改完善意见。

7 全过程工程咨询服务单位组织可行性研究报告成果的评审和验收，并按照国家、地方和行业的相关规定，完成论证和报审工作。

8 可行性研究报告编制包括调查收集资料、制定技术路线、编制方案及评价、撰写研究报告、成果验收报审、评审修改完善等工作阶段。

5.4.3 可行性研究报告编制应注意下列事项：

1 依据国家、地方、行业的相关规划及重大项目建设计划，符合相关法律、法规和产业政策，符合有关技术标准、规范和审批要求等规定。

2 在调查研究的基础上，按照客观情况进行论证和评价。

3 在对历史、现状资料研究分析的基础上，对未来的市场需求、投资效益或效果进行预测和评估。

4 统筹考虑影响项目可行性的各种因素，做好与单独开展的专项评价评估的协调、衔接，以及方案的比选优化。

5 投资估算、成本测算、财务评价数据要精确有效，利率、汇率要精确预估，项目收益率、折现率、涨价费率等指标要具有依据性和前瞻性，确保经济、财务分析有效和实用。

6 全面分析、预测、规避各类风险，提出切实可行、合理有效的风险规避策略及方法。

（三）投资估算

投资估算是设计前期重要的经济指标文件，《全过程工程咨询服务管理标准》T/CCIAT 0024—2020 中投资估算的相关条文如下：

5.5.1 投资估算应重点对拟建项目固定资产投资、流动资金和项目建设期贷款利息进行估算，并对建设项目概况、编制依据、编制方法、投资分析、主要经济技术指标、投资估算总表等内容进行分析。

5.5.2 项目决策阶段的投资估算应满足下列要求：

1 投资估算的编制符合现行国家标准等的相关要求。

2 全过程工程咨询服务单位负责投资估算的编制工作，并配合参加投资估算评估和答疑等服务。

3 经审核通过的投资估算书作为投资估算咨询服务的阶段性成果。

5.5.3 项目决策阶段的投资估算应注意下列事项：

1 与项目建议书和可行性研究报告的编写深度相适应。

2 从实际出发，深入开展调查研究，掌握第一手资料，严禁弄虚作假。

3 合理利用资源，实现效益最高。

关于精度划分可以记住几个关键数字和它们的阶段关系：30—20—10

例题：项目建议书阶段的投资估算允许误差是（　　）

A. 20％　　B. 15％　　C. 5％　　D. 30％

解析：我国投资估算的阶段与精度划分：项目规划阶段的投资估算（允许误差大于±30％）；项目建议书阶段的投资估算（允许误差±20％内）；初步可行性研究阶段的投资估算（允许误差±10％内）；详细可行性研究阶段的投资估算（允许误差±10％内）。

正确答案：A

（四）两证一书

两证一书是指《建设项目选址意见书》、《建设用地规划许可证》（用规证）、《建设工程规划许可证》（工规证）。

两证一书主要考点 **表 2.2.2**

两证一书	主要考点
《建设项目选址意见书》	设计任务书报批准
《建设用地规划许可证》(用规证)	申请用地
《建设工程规划许可证》(工规证)	办理开工手续前置条件

三、建筑工程设计招标投标

本部分参考《建筑工程设计招标投标管理办法》（2017 年）：

第四条 建筑工程设计招标范围和规模标准按照国家有关规定执行，有下列情形之一的，可以不进行招标：

（一）采用不可替代的专利或者专有技术的；

（二）对建筑艺术造型有特殊要求，并经有关主管部门批准的；

（三）建设单位依法能够自行设计的；

（四）建筑工程项目的改建、扩建或者技术改造，需要由原设计单位设计，否则将影响功能配套要求的；

（五）国家规定的其他特殊情形。

第五条 建筑工程设计招标应当依法进行公开招标或者邀请招标。

第七条 公开招标的，招标人应当发布招标公告。邀请招标的，招标人应当向 3 个以上潜在投标人发出投标邀请书。

招标公告或者投标邀请书应当载明招标人名称和地址、招标项目的基本要求、投标人的资质要求以及获取招标文件的办法等事项。

第八条 招标人一般应当将建筑工程的方案设计、初步设计和施工图设计一并招标。确需另行选择设计单位承担初步设计、施工图设计的，应当在招标公告或者投标邀请书中明确。

第九条 鼓励建筑工程实行设计总包。实行设计总包的，按照合同约定或者经招标人同意，设计单位可以不通过招标方式将建筑工程非主体部分的设计进行分包。

第十六条 评标由评标委员会负责。

评标委员会由招标人代表和有关专家组成。评标委员会人数为 5 人以上单数，其中技术和经济方面的专家不得少于成员总数的 2/3。建筑工程设计方案评标时，建筑专业专家不得少于技术和经济方面专家总数的 2/3。

评标专家一般从专家库随机抽取，对于技术复杂、专业性强或者国家有特殊要求的项目，招标人也可以直接邀请相应专业的中国科学院院士、中国工程院院士、全国工程勘察设计大师以及境外具有相应资历的专家参加评标。

投标人或者与投标人有利害关系的人员不得参加评标委员会。

参考、引用资料：

①《建设项目选址规划管理办法》

②《全过程工程咨询服务管理标准》T/CCIAT 0024—2020

③《可行性研究报告编制步骤与要求》

④《建设工程造价咨询规范》GB/T 51095—2015

⑤《建筑工程设计招标投标管理办法》（2017年）

模拟题

1. 应在哪个阶段组成项目组赴现场进行实地调查、收集基础资料并进行估算的工作？（　　）

A. 项目建议书阶段　　B. 立项报告阶段

C. 初步设计阶段　　D. 可行性研究阶段

【答案】D

【说明】参见本章可行性研究报告部分，包括调查收集资料等，且“估算”对应的也是可行性研究阶段的工作。

2. 下列哪项不属于设计前期工作内容？（　　）

A. 提出项目建议书　　B. 编制可行性研究报告

C. 进行项目评估与决策　　D. 编制项目总概算

【答案】D

【说明】设计前期工作是指项目建议书阶段和可行性研究报告阶段的工作。而项目概算往往是在初步设计后期发生，属于设计工作的阶段。

3. 建筑师在设计前期工作中的内容，下列哪项是完全正确的？（　　）

A. 提供一份方案设计图

B. 负责建设项目的策划和立项，并做出初步方案

C. 提出项目建议书、可行性研究报告，最终做出项目评估报告

D. 组织勘探、选址，分析项目建造的可能性

【答案】C

【说明】设计前期工作，实际上是指一个建设项目从提出开发的设想，到做出最终投资决策的工作阶段。因此选项C是最完整且准确的。

4. 下列城镇国有土地使用权的出让方式中，何者不符合国家条件的规定？（　　）

A. 出租　　B. 拍卖

C. 招标　　D. 协议

【答案】A

【说明】《城市房地产管理法》第12条规定：“土地使用权出让，可以采取拍卖、招标或者双方协议的方式。”国土资源部2002年7月7日施行的《招标拍卖挂牌出让国有建设土地使用权规定》中明确了一种新的出让方式——挂牌出让。因此，我国现行国有建设用地使用权的出让方式就包括四种：拍卖、招标、挂牌和协议出让。

5. 下列哪个不是发改委立项的报批程序之一？（　　）

A. 申请制　　B. 审批制

C. 核准制　　D. 备案制

【答案】A

【说明】发改委立项分类：鼓励类、许可类、限制类，分别对应的报批程序为备案制、核准制、审批制。

6. 下列哪个是“两证一书”中的“一书”？（　　）

A.《建设用地规划意见书》　　B.《建设项目建议书》

C.《项目设计任务书》　　D.《建设项目选址意见书》

【答案】D

【说明】两证一书是指《建设项目选址意见书》、《建设用地规划许可证》（用规证）、《建设工程规划许可证》（工规证），要注意文字的特殊差别，干扰选项会用相似的词语混用。

一书	主要考点
《建设项目选址意见书》	设计任务书报批准的条件

7. 以下哪一项不属于“在建筑工程设计招标范围和规模标准按照国家有关规定中，可以不进行招标的情形”之一？（　　）

A. 建设单位依法能够自行设计的

B. 采用不可替代的专利或者专有技术的

C. 对建筑艺术造型有特殊要求，并经有关主管部门批准的

D. 设计单位在项目前期提前参与设计工作的

【答案】D

【说明】建筑工程设计招标范围和规模标准按照国家有关规定执行，有下列情形之一的，可以不进行招标：

（一）采用不可替代的专利或者专有技术的；

（二）对建筑艺术造型有特殊要求，并经有关主管部门批准的；

（三）建设单位依法能够自行设计的；

（四）建筑工程项目的改建、扩建或者技术改造，需要由原设计单位设计，否则将影响功能配套要求的；

……

其中要注意第（四）条与选项D之间的差别。

8. 以下哪一项属于可行性研究报告应重点分析的内容？（　　）

A. 项目的经济技术可行性

B. 社会效益

C. 项目资金等主要建设条件的落实情况

D. 以上皆是

【答案】D

【说明】可行性研究报告应重点分析项目的经济技术可行性、社会效益以及项目资金

等主要建设条件的落实情况，应提供多种建设方案比选，提出项目建设必要性、可行性和合理性的研究结论。

9. 项目决策阶段的投资估算应注意事项，以下哪一项是错误的？（　　）

A. 与项目建议书和可行性研究报告的编写深度相适应。

B. 应最大限度地保障结果的精确性，允许误差±10%内

C. 从实际出发，深入开展调查研究，掌握第一手资料，严禁弄虚作假

D. 合理利用资源，实现效益最高。

【答案】B

【说明】项目决策阶段的投资估算应注意下列事项：

1 与项目建议书和可行性研究报告的编写深度相适应。

2 从实际出发，深入开展调查研究，掌握第一手资料，严禁弄虚作假。

3 合理利用资源，实现效益最高。

而精度要求需要与所在阶段相互匹配。

10. 在项目建议书中应根据建设项目的性质、规模、建设地区的环境现状等有关资料，对建设项目建成投产后可能造成的环境影响进行简要说明。其主要内容应包括哪些方面？

Ⅰ. 所在地区的环境现状

Ⅱ. 可能造成的环境影响分析

Ⅲ. 设计采用的环境保护标准

Ⅳ. 环境影响经济损益分析

Ⅴ. 环境保护投资估算

Ⅵ. 环境影响评价结论

A. Ⅰ、Ⅱ、Ⅲ、Ⅳ　　B. Ⅰ、Ⅱ、Ⅲ、Ⅳ

C. Ⅱ、Ⅲ、Ⅳ、Ⅵ　　D. Ⅰ、Ⅱ、Ⅲ、Ⅴ

【答案】A

【说明】《建设项目环境保护管理条例》（2017版）第八条建设项目环境影响报告书，应当包括下列内容：

（一）建设项目概况；

（二）建设项目周围环境现状；

（三）建设项目对环境可能造成影响的分析和预测；

（四）环境保护措施及其经济、技术论证；

（五）环境影响经济损益分析；

（六）对建设项目实施环境监测的建议；

（七）环境影响评价结论。

建设项目环境影响报告表、环境影响登记表的内容和格式，由国务院环境保护行政主管部门规定。

第二章 场地选择

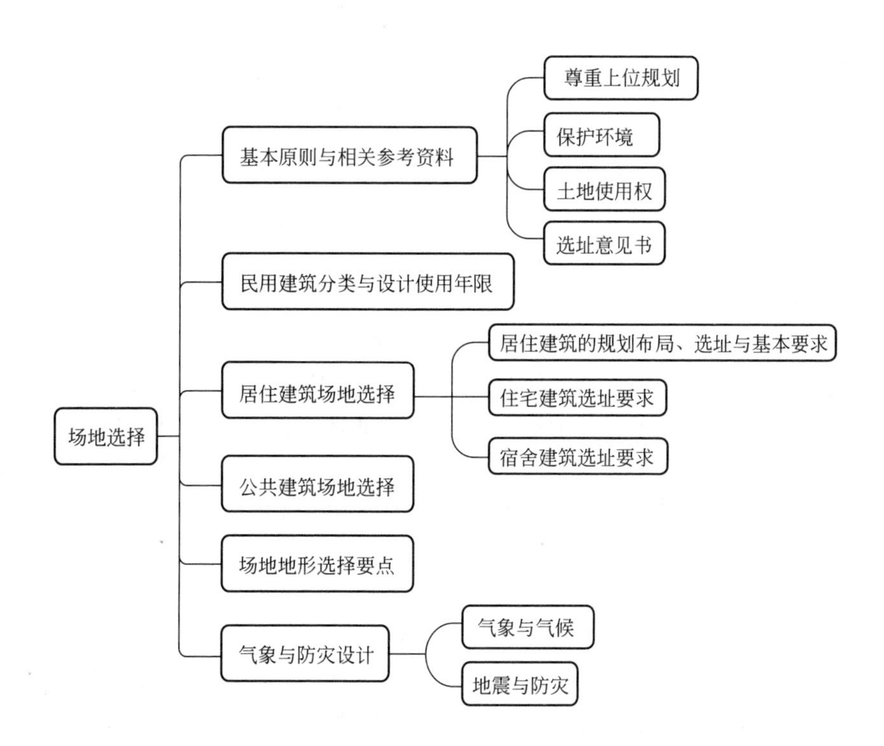

第一节 基本原则与相关参考资料

一、尊重上位规划

各类建筑选址的基本原则都应符合当地土地利用总体规划和城乡规划的要求。需要综合考虑各方面的条件，而总体规划和城乡规划的要求是选址的重要前提。

二、保护环境

节能、环保是我国的基本国策，是指节约能源、节约水源、节约土地、节约电源，保护环境。在场地选择的过程中要充分考虑环境的因素，一方面是外部环境对项目的影响，另一方面是项目对周边环境的影响。

以下要求出自《中华人民共和国环境影响评价法》。

第十六条 国家根据建设项目对环境的影响程度，对建设项目的环境影响评价实行分类管理。建设单位应当按照下列规定组织编制环境影响报告书、环境影响报告表或者填报环境影响登记表（以下统称环境影响评价文件）：

（一）可能造成重大环境影响的，应当编制环境影响报告书，对产生的环境影响进行全面评价；

（二）可能造成轻度环境影响的，应当编制环境影响报告表，对产生的环境影响进行分析或者专项评价；

（三）对环境影响很小、不需要进行环境影响评价的，应当填报环境影响登记表。

建设项目的环境影响评价分类管理名录，由国务院环境保护行政主管部门制定并公布。

三、土地使用权

土地使用权出让，可以采取拍卖、招标或者双方协议的方式。商业、旅游、娱乐和豪华住宅用地，有条件的，必须采取拍卖、招标方式；没有条件，不能采取拍卖、招标方式的，可以采取双方协议的方式。采取双方协议方式出让土地使用权的出让金不得低于按国家规定所确定的最低价。

毛地：已完成基础设施配套开发而未进行棕地内拆迁平整的土地。

净地：已完成棕地内基础设施开发和拆迁平整，土地权利单一的土地。

生地：已完成手续，没进行基础设计配套开发和土地平整，因而未形成建设用地条件的土地。

熟地：已完成基础设施建设（具备七通一平）形成条件可以直接用于建设的土地。

四、选址意见书

《中华人民共和国城乡规划法》第三十六条规定：按照国家规定需要有关部门批准或者核准的建设项目，以划拨方式提供国有土地使用权的，建设单位在报送有关部门批准或者核准前，应当向城乡规划主管部门申请核发选址意见书。

主要是建设项目名称、性质，用地与建设规模，供水与能源的需求量，采取的运输方式与运输量，以及废水、废气、废渣的排放方式和排放量。

主要依据：1. 经批准的项目建议书；2. 建设项目与城市规划布局的协调；3. 建设项目与城市交通、通信、能源、市政、防灾规划的衔接与协调；4. 建设项目配套的生活设施与城市生活居住及公共设施规划的衔接与协调；5. 建设项目对于城市环境可能造成的污染影响，以及与城市环境保护规划和风景名胜、文物古迹保护规划的协调。6. 建设项目选址、用地范围和具体规划要求。

第二节　民用建筑分类与设计使用年限

建筑的分类可以参考《民用建筑设计统一标准》GB 50352—2019。

3.1.1 民用建筑按使用功能可分为居住建筑和公共建筑两大类。其中，居住建筑可分为住宅建筑和宿舍建筑。

3.1.2 民用建筑按地上建筑高度或层数进行分类应符合下列规定：

1 建筑高度不大于 27.0m 的住宅建筑、建筑高度不大于 24.0m 的公共建筑及建筑高度大于 24.0m 的单层公共建筑为低层或多层民用建筑；

2 建筑高度大于 27.0m 的住宅建筑和建筑高度大于 24.0m 的非单层公共建筑，且高度不大于 100.0m 的，为高层民用建筑；

3 建筑高度大于 100.0m 为超高层建筑。

注：建筑防火设计应符合现行国家标准《建筑设计防火规范》有关建筑高度和层数计算的规定。

3.1.3 民用建筑等级分类划分应符合国家现行有关标准或行业主管部门的规定。

民用建筑的设计使用年限应符合表 2.2.1 的规定。

民用建筑设计使用年限　　表 2.2.1

类别	设计使用年限/年	示例
1	5	临时性建筑
2	25	易于替换结构构件的建筑
3	50	普通建筑和构筑物
4	100	纪念性建筑和特别重要的建筑

第三节　居住建筑场地选择

一、居住建筑的规划布局、选址与基本要求

本部分内容应参照《城市居住区规划设计标准》GB 50180—2018，此标准也是本门考试内容中出题量很大的一项标准，应该着重学习。在此提取出一些与居住建筑场地选择相关的内容。

3.0.1 居住区规划设计应坚持以人为本的基本原则，遵循适用、经济、绿色、美观的建筑方针，并应符合下列规定：

应符合城市总体规划及控制性详细规划；

应符合所在地气候特点与环境条件、经济社会发展水平和文化习俗；

应遵循统一规划、合理布局，节约土地、因地制宜，配套建设、综合开发的原则；

应为老年人、儿童、残疾人的生活和社会活动提供便利的条件和场所；

应延续城市的历史文脉、保护历史文化遗产并与传统风貌相协调；

应采用低影响开发的建设方式，并应采取有效措施促进雨水的自然积存、自然渗透与自然净化；

应符合城市设计对公共空间、建筑群体、园林景观、市政等环境设施的有关控制要求。

3.0.2 居住区应选择在安全、适宜居住的地段进行建设，并应符合下列规定：

不得在有滑坡、泥石流、山洪等自然灾害威胁的地段进行建设；

与危险化学品及易燃易爆品等危险源的距离，必须满足有关安全规定；

存在噪声污染、光污染的地段，应采取相应的降低噪声和光污染的防护措施；

土壤存在污染的地段，必须采取有效措施进行无害化处理，并应达到居住用地土壤环境质量的要求。

3.0.4 居住区按照居民在合理的步行距离内满足基本生活需求的原则，可分为十五分钟生活圈居住区、十分钟生活圈居住区、五分钟生活圈居住区及居住街坊四级，其分级控

制规模应符合表 3.0.4 的规定。

表 3.0.4

距离与规模	十五分钟生活圈居住区	十分钟生活圈居住区	五分钟生活圈居住区	居住街坊
步行距离(m)	800～1000	500	300	—
居住人口(人)	50000～100000	15000～25000	500～12000	1000～3000
住宅数量(套)	17000～32000	5000～8000	1500～4000	300～1000

二、住宅建筑选址要求

4.0.9 住宅建筑的间距应符合表 4.0.9 的规定；对特定情况，还应符合下列规定：

1 老年人居住建筑日照标准不应低于冬至日日照时数 2h；

2 在原设计建筑外增加任何设施不应使相邻住宅原有日照标准降低，既有住宅建筑进行无障碍改造加装电梯除外；

3 旧区改建项目内新建住宅建筑日照标准不应低于大寒日日照时数 1h。

住宅建筑日照标准　　　　表 4.0.9

建筑气候区划	Ⅰ、Ⅱ、Ⅲ、Ⅶ气候区		Ⅳ气候区		Ⅴ、Ⅵ气候区
城区常住人口（万人）	≥50	<50	≥50	<50	无限定
日照标准日	大寒日			冬至日	
日照时数	≥2	≥3		≥1	
有效日照时间带（当地真太阳时）	8 时～16 时			9 时～15 时	
计算起点	底层窗台面				

注：底层窗台面是指距室内地坪 0.9m 高的外墙位置。

三、宿舍建筑选址要求

宿舍是人员相对密集的居住场所，其自然环境应具备保证居住者身心健康的卫生条件，因此宿舍基地的选址首先应有日照条件、采光条件及通风条件。这些要求在防疫和节能方面都有巨大作用。以下参考《宿舍建筑设计规范》JGJ 36—2016。

3.1.1 宿舍不应建在易发生严重地质灾害的地段。

3.1.2 宿舍基地宜有日照条件，且采光、通风良好。

3.1.3 宿舍基地宜选择较平坦，且不易积水的地段。

3.1.4 宿舍应避免噪声和污染源的影响，并应符合国家现行有关卫生防护标准的规定。

第四节　公共建筑场地选择

本节内容与本书中“建筑总平面布局”一章中各类建筑布局的内容有关联，从逻辑上场地选择为前置条件，可以联系阅读以更好地理解。各类公共建筑选址的基本原则可以概括为“趋利避害“，然而在每个不同的建筑类型中又会有相应的积极条件与消极条件的规避，可以在基本原则下，结合每个建筑的特点进行学习与记忆。

（一）中小学校

中小学校选址需要注意积极条件的需求（采光、通风、排水等）以及消极条件的规避（潜在自然灾害、厌恶性设施、噪声源等）。具体参见以下内容：摘自《中小学校设计规范》GB 50099—2011：

4.1.1 中小学校应建设在阳光充足、空气流动、场地干燥、排水通畅、地势较高的宜建地段。校内应有布置运动场地和提供设置基础市政设施的条件。

4.1.2 中小学校严禁建设在地震、地质塌裂、暗河、洪涝等自然灾害及人为风险高的地段和污染超标的地段。校园及校内建筑与污染源的距离应符合对各类污染源实施控制的国家现行有关标准的规定。

4.1.3 中小学校建设应远离殡仪馆、医院的太平间、传染病院等建筑。与易燃易爆场所间的距离应符合现行国家标准《建筑设计防火规范》GB 50016 的有关规定。

4.1.4 城镇完全小学的服务半径宜为 500m，城镇初级中学的服务半径宜为 1000m。

4.1.5 学校周边应有良好的交通条件，有条件时宜设置临时停车场地。学校的规划布局应与生源分布及周边交通相协调。与学校毗邻的城市主干道应设置适当的安全设施，以保障学生安全跨越。

4.1.6 学校教学区的声环境质量应符合现行国家标准《民用建筑隔声设计规范》GB 50118 的有关规定。学校主要教学用房设置窗户的外墙与铁路路轨的距离不应小于 300m，与高速路、地上轨道交通线或城市主干道的距离不应小于 80m。当距离不足时，应采取有效的隔声措施。

4.1.7 学校周界外 25m 范围内已有邻里建筑处的噪声级不应超过现行国家标准《民用建筑隔声设计规范》GB 50118 有关规定的限值。

4.1.8 高压电线、长输天然气管道、输油管道严禁穿越或跨越学校校园；当在学校周边敷设时，安全防护距离及防护措施应符合相关规定。

考点还涉及中小学校的每班定额人数：

3.0.1 各类中小学校建设应确定班额人数，并应符合下列规定：

1 完全小学应为每班 45 人，非完全小学应为每班 30 人；

2 完全中学、初级中学、高级中学应为每班 50 人；

3 九年制学校中 1 年级～6 年级应与完全小学相同，7 年级～9 年级应与初级中学相同。

（二）托儿所、幼儿园

幼儿园的选址可以结合上一段“中小学校选址”共同学习，并区分不同之处和要求更严格的地方。最新参考标准为《托儿所、幼儿园建筑设计规范》JGJ 39—2016（2019 年版）

3.1.1 托儿所、幼儿园建设基地的选择应符合当地总体规划和国家现行有关标准的要求。

3.1.2 托儿所、幼儿园的基地应符合下列规定：

1 应建设在日照充足、交通方便、场地平整、干燥、排水通畅、环境优美、基础设施完善的地段；

2 不应置于易发生自然地质灾害的地段；

3 与易发生危险的建筑物、仓库、储罐、可燃物品和材料堆场等之间的距离应符合国家现行有关标准的规定；

4 不应与大型公共娱乐场所、商场、批发市场等人流密集的场所相毗邻；

5 应远离各种污染源，并应符合国家现行有关卫生、防护标准的要求；

6 园内不应有高压输电线、燃气、输油管道主干道等穿过。

3.1.3 托儿所、幼儿园的服务半径宜为300m。

3.2.2 四个班及以上的托儿所、幼儿园建筑应独立设置。三个班及以下时，可与居住、养老、教育、办公建筑合建。但应符合相应规定（详见条文）。

（三）综合医院

2021年7月1日，《综合医院建设标准》有所更新，编号为建标110—2021，其中关于选址的部分内容包括：

第十三条 综合医院的选址应符合下列规定：

一、地形规整，工程地质和水文地质条件较好，远离地震断裂带。

二、市政基础设施完善，交通便利。

三、环境安静，应远离污染源。

四、远离易燃、易爆物品的生产和贮存区、高压线路及其设施。不宜紧邻噪声源、震动源和电磁场等区域。

（四）老年人照料设施建筑

参考标准《老年人照料设施建筑设计标准》JGJ 450—2018。

4.1.1 老年人照料设施建筑基地应选择在工程地质条件稳定、不受洪涝灾害威胁、日照充足、通风良好的地段。

4.1.2 老年人照料设施建筑基地应选择在交通方便、基础设施完善、公共服务设施使用方便的地段。

4.1.3 老年人照料设施建筑基地应远离污染源、噪声源及易燃、易爆、危险品生产、储运的区域。

（五）文化馆建筑

文化馆是公益性文化事业机构，是我国公共文化服务体系的重要组成部分，主要功能是为群众文化提供活动场所，满足群众文化专业业务工作需要。其建筑功能包括：群众活动用房、业务用房和管理、辅助用房。其中，群众活动用房活动类型有：演艺活动、交流展示、辅导培训、图书阅览、非经营性游艺娱乐、非经营性数字文化服务等。业务用房包括：文艺创作、研究整理、其他专业工作用房。管理、辅助用房包括：储存仓库、建筑设备、后勤服务等用房。关于文化馆的选址，可以参考《文化馆建筑设计规范》JGJ/T 41—2014第3.1条选址的内容，节选如下。

3.1.1 文化馆建筑选址应符合当地文化事业发展和当地城乡规划的要求。

3.1.2 新建文化馆宜有独立的建筑基地，当与其他建筑合建时，应满足使用功能的要求，且自成一区，并应设置独立的出入口。

3.1.3 文化馆建筑选址应符合下列规定：

1 应选择位置适中、交通便利、便于群众文化活动的地区；

2 环境应适宜，并宜结合城镇广场、公园绿地等公共活动空间综合布置；

3 与各种污染源及易燃易爆场所的控制距离应符合国家现行有关标准的规定；

4 应选在工程地质及水文地质较好的地段。

（六）图书馆建筑

现代图书馆已经由过去“以藏为主”转变为“以用为主”，以最大限度地服务读者，发挥更大的作用。图书馆的功能也在不断拓展，除了其收藏、研究、阅览的基本功能外，学术交流活动、新书展示以及咨询服务等也成了图书馆的主要功能。参考《图书馆建筑设计规范》JGJ 38—2015。

3.1.1 图书馆基地的选择应满足当地总体规划的要求。

3.1.2 图书馆的基地应选择位置适中、交通方便、环境安静、工程地质及水文地质条件较有利的地段。

3.1.3 图书馆基地与易燃易爆、噪声和散发有害气体、强电磁波干扰等污染源之间的距离，应符合国家现行有关安全、消防、卫生、环境保护等标准的规定。

3.1.4 图书馆宜独立建造。当与其他建筑合建时，应满足图书馆的使用功能和环境要求，并宜单独设置出入口。

（七）电影院建筑

电影院的基地选择是指独立建造的电影院和建有电影院的综合建筑的基地选择。而《电影院建筑设计规范》JGJ 58—2008 完成的年份较早，部分要求应综合考虑后续更高层级的规定需求。

3.1.1 电影院选址应符合当地总体规划和文化娱乐设施的布局要求。

3.1.2 基地选择应符合下列规定：

1 宜选择交通方便的中心区和居住区，并远离工业污染源和噪声源；

2 至少应有一面直接临接城市道路。与基地临接的城市道路的宽度不宜小于电影院安全出口宽度总和，且与小型电影院连接的道路宽度不宜小于 8m，与中型电影院连接的道路宽度不宜小于 12m，与大型电影院连接的道路宽度不宜小于 20m，与特大型电影院连接的道路宽度不宜小于 25m；

3 基地沿城市道路方向的长度应按建筑规模和疏散人数确定，并不应小于基地周长的 1/6；

4 基地应有两个或两个以上不同方向通向城市道路的出口；

5 基地和电影院的主要出入口，不应和快速道路直接连接，也不应直对城镇主要干道的交叉口；

6 电影院主要出入口前应设有供人员集散用的空地或广场，其面积指标不应小于 $0.2m^2$/座，且大型及特大型电影院的集散空地的深度不应小于 10m；特大型电影院的集散空地宜分散设置。

基地的机动车出入口设置应符合现行国家标准中的有关规定，此类建筑原标准年份较早，现在应为《民用建筑设计统一标准》GB 50352—2019。

（八）剧场建筑

剧场建筑往往是一座城市或地区的标志性建筑，对文化建设起着重要的作用，因此布局在与之匹配的重要位置。剧场选址首先要进行人口密度和市场分析，特别是人口密度、交通、所处地段等都对剧场产业产生极大影响，所以本条重点强调要符合当地城镇规划要求。参照《剧场建筑设计规范》JGJ 57—2016。

3.1.1 剧场建筑基地选择应符合当地城市规划的要求，且布点应合理。

3.1.2 剧场建筑基地应符合下列规定：

1 宜选择交通便利的区域，并应远离工业污染源和噪声源。

2 基地应至少有一面临接城市道路，或直接通向城市道路的空地；临接的城市道路的可通行宽度不应小于剧场安全出口宽度的总和。

3 基地沿城市道路的长度应按建筑规模或疏散人数确定，并不应小于基地周长的 1/6。

4 基地应至少有两个不同方向的通向城市道路的出口。

5 基地的主要出入口不应与快速道路直接连接，也不应直接面对城市主要干道的交叉口。

（九）博物馆建筑

博物馆类型多样，建设内容十分复杂，单一的规范实难全部涵盖。因此在实际项目中，除了参照类型建筑规范外，还需按各博物馆的工艺设计进一步确定其相应的建设标准和参数。以下条文摘自《博物馆建筑设计规范》JGJ 66—2015。

3.1.1 博物馆建筑基地的选择应符合下列规定：

1 应符合城市规划和文化设施布局的要求；

2 基地的自然条件、街区环境、人文环境应与博物馆的类型及其收藏、教育、研究的功能特征相适应；

3 基地面积应满足博物馆的功能要求，并宜有适当发展余地；

4 应交通便利，公用配套设施比较完备；

5 应场地干燥、排水通畅、通风良好；

6 与易燃易爆场所、噪声源、污染源的距离，应符合国家现行有关安全、卫生、环境保护标准的规定。

3.1.2 博物馆建筑基地不应选择在下列地段：

1 易因自然或人为原因引起沉降、地震、滑坡或洪涝的地段；

2 空气或土地已被或可能被严重污染的地段；

3 有吸引啮齿动物、昆虫或其他有害动物的场所或建筑附近。

3.1.3 博物馆建筑宜独立建造。当与其他类型建筑合建时，博物馆建筑应自成一区。

3.1.4 在历史建筑、保护建筑、历史遗址上或其近旁新建、扩建或改建博物馆建筑，应遵守文物管理和城市规划管理的有关法律和规定。

（十）展览建筑

展览建筑的建设多将交通条件列为选址的首要条件，一般要求选择交通便利的位置，靠近交通枢纽，并有两条以上的高速公路从周围通过，与市中心保持便捷可达性。

因为便利的条件是承办大型展览最大的竞争力。以下摘自《展览建筑设计规范》JGJ 218—2010。

3.1 选址

3.1.1 展览建筑的选址应符合城市总体规划的要求，并应结合城市经济、文化及相关产业的要求进行合理布局。

3.1.2 展览建筑的选址应符合下列规定：

1 交通应便捷，且应与航空港、港口、火车站、汽车站等交通设施联系方便；特大型展览建筑不应设在城市中心，其附近宜有配套的轨道交通设施；

2 特大型、大型展览建筑应充分利用附近的公共服务和基础设施；

3 不应选在有害气体和烟尘影响的区域内，且与噪声源及储存易燃、易爆物场所的距离应符合国家现行有关安全、卫生和环境保护等标准的规定；

4 宜选择地势平缓、场地干燥、排水通畅、空气流通、工程地质及水文地质条件较好的地段。

（十一）档案馆建筑

现代化档案馆的功能不仅仅局限于传统的保管和利用。档案馆建筑必须满足“五位一体”功能的需要，是档案事业持续稳定发展的的基础和保证。在满足各项功能的前提下，以建筑为主、设备为辅来保证内部环境的稳定。参考《档案馆建筑设计规范》JGJ 25—2010。

3.0.1 档案馆基地选址应纳入并符合城市总体规划的要求。

3.0.2 档案馆的基地选址应符合下列规定：

1 应选择工程地质条件和水文地质条件较好的地段，并宜远离洪水、山体滑坡等自然灾害易发生的地段；

2 应远离易燃、易爆场所和污染源；

3 应选择交通方便、城市公用设施较完备的地段；

4 应选择地势较高、场地干燥、排水通畅、空气流通和环境安静的地段。

（十二）办公建筑

办公建筑因使用性质、单元平面组合、使用对象和管理模式等不同而有很多类型，不再是单一办理行政事务的行政性办公建筑。近年来，商业、金融、科技等各类公司层出不穷，其形式和管理模式也多种多样，对办公建筑建筑的设计提出了很多新的要求。以下摘自《办公建筑设计标准》JGJ/T 67—2019。

1.0.3 办公建筑设计应依据其使用要求进行分类，并应符合表 1.0.3 的规定：

办公建筑分类 **表 1.0.3**

类别	示例	设计使用年限
A 类	特别重要办公建筑	100 年或 50 年
B 类	重要办公建筑	50 年
C 类	普通办公建筑	50 年或 25 年

3.1.1 办公建筑基地的选址，应符合当地土地利用总体规划和城乡规划的要求。

3.1.2 办公建筑基地宜选在工程地质和水文地质有利、市政设施完善且交通和通信方便的地段。

3.1.3 办公建筑基地与易燃易爆物品场所和产生噪声、尘烟、散发有害气体等污染源的距离，应符合国家现行有关安全、卫生和环境保护标准的规定。

3.1.4 A类办公建筑应至少有两面直接邻接城市道路或公路；B类办公建筑应至少有一面直接邻接城市道路或公路，或与城市道路或公路有相连接的通路；C类办公建筑宜有一面直接邻接城市道路或公路。

3.1.5 大型办公建筑群应在基地中设置人员集散空地，作为紧急避难疏散场地。

（十三）体育建筑

随着我国人民生活水平的提高，体育和休闲事业有了很大的发展，因此体育设施也迎来了一个新的建设高潮。体育设施的建设投资大，影响面广，并需要协调使用功能、安全、卫生、技术、经济等多方面的因素。参考《体育建筑设计规范》JGJ 31—2003，在选址过程中应遵守以下原则。

3.0.1 体育建筑基地的选择，应符合城镇当地总体规划和体育设施的布局要求，讲求使用效益、经济效益、社会效益和环境效益。

3.0.2 基地选择应符合下列要求：

1 适合开展运动项目的特点和使用要求；

2 交通方便。根据体育设施规模大小，基地至少应分别有一面或二面临接城市道路。该道路应有足够的通行宽度，以保证疏散和交通；

3 便于利用城市已有基础设施；

4 环境较好。与污染源、高压线路、易燃易爆物品场所之间的距离达到有关防护规定，防止洪涝、滑坡等自然灾害，并注意体育设施使用时对周围环境的影响。

（十四）旅馆建筑

旅馆建筑规模较大，投入较高，对选址有较高的要求。对城市面貌有一定影响，故其选址应服从总体规划要求。还应需充分考虑当地市场需求、经济发展和区位因素等。以下选址要求摘自《旅馆建筑设计规范》JGJ 62—2014。

3.1.1 旅馆建筑的选址应符合当地城乡总体规划的要求，并应结合城乡经济、文化、自然环境及产业要求进行布局。

3.1.2 旅馆建筑的选址应符合下列规定：

1 应选择工程地质及水文地质条件有利、排水通畅、有日照条件且采光通风较好、环境良好的地段，并应避开可能发生地质灾害的地段；

2 不应在有害气体和烟尘影响的区域内，且应远离污染源和储存易燃、易爆物的场所；

3 宜选择交通便利、附近的公共服务和基础设施较完备的地段。

3.1.3 在历史文化名城、历史文化保护区、风景名胜地区及重点文物保护单位附近，旅馆建筑的选址及建筑布局，应符合国家和地方有关保护规划的要求。

（十五）饮食建筑

近年来饮食建筑有了迅猛的发展，厨房设备、物流方式、市场供求均发生了较大变化，因此相应的标准也进行了更新，以下摘自《饮食建筑设计标准》JGJ 64—2017。

3.0.1 饮食建筑的设计必须符合当地城市规划以及食品安全、环境保护和消防等管理部门的要求。

3.0.2 饮食建筑的选址应严格执行当地环境保护和食品药品安全管理部门对粉尘、有害气体、有害液体、放射性物质和其他扩散性污染源距离要求的相关规定。与其他有碍公共卫生的开敞式污染源的距离不应小于25m。

3.0.3 饮食建筑基地的人流出入口和货流出入口应分开设置。顾客出入口和内部后勤人员出入口宜分开设置。

3.0.4 饮食建筑应采取有效措施防止油烟、气味、噪声及废弃物对邻近建筑物或环境造成污染，并应符合现行行业标准《饮食业环境保护技术规范》HJ 554 的相关规定。

（十六）商店建筑

随着社会的发展，不同类型的商店建筑合理分布或聚集，构成了城市不同层次的商业网点，并在业态上互为依存与补充，满足居民的生活需求。因此，商店建筑的基地选择应该在城市商业规划的指导下进行，避免盲目选址。以下摘自《商店建筑设计规范》JGJ 48—2014。

3.1.1 商店建筑宜根据城市整体商业布局及不同零售业态选择基地位置，并应满足当地城市规划的要求。

3.1.2 大型和中型商店建筑基地宜选择在城市商业区或主要道路的适宜位置。

3.1.3 对于易产生污染的商店建筑，其基地选址应有利于污染的处理或排放。

3.1.4 经营易燃易爆及有毒性类商品的商店建筑不应位于人员密集场所附近，且安全距离应符合现行国家标准《建筑设计防火规范》GB 50016 的有关规定。

3.1.5 商店建筑不宜布置在甲、乙类厂（库）房，甲、乙、丙类液体和可燃气体储罐以及可燃材料堆场附近，且安全距离应符合现行国家标准《建筑设计防火规范》GB 50016 的有关规定。

3.1.6 大型商店建筑的基地沿城市道路的长度不宜小于基地周长的1/6，并宜有不少于两个方向的出入口与城市道路相连接。

3.1.7 大型和中型商店建筑基地内的雨水应有组织排放，且雨水排放不得对相邻地块的建筑及绿化产生影响。

（十七）车库建筑

我国机动车无论是数量还是类型与十几年前相比都发生了很大的变化，尤其在大、中城市，机动车已经进入普通家庭，越来越多的人拥有自己的家庭轿车及私有车位。停车问题越来越显示其社会性与公共性。以下选址要求摘自《车库建筑设计规范》JGJ 100—2015。

3.1.1 车库基地的选择应符合城镇的总体规划、道路交通规划、环境保护及防火等要求。

3.1.2 车库基地的选择应充分利用城市土地资源，地下车库宜结合城市地下空间开发及地下人防设施进行设置。

3.1.3 专用车库基地宜设在单位专用的用地范围内；公共车库基地应选择在停车需求大的位置，并宜与主要服务对象位于城市道路的同侧。

3.1.4 机动车库的服务半径不宜大于500m，非机动车库的服务半径不宜大于100m。

3.1.5 特大型、大型、中型机动车库的基地宜临近城市道路；不相邻时，应设置通道连接。

3.1.6 车库基地出入口的设计应符合下列规定：

1 基地出入口的数量和位置应符合现行国家标准《民用建筑统一标准》GB 50352的规定及城市交通规划和管理的有关规定；

2 基地出入口不应直接与城市快速路相连接，且不宜直接与城市主干路相连接；

3 基地主要出入口的宽度不应小于4m，并应保证出入口与内部通道衔接的顺畅；

4 当需在基地出入口办理车辆出入手续时，出入口处应设置候车道，且不应占用城市道路；机动车候车道宽度不应小于4m、长度不应小于10m，非机动车应留有等候空间；

5 机动车库基地出入口应具有通视条件，与城市道路连接的出入口地面坡度不宜大于5%；

6 机动车库基地出入口处的机动车道路转弯半径不宜小于6m，且应满足基地通行车辆最小转弯半径的要求；

7 相邻机动车库基地出入口之间的最小距离不应小于15m，且不应小于两出入口道路转弯半径之和。

3.1.7 机动车库基地出入口应设置减速安全设施。

（十八）交通客运站建筑

参考《交通客运站建筑设计规范》JGJ/T 60—2012。

4.0.1 交通客运站选址应符合城镇总体规划的要求，并应符合下列规定：

1 站址应有供水、排水、供电和通信等条件；

2 站址应避开易发生地质灾害的区域；

3 站址与有害物品、危险品等污染源的防护距离，应符合环境保护、安全和卫生等国家现行有关标准的规定；

4 港口客运站选址应具有足够的水域和陆域面积，适宜的码头岸线和水深。

（十九）城市消防站建筑

消防站选址的原则一方面是要求迅速行动，另一方面也是希望减少对周边的影响。以下摘自《城市消防站设计规范》GB 51054—2014。另外也可以结合防火规范对消防车的相关需求，综合理解。

3.0.1 消防站的执勤车辆主出入口应设在便于车辆迅速出动的部位，且距医院、学校、幼儿园、托儿所、影剧院、商场、体育场馆、展览馆等人员密集场所的公共建筑的主要疏散出口和公交站台不应小于50m。

3.0.2 消防站与加油站、加气站等易燃易爆危险场所的距离不应小于50m。

3.0.3 辖区内有生产、贮存危险化学品单位的，消防站应设置在常年主导风向的上风或侧风处，其边界距生产、贮存危险化学品的危险部位不宜小于200m。

3.0.4 消防站车库门直接临街的应朝向城市道路，且应后退道路红线不小于15m。

3.0.5 消防站车库门在消防站院内时，消防站主出入口与城市道路的距离应满足大型消防车辆出动时的转弯半径要求。

3.0.6 消防车出警通道不应为上坡。

3.0.7 消防车主出入口处的城市道路两侧宜设置可控交通信号灯、标志标线或隔离设施等，30m以内的路段应设置禁止停车标志。

第五节　场地地形选择要点

表2.5.1为场地选择中涉及地形的基础资料收集提纲，可以参照大类理解记忆，本类题目如果详细考察，也会涉及比例尺和等高距内容，需要了解大致原则。

基础资料收集提纲　　表2.5.1

地形	1. 地理位置地形图:比例尺1∶25000或1∶50000 2. 区域位置地形图:比例尺1∶5000或1∶10000等高线间距为1～5m 3. 厂址地形图:比例尺1∶500,1∶1000或1∶2000等高线距0.25～1m 4. 厂外工程地形图:厂外跌路;道路;供水;排水管线;热力管线;输电线路;原料,成品输送廊道等带状地形图,比例尺1∶500～1∶2000

地形图比例尺为地形图上某一线段的长度与实地相应线段水平长度之比。比值的大小可按比例尺的分母确定，分母小则比值大，比例尺就大；分母大则比值小，比例尺小。

区域性地形图常用比例尺为1∶5000～1∶10000，工程总图常用比例尺为1∶500～1∶1000。1∶500～1∶10000地形图适用设计阶段如表2.5.2所示。

比例尺与适用设计阶段　　表2.5.2

比例尺	1∶500	1∶1000	1∶2000	1∶5000	1∶10000
适用设计阶段	建设用地现状图、详细规划、方案设计、初步设计、施工图设计和竣工验收等		可行性研究、详细规划、方案设计和初步设计	可行性研究、总体规划、大型厂址选择,初步设计等	

山地建筑的场地选择还可以参考《建筑设计资料集》第二版第6册相关内容。

第六节　气象与防灾设计

一、气象与气候

表2.6.1对应场地选择中的气候资料具有提纲挈领的作用并且能从中发掘出很多相关考点。建议好好阅读，如果有不确定的概念可以进一步查找。

场地选择收集气候资料　　表 2.6.1

项目	要求
气温和湿度	各年逐月平均最高、最低及平均气温
	各年逐月极端最高、最低气温
	最热月的最高干球与湿球温度
	严寒期日数
	采暖期日数
	不采暖地区连续最冷 5 天的平均温度
	历年一般及最大冻土深度
	土壤深度在 0.7～1m 处的最热月平均温度
	最热月份 13 时平均温度及相对湿度
降水量	当地采用的雨量计算公式
	历年和逐月的平均、最大和最小降雨量
	1 昼夜、1 小时、10 分钟最大强度降雨量
	一次暴雨持续时间及其最大雨量以及连续最长降雨天数
	初、终雪日期，积雪日期，积雪密度，积雪深度
风	历年各风向频率(全年、夏季、冬季)，惊风频率，风玫瑰图
	历年的年、季、月平均及最大风速、风力
	风的特殊情况，风暴、大风情况及其原因，山区的小气候风向变化情况
云雾及日照	历年来的全年晴天及阴天日数
	逐月阴天的平均、最多、最少日数及雾天日数
气压	历年逐月最高、最低平均气压
	历年最热 3 个月平均气压的平均值

常见指标：

温度（℃）：最冷月平均、最热月平均、最热月 14 时平均、极端最高、极端最低、年平均日较差、室外计算温度（冬季采暖、夏季通风）。

相对湿度（%）：最冷月平均、最热月平均、最热月 14 时平均。

降水量：一日最大降雨量（mm）、平均年总降水量（mm）、最大积雪深度（cm）。

降水强度：气象上按照降水强度，可将降雨划分为小雨、中雨、大雨、暴雨、大暴雨和特大暴雨，将降雪分为小雪、中雪、大雪和暴雪。

风力等级表：见表 2.6.2。可以在计算的时候找到相应风速和风级的对应规律，帮助记忆。

风力等级表 表 2.6.2

风级	名称	风速/(m/s)	陆地物象
0	无风	0.0～0.2	烟直上，感觉没风
1	软风	0.3～1.5	烟示风向，风向标不转动
2	轻风	1.6～3.3	感觉有风，树叶有一点响声
3	微风	3.4～5.4	树叶树枝摇摆，旌旗展开
4	和风	5.5～7.9	吹起尘土、纸张、灰尘、沙粒
5	清劲风	8.0～10.7	小树摇摆，湖面泛小波，阻力极大
6	强风	10.8～13.8	树枝摇动，电线有声，举伞困难
7	疾风	13.9～17.1	步行困难，大树摇动，气球吹起或破裂
8	大风	17.2～20.7	折毁树枝，前行感觉阻力很大，可能伞飞走
9	烈风	20.8～24.4	屋顶受损，瓦片吹飞，树枝折断
10	狂风	24.5～28.4	拔起树木，摧毁房屋
11	暴风	28.5～32.6	损毁普遍，房屋吹走，有可能出现“沙尘暴”
	台风（亚太平洋西北部和南海海域）	32.7～36.9	陆上极少，造成巨大灾害，房屋吹走
	飓风（大西洋及北太平洋东部）		

风向：风向即风吹来的方向。某月、季、年、数年某一方向来风次数占同期观测风向发生总次数的百分比，即称该方位的风向频率。将各方位的风向频率按比例绘制在方向坐标图上，形成封闭的折线图形，即为风向（频率）玫瑰图。以风向分 8、16、32 个方位，又用夏冬和全年不同风频图形表示。

污染系数：用来表示污染程度的大小。它的计算公式为：污染系数＝风向频率/平均风速。

空气污染系数综合了风向和风速的作用，代表了某方位下风向空气污染的程度，频率越高系数越大，风速越大系数越小。故而，相对污染受体，污染源应设在污染系数最小的方位的上侧。污染系数在厂址选择和企业内部布局中是一项重要的依据。

如果有主导风向，可以设置在主导风向的下侧。需要特别注意主导风向与污染系数最小的方位的区别，综合而言，两者并无矛盾，需要结合题目实际情况分析。

建筑气候区划标准：中国现有关于建筑的气候分区主要依据现行国家标准《建筑气候区划标准》GB 50178 的建筑气候区划和《民用建筑热工设计规范》GB 50176 的建筑热工设计分区。建筑气候区划反映的是建筑与气候的关系，主要体现在各个气象基本要素的时空分布特点及其对建筑的直接作用上，适用范围更广，涉及的气候参数更多。建筑气候区划以累年 1 月和 7 月平均气温、7 月平均相对湿度等作为主要指标，以年降水量、年日平均气温小于等于 5℃和大于等于 25℃的天数等作为辅助指标，将全国划分成 7 个 1 级区（表 2.6.3）。

建筑气候区划分及建筑基本要求 **表 2.6.3**

分区代号		分区名称	气候主要指标	辅助指标	各区辖行政区范围	建筑基本要求
Ⅰ	ⅠA ⅠB ⅠC	严寒地区	1月平均气温≤−10℃ 7月平均气温≤25℃ 7月平均相对湿度≥50%	年降水量200～800mm 年日平均气温≤5℃的日数)145d	黑龙江、吉林全境；辽宁大部；内蒙中、北部及陕西、山西、河北、北京北部的部分地区	1. 建筑物必须满足冬季保温、防寒、防冻等要求 2. ⅠA、ⅠB区应防止冻土、积雪对建筑物的危害 3. ⅠB、ⅠC、ⅠD区西部，建筑物应防冰雹、防风沙
Ⅱ	ⅡA ⅡB	寒冷地区	1月平均气温−10～0℃ 7月平均气温18～28℃	年日平均气温≥25℃的日数＜80d 年日平均气温≤5℃的日数90～145d	天津、山东、宁夏全境；北京、河北、山西、陕西大部；辽宁南部；甘肃中东部以及河南、安徽、江苏北部的部分地区	1. 建筑物应满足冬季保温、防寒、防冻等要求，夏季部分地区应兼顾防热 2. ⅡA区建筑物应防热、防潮、防暴风雨、沿海地带应防盐雾侵蚀
Ⅲ	ⅢA ⅢB ⅢC	夏热冬冷地区	1月平均气温0～10℃ 7月平均气温25～30℃	年日平均气温≥25℃的日数40～110d 年日平均气温≤5℃的日数0～90d	上海、浙江、江西、湖北、湖南全境；江苏、安徽、四川大部；陕西、河南南部；贵州东部；福建、广东、广西北部和甘肃南部的部分地区	1. 建筑物必须满足夏季防热、遮阳、通风降温要求，冬季应兼顾防寒 2. 建筑物应防雨、防潮、防洪、防雷电 3. ⅢA区应防台风、暴雨袭击及盐雾侵蚀
Ⅳ	ⅣA ⅣB	夏热冬暖地区	1月平均气温＞10℃ 7月平均气温25～29℃	年日平均气温≥25℃的日数100～200d	海南、台湾全境；福建南部；广东、广西大部以及云南西南部和元江河谷地区	1. 建筑物必须满足夏季防热、遮阳、通风、防雨要求 2. 建筑物应防暴雨、防潮、防洪、防雷电 3. ⅣA应防台风暴雨袭击及盐雾侵蚀
Ⅴ	ⅤA ⅤB	温和地区	1月平均气温0～13℃ 7月平均气温18～25℃	年日平均气温≤5℃的日数0～90d	云南大部、贵州、四川西南部、西藏南部一小部分地区	1. 建筑物应满足防雨和通风要求 2. ⅤA区建筑物应注意防寒，ⅤB区建筑物应特别注意防雷电

续表

分区代号		分区名称	气候主要指标	辅助指标	各区辖行政区范围	建筑基本要求
Ⅵ	ⅥA	严寒地区	1月平均气温 −22～0℃ 7月平均气温 <18℃	年日平均气温 ≤5℃的日数 90～285d	青海全境；西藏大部；四川西部、甘肃西南部；新疆南部部分地区	建筑热工设计应符合严寒和寒冷地区相关要求
	ⅥB					
	ⅥC	寒冷地区				
Ⅶ	ⅦA	严寒地区	1月平均气温 −20～−5℃	年降水量 10～600mm	新疆大部；甘肃北部；内蒙西部	建筑热工设计应符合严寒和寒冷地区相关要求
	ⅦB		7月平均气温 ≥18℃	年日平均气温 ≥25℃的日数 <120d		
	ⅦC		7月平均相对湿度 <50%	年日平均气温 ≤5℃的日数 110～180d		

二、地震与防灾

抗震设计：选择建筑场地时，应根据工程需要和地震活动情况、工程地质和地震地质的有关资料，对抗震有利、一般、不利和危险地段作出综合评价。对不利地段应提出避开要求，当无法避开时，应采取有效的措施。对危险地段，严禁建造甲、乙类的建筑，不应建造丙类的建筑。当地面下饱和砂土和饱和粉土时，除六度外，应进行液化判别，存在液化土层的地基，应根据建筑的抗震设防类别、地基的液化等级，结合具体情况采取相应的措施，详见表 2.6.4。

有利、一般、不利和危险地段的划分 **表 2.6.4**

地段类别	地质、地形、地貌
有利地段	稳定基岩，坚硬土，开阔、平坦、密实、均匀的中硬土等
一般地段	不属于有利、不利和危险的地段
不利地段	软弱土，液化土，条状突出的山嘴，高耸孤立的山丘，陡坡，陡坎，河岸和边坡的边缘，平面分布上成因、岩性、状态明显不均匀的土层（含故河道、疏松的断层破碎带、暗埋的塘浜沟谷和半填半挖地基），高含水量的可塑黄土，地表存在结构性裂缝等
危险地段	地震时可能发生滑坡、崩塌、地陷、地裂、泥石流等及发震断裂带上可能发生地表错位的部位

参考《建筑抗震设计规范》GB 50011—2010（2016 年版）。

防洪设计（《防洪标准》GB 50201—2014）：

3.0.1 防护对象的防洪标准应以防御的洪水或潮水的重现期表示；对于特别重要的防护对象，可采用可能最大洪水表示。防洪标准可根据不同防护对象的需要，采用设计一级或设计、校核两级。

3.0.4 防洪保护区内的防护对象，当要求的防洪标准高于防洪保护区的防洪标准，且能进行单独防护时，该防护对象的防洪标准应单独确定，并应采取单独的防护措施。

3.0.5 当防洪保护区内有两种以上的防护对象，且不能分别进行防护时，该防洪保护区的防洪标准应按防洪保护区和主要防护对象中要求较高者确定。

3.0.6 对于影响公共防洪安全的防护对象，应按自身和公共防洪安全两者要求的防洪标准中较高者确定。

4.2.1 城市防护区应根据政治、经济地位的重要性、常住人口或当量经济规模指标分为四个防护等级，其防护等级和防洪标准应按表 4.2.1 确定。

城市防护区的防护等级和防洪标准 **表 4.2.1**

防护等级	重要性	常住人口/万人	当量经济规模/万人	防洪标准［重现期(年)］
Ⅰ	特别重要	≥150	≥300	≥200
Ⅱ	重要	<150,≥50	<300,≥100	200～100
Ⅲ	比较重要	<50,≥20	<100,≥40	100～50
Ⅳ	一般	<20	<40	50～20

注：当量经济规模为城市防护区人均 GDP 指数与人口的乘积，人均 GDP 指数为城市防护区人均 GDP 与同期全国人均 GDP 的比值。

参考、引用资料：

①《建设项目选址规划管理办法》
②《中华人民共和国环境影响评价法》
③《民用建筑设计统一标准》GB 50352—2019
④《中华人民共和国城乡规划法》
⑤《建筑设计防火规范》GB 50016—2014（2018 年版）
⑥《城市居住区规划设计标准》GB 50180—2018
⑦《宿舍建筑设计规范》JGJ 36—2016
⑧《中小学校设计规范》GB 50099—2011
⑨《托儿所、幼儿园建筑设计规范》JGJ 39—2016（2019 年版）
⑩《综合医院建设标准》建标 110-2021
⑪《老年人照料设施建筑设计标准》JGJ 450—2018
⑫《文化馆建筑设计规范》JGJ/T 41—2014
⑬《图书馆建筑设计规范》JGJ 38—2015
⑭《电影院建筑设计规范》JGJ 58—2008
⑮《剧场建筑设计规范》JGJ 57—2016
⑯《博物馆建筑设计规范》JGJ 66—2015
⑰《展览建筑设计规范》JGJ 218—2010
⑱《档案馆建筑设计规范》JGJ 25—2010
⑲《办公建筑设计标准》JGJ/T 67—2019
⑳《体育建筑设计规范》JGJ 31—2003
㉑《旅馆建筑设计规范》JGJ 62—2014

㉒《饮食建筑设计标准》JGJ 64—2017
㉓《商店建筑设计规范》JGJ 48—2014
㉔《车库建筑设计规范》JGJ 100—2015
㉕《交通客运站建筑设计规范》JGJ/T 60—2012
㉖《城市消防站设计规范》GB 51054—2014
㉗《建筑设计资料集》第二版第 6 册
㉘《公共建筑节能设计标准》GB 50189—2015
㉙《建筑气候区划标准》GB 50178
㉚《民用建筑热工设计规范》GB 50176
㉛《建筑抗震设计规范》GB 50011—2010（2016 年版）
㉜《防洪标准》GB 50201—2014

模拟题

1. 场址气象资料的降水量内容中，下列哪一项不用收集？（　　）

A. 平均年总降雨量　　B. 当地采用的雨量计算公式

C. 5min 最大降雨量　　D. 积雪深度、密度、日期

【答案】C

【说明】参照场地选择收集气候资料表（本章第五节第 1 部分），需要收集的最小为 10min 最大降水量。

2. 在选址阶段，可暂不收集下列哪种基础资料图？（　　）

A. 区域位置地形图　　B. 地理位置地形图

C. 厂区地段水文地质平面图　　D. 选址地段地形图

【答案】C

【说明】参考下表：本类题目如果详细考察，也会涉及比例尺和等高距内容。

基础资料收集提纲	
地形	1. 地理位置地形图:比例尺 1∶25000 或 1∶50000 2. 区域位置地形图:比例尺 1∶5000 或 1∶10000,等高线间距为 1～5m 3. 厂址地形图:比例尺 1∶500,1∶1000 或 1∶2000,等高线距 0.25～1m 4. 厂外工程地形图:厂外跌路;道路;供水;排水管线;热力管线:输电线路;原料,成品输送廊道等带状地形图,比例尺 1∶500～1∶2000

3. 下列哪项不属于场地环境资料？（　　）

A. 邻近单位的工作与生产性质

B. 邻近单位的生活情况

C. 邻近单位的日常交通情况

D. 邻近单位产生的声、光、尘、气味、电磁波、振动波及心理影响等情况

【答案】B

【说明】场地环境资料内容包括：1. 邻近企业现有状况、名称、所属单位、规模、产品、职工人数等；2. 邻近企业改建、扩建及发展规划状况；3. 各企业相对位置包括本厂厂址；4. 现有企业与本厂在生产等方面协作的可能性；5. 三废情况及治理措施，特别是

厂址附近有无毒害气体。

4. 关于托幼建筑的选址原则，下列哪项不当？（　　）

A. 应避免在交通繁忙的街道两侧建设

B. 日照要充足，地界的南侧应无毗邻的高大的建筑物

C. 应远离各种污染源，周围环境应无恶臭、有害气体、噪声的发生源

D. 托幼建筑宜邻近医院、公用绿地，并便于就近诊疗

【答案】D

【说明】参照本章节托幼建筑的选址内容，应避免在医院附近。考试时需注意鉴别看起来有点道理但实际上却有明显错误的选项。

5. 下列关于选择居民区场址的论述，哪项是不适当的？（　　）

A. 不占良田，尽量利用荒山、山坡和沼泽

B. 尽量靠近城市，以利用城市已有的公共设施

C. 场地用地要充裕和卫生条件良好

D. 对居民区有污染的工厂，应位于生活居民区污染系数最小的方位侧

【答案】A

【说明】居住区不得在有滑坡、泥石流、山洪等自然灾害威胁的地段进行建设。

6. 下列关于居住建筑日照标准的论述，哪项是错误的？（　　）

A. 老年人居住建筑日照标准不应低于冬至日日照时数 2h

B. 在原设计建筑外增加任何设施（含加装电梯）不应使相邻住宅原有日照标准降低

C. 旧区改建项目内新建住宅建筑日照标准不应低于大寒日日照时数 1h

D. 底层窗台面是指距室内地坪 0.9m 高的外墙位置

【答案】B

【说明】基于《城市居住区规划设计标准》GB 50180—2018 第 4.0.9 第 2 条：在原设计建筑外增加任何设施不应使相邻住宅原有日照标准降低，既有住宅建筑进行无障碍改造加装电梯除外。

7. 几个班及以上的托儿所、幼儿园建筑应独立设置？（　　）

A. 三个　　　　B. 四个

C. 五个　　　　D. 六个

【答案】B

【说明】基于《托儿所、幼儿园建筑设计规范》JGJ 39—2016（2019 年版）第 3.2.2 条，四个班及以上的托儿所、幼儿园建筑应独立设置。三个班及以下时，可与居住、养老、教育、办公建筑合建。但应符合相应规定（详见条文）。

8. 下列选项不符合剧场建筑基地规定的是（　　）。

A. 基地应至少有一面临接城市道路，或直接通向城市道路的空地；临接的城市道路的可通行宽度不应小于剧场安全出口宽度的总和

B. 基地沿城市道路的长度应按建筑规模或疏散人数确定，并不应小于基地周长的 1/6

C. 基地应至少有两个不同方向的通向城市道路的出口

D. 基地的主要出入口应与快速道路直接连接，但不应直接面对城市主要干道的交叉口

【答案】D

【说明】《剧场建筑设计规范》JGJ 57—2016 第 3.1.2 条第 5 条：基地的主要出入口不应与快速道路直接连接，也不应直接面对城市主要干道的交叉口。

9. 下列中小学校的建设选址要求中，错误的是（　　）。[2019-16]

A. 严禁建设在暗河地段　　B. 严禁建设在地址塌裂的地段

C. 校园内严禁跨越高压电线　　D. 校园应远离社区医院门诊楼

【答案】D

【说明】要注意规范中此条的区分和鉴别："中小学校建设应远离殡仪馆、医院的太平间、传染病院等建筑。"

10. 场地选择前应收集相应的资料，以下哪些资料不属于收集范围？（　　）[2004-2]

A. 地质、水文、气象、地震等资料

B. 项目建议书及选址意见书等前期资料

C. 有关的国土规划、区域规划、地市规划、专业规划的基础资料

D. 征地协议和建设用地规划许可证等文件

【答案】D

【说明】场地选择前应收集地质、水文、气象、地震等资料以及项目建议书及选址意见书等前期资料和有关的国土规划、区域规划、地市规划、专业规划的基础资料。

第三章　建筑策划

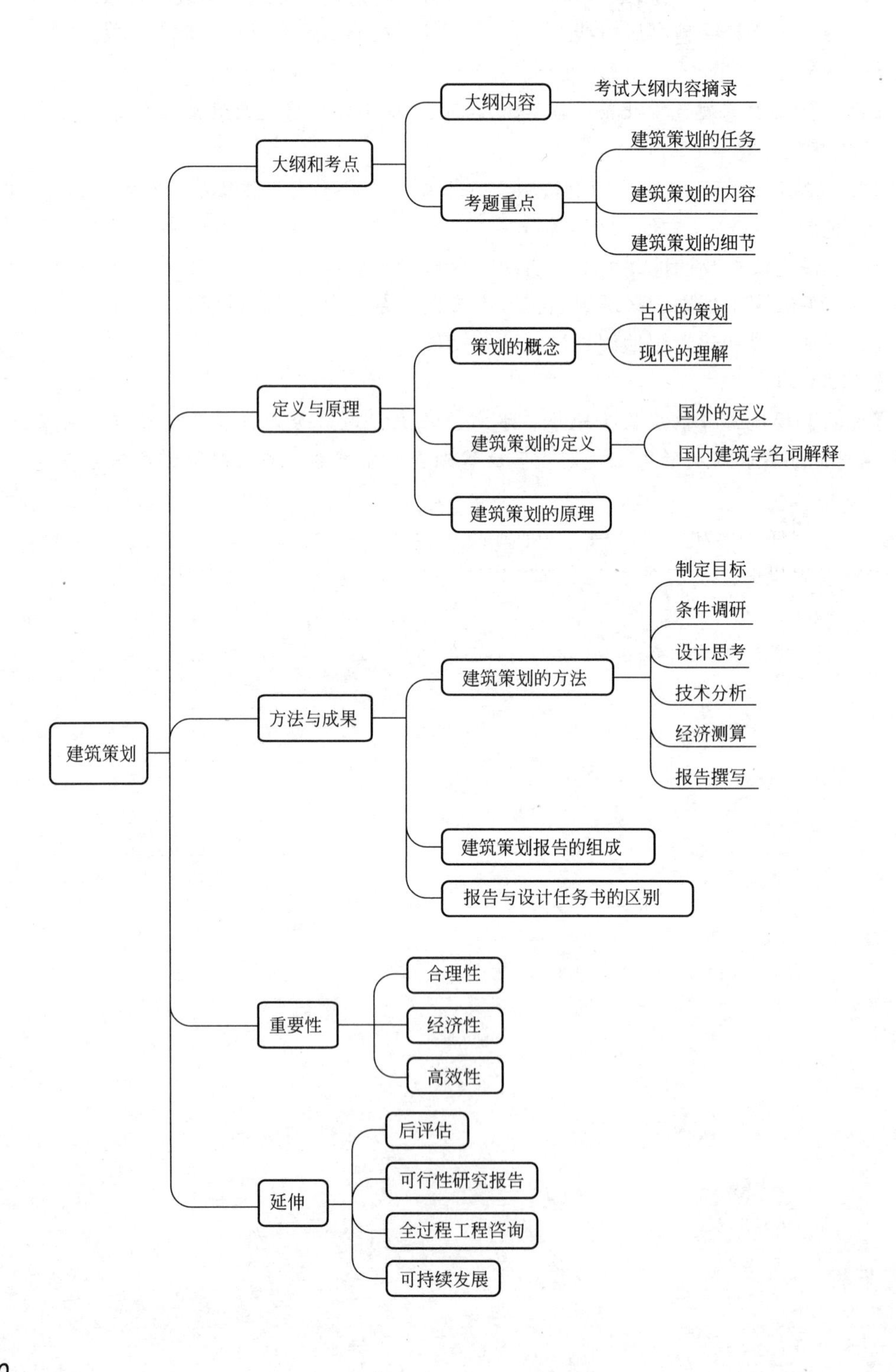
建筑策划
大纲和考点
大纲内容
考试大纲内容摘录
考题重点
建筑策划的任务
建筑策划的内容
建筑策划的细节
定义与原理
策划的概念
古代的策划
现代的理解
建筑策划的定义
国外的定义
国内建筑学名词解释
建筑策划的原理
方法与成果
建筑策划的方法
制定目标
条件调研
设计思考
技术分析
经济测算
报告撰写
建筑策划报告的组成
报告与设计任务书的区别
重要性
合理性
经济性
高效性
延伸
后评估
可行性研究报告
全过程工程咨询
可持续发展

第一节　大纲和考点

对“建筑策划”而言，考试的内容和覆盖点并不多，甚至考题也只有一年一道而已。但对于执业建筑师的成长以及未来建筑行业的发展，都有很重要的意义。

一、大纲内容

在新的考试大纲中，对“建筑策划”的要求是：了解建筑策划的原理、程序、方法及要求，能协助建设单位制定项目定位与建设目标，能编制设计任务书，提出项目总体构想，包括：项目构成、建筑规模、环境保护、空间关系、交通组织、使用功能、结构选型、设备系统、专项统筹、经济分析、投资规模、建设周期、项目交付、项目运营等，为进一步深化设计提供依据，同时体现绿色和可持续发展理念，并符合相关法规、规范及标准的要求。

二、考题重点

针对过往真题的分析，考点主要包括以下几个方面：

1. 策划的任务——如 2004 第 22 题，问“建筑策划的主要任务是”，答案是 C：确定工程任务书和初步设想。答案说明：建筑策划是承接规划与设计的中间节点，其主要任务就是确定工程任务书和初步设想。其他项收集基础资料和规划条件、提出问题和为解决专业技术问题提供办法为服务这个主要任务的工作。

2. 策划的内容——如 2013 第 13 题，问“在初步设计阶段，下列哪一项是建筑师可不予考虑的内容?”，答案是 C：建筑施工设备。答案说明：初步设计阶段主要是针对各方需求和前期可研进行技术设计，而施工设备更偏向于后期施工图甚至施工组织的范畴。而其他项目建筑单位的需求、客户的需求和可行性研究报告都是需要考虑的。

3. 策划的细节——如 2008 第 25 题，问“在策划购物中心类建设项目时，要同时考虑设置的内容不包括”，答案是 D：税务部门的分驻机构。答案说明：策划购物中心时，前两项超级市场和金融服务网点为招商重点考虑的使用方，第三项公交停靠场地为提供客流的主要途径，而第四项只是特殊需求且在城市中只有少数布局的要求，非购物中心考虑因素。

基于以上几点，在后续的介绍中会重点关注，同时策划也是一个长期动态的，在业内也提出了很多新的观点，这些也将会在最后一部分进行阐述，为以后考试范围的变化提供参考。

第二节　建筑策划的定义与原理

一、策划的概念

“策划”一词在中国古代《后汉书·隗嚣公孙述列传》中有提及：“是以功名终申，策画复得。”其中古字“画”与“划”相通互代，“策画”即“策划”，意思是计划、打算。

在现代生活中，我们通常用策划来表达：为了达到一定目的或结果，在充分调查市场、环境等的基础之上，按照一定的逻辑、方法，对后续的行动进行系统、周密、科学的预测，并根据预测制订可行性方案。

二、建筑策划的定义

1969 年，美国建筑策划先驱威廉·佩纳（William M. Pena）在《问题搜寻法：建筑策划初步》（*Problem Seeking：An Architectural Programming Primer*）一文中提出建筑策划是为了给做政策决策的人提供设计的基本原理、原则和方法，策划过程提供了一个工作框架，为建筑师明确客户的需求，提供数据收集、团队组成、沟通交流等。他认为策划是提问题，设计然后再解决问题。

而在中国，建筑策划则是近十几年才逐步得到业内重视的。在 2014 年出版的全国科学技术名词审定委员会所颁布的建筑学名词解释中，建筑策划是特指在建筑学领域内建筑师根据总体规划的目标设定，从建筑学的学科角度出发，不仅依赖于经验和规范，更以实态调查为基础，通过运用计算机等近现代科技手段对研究目标进行客观的分析，最终定量地得出实现既定目标所应遵循的方法及程序的研究工作。它是建筑设计能够最充分地实现总体规划的目标，保证项目在设计完成之后具有较高的经济效益、环境效益和社会效益的科学依据。简言之，建筑策划就是将建筑学的理论研究与近现代科技手段相结合，为总体规划立项之后的建筑设计提供科学而有逻辑的设计依据。

三、建筑策划的原理

现在国内市场上，很多建筑师不能只靠甲方提供任务书来设计，很多时候要自己根据甲方的最终需求给自己提任务书，做可行性研究，同时根据这些内容做概念方案。最显而易见的建筑策划，就是强排，根据规划要求以及项目的地形、市场、用户等特点，给予不同的建筑形态方案，并通过经济测算得出一个或多个比较合适的体量强排，然后再通过概念方案进行落地性分析。

在建筑创作过程中，建筑策划是链接规划立项与后期设计的一个重要环节。建筑策划在整个建筑创作过程中，与其他工作的关系如图 3.2.1。

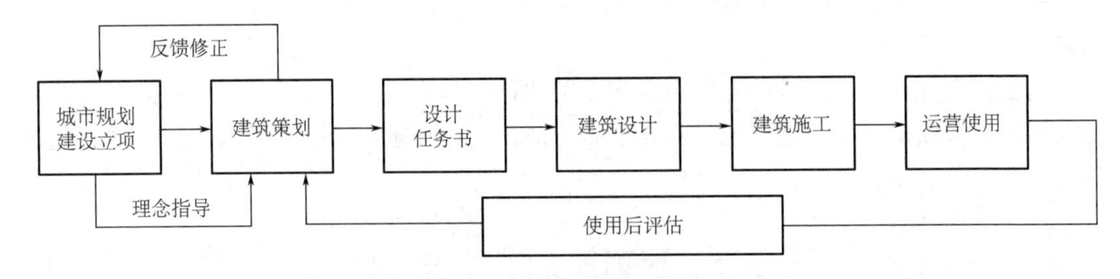

图 3.2.1　建筑创作过程简图

因此，建筑策划的原理是在设计过程中，结合宏观与微观进行科学理性的研究，推演出具有指导意义的策划报告。建筑策划既要研究宏观的信息、社会、人文、经济等传统建筑学容易忽略的领域，也要重视空间、造型、功能、流线等可量化的目标，使建筑设计更讲理性与讲道理，更有据可依。

第三节 建筑策划的方法与成果

一、建筑策划的方法

通常要完成一个建设项目的建筑策划有以下程序：

1. 制定目标。根据总体规划、项目立项等背景，明确项目的用途、性质、功能和规模等，使项目在最终满足建设的需求。

2. 条件调研。调研需要从外到内，从大到小。外部条件需要了解法律、法规与规范等约束条件，社会人文经济等隐性条件，地形、气候、日照等自然物质环境以及各种城市基础、交通、建设指标等。而对内部条件，需要根据用户或业主需求，了解建筑功能的要求、使用方式、设备系统等。

3. 设计思考。对整体项目的各个分项进行空间分类处理，拟定任务书，确定空间面积，并在规划层面对布局、朝向、密度、绿化率等进行思考，从而制定空间的各种要求，并对体量和风格进行明确定性，通过概念方案对设计要求进行反馈，并将结果进行评价从而修正设计任务书。

4. 技术分析。对项目的建筑材料、构造方式、施工手段、设备标准等进行策划，研究从设计到施工过程中的技术要求，使项目能更可控地进行，保障技术可行性。

5. 经济测算。根据设计与技术两方面的分析，初步匡算各分项的投资，得到建设投资估算额，同时根据现有的数据，参考相关建筑，估算未来的运营费用以及项目土地或租金等增值量，计算项目的损益与回报。经济测算最终用来调整规划设计与技术设备，特别是投资重大或商业价值突出的项目，经济测算是决策的关键点。

6. 报告撰写。这是将整个策划工作以文字报告形式进行总结表达，既便于投资者决策，也为之后建筑师的设计工作提供指导或协助，让项目进行具体建筑设计时有更符合逻辑、更为科学与经济的依据。

归纳而言，建筑策划的运作模式是一个从抽象到具象的过程：认识事物——分析条件——解决方案——项目实施，并不断修正反馈从而形成最后的结果。

二、建筑策划的成果——建筑策划报告

通过以上步骤，最后呈现给甲方或外界的成果是建筑策划报告。

建筑策划报告基本涵盖了上述过程中的操作，一般内容包括：1. 项目概述；2. 市场调查分析；3. 目标理解；4. 场地分析评价；5. 策划创意与构思建议；6. 概念方案及验证反馈；7. 工程投资估算；8. 建设周期安排；9. 结论与建议。

三、建筑策划报告与建筑设计任务书的区别

建筑策划书是建议性文件，而建筑设计任务书更多是强制性要求，就好像是规范中“宜”与“应”的理解。为此，我们有必要了解设计任务书的组成。

设计任务书基本内容包括：1. 建设背景与总体目标；2. 项目基本情况；3. 项目基础技术资料；4. 设计依据；5. 设计范围、周期、深度、成果、交付等；6. 各功能设置与面

积分配；7. 流线要求；8. 各专业设计要求。在设计任务书中，更多的是具体要求和标准。根据策划报告而做出来的方案可能有很多不同的方向，但满足任务书的每个方向都必须符合上述要求，这样才能开展下一步的工作。

第四节　建筑策划的重要性

通过对建筑策划过程的解读，可以认识到建筑策划作为衔接城市规划与建筑设计的桥梁：让设计通过建筑策划带来更多的价值。这也体现了建筑策划的重要性。

1. 建筑策划使设计更合理：通过建筑策划，将设计的各种前置考虑因素纳入策划范围，使后期的设计能充分解决这些问题，使之更合理到位。

2. 建筑策划使设计更经济：通过建筑策划，将投资和回报等经济因素定性分析出来，有效控制投资规模，避免投资浪费（甚至包括后期维护成本不可预测等情况），使之更加经济可控。

3. 建筑策划使设计更高效：通过建筑策划，将设计的可能方案进行初步的筛选分析，减少后期无法落地或实现的设计，使建筑师能更有效地考虑更多方案细节和落地技术，使之更加高效直接。

第五节　建筑策划的延伸

建筑策划在未来一段时间会越来越受到项目、甲方、建筑师的重视。但这个过程里，策划也需要更有动态性考虑。一方面，要考虑市场、时间的动态变化发展：策划必须符合事物或事件的变化规律，才能有好的策划效果；另一方面，策划过程本身也是动态思考运作过程，需要不断修正和检验。

此外，建筑师现在面对的工作更全面，更复杂，也涉及更多的建设节点，例如后评估、可行性研究、全过程工程咨询等工作，了解建筑策划与它们之间的关系和区别，对工作更有帮助。

一、建筑策划与后评估的互动

建筑策划与使用后评估是国际建协宪章、《国际建协建筑师职业实践政策推荐导则》所规定的建筑师七大核心业务内容的重要部分。庄惟敏教授也在他的研究中提出了“前策划—后评估”的理念，希望从改善建筑设计程序、实现城市发展目标、改进行为反馈和树立标准等角度，将建筑流程形成闭环的反馈机制。

因此，在建筑策划已经得到中国建设行业充分重视的情况下，政府和业界也把后评估纳入进来。如 2019 年国办函〔2019〕92 号文件中明确要求建立“前策划后评估”的相关制度。通过两者的结合，既可以以建筑策划进行科学的项目决策，又可以利用使用后评估对项目的使用效果和相关指标进行评价，不断反馈修正和优化项目设计决策体系。

由于评估体系的建立需要大量的工程实践以及标准建设，而且国外已经有的评估标准与中国的国情还存在差异，未来需要从国家、城市等层面整合资源，建立数据，期待在大数据时代能更有效地探索设计在建筑行业的重要地位。

二、建筑策划与可行性研究报告的区别

现在建筑师也常常会介入可行性研究的工作中，但其在这个工作里只承担一部分的内容，因此也有必要了解两者的区别。

1. 两者的执行主体不同。可行性研究一般是由具有经济学背景的人士来主导完成报告，同时也会召集相关的规划师、建筑师等来合作；建筑策划是在建设方、政府等委托下由建筑师为主导来承担完成。因此建筑师在两者中的角色和地位不一样。

2. 两者的研究内容不同。前者是对项目的投资（包括投资损益、回报率）进行论证分析，重点考虑是否值得投入并保证有所回报，而后者是对建设项目的设计依据进行论证，重点是后续设计能否落地实现。

3. 两者成果使用对象不同。前者是供决策参考之用，后者提供给建筑师做设计。

可以看出，可行性研究与建筑策划研究有比较多的差异，用简单的话来概括，前者关注的是做对的事，后者关注的是把事做对。

三、建筑策划与全过程工程咨询的关系

近几年来很多项目，特别是政府投资项目，全过程咨询需求方兴未艾。很多建设单位、建筑设计公司、监理公司、建筑工程公司等都在开拓这个业务内容。虽然在这里不做细究，但还是有必要了解建筑策划与全过程咨询的关系。

2017 年 2 月 21 日，《国务院办公厅关于促进建筑业持续健康发展的意见》（国办发〔2017〕19 号）在完善工程建设组织模式中提出了培育全过程工程咨询，这个意见一方面明确了“全过程工程咨询”的说法，另一方面也强调政府投资工程将带头推行全过程工程咨询。这促使全过程咨询业务蓬勃发展。

全过程工程咨询，涉及建设工程全生命周期内的策划咨询、前期可研、工程设计、招标代理、造价咨询、工程监理、施工前期准备、施工过程管理、竣工验收及运营保修等各个阶段的管理服务。而建筑策划属于全过程咨询中的一个阶段，在全过程咨询中，建筑师需要在建设的全生命周期中参与各阶段工作，建筑师的责任与权力更大。

四、建筑策划与可持续发展的思考

“碳达峰”和“碳中和”的可持续发展政策也是需要建筑师在建筑策划过程中加以考虑的。

建筑作为一种可以存在足够长时间的人造物，从建设到运营的全生命周期里，其所产生的碳排放以及消耗的能量都是巨大的。据相关统计资料，人类活动中的生产和制造（水泥、钢材、塑料）造成的温室气体排放量占总排放量的 31%，是排放量最高的活动。而建筑业，正是大量需要以上材料。因此，建筑师在建筑策划时，对建筑运用的绿色可持续技术、采用的环保材料、引导的人类低碳活动如能加以深入考虑，将具有重要的意义。

参考、引用资料：

① William M Pena，Steven A Parshall. Problem Seeking：An Architectural Programming Primer.

John Wiley & Sons Inc，2001.

② 庄惟敏，张维，梁思思. 建筑策划与后评估［M］. 北京：中国建筑工业出版社，2018.

③ 康一凡. 全过程工程咨询管理模式探究［J］. 中外企业家，2020（34）：107.

模拟题

1. 建筑策划的主要任务是（　　）。

A. 收集基础资料和规划条件　　B. 提出问题

C. 确定工程任务书和初步设想　　D. 为解决专业技术问题提供办法

【答案】C

【说明】建筑策划阶段的主要任务就是确定工程任务书和初步设想。

2. 建筑策划不应满足以下哪种要求？（　　）

A. 工程项目的任务书要求　　B. 业主对投资风险的分析

C. 确定建筑物的平、立、剖面图设计　　D. 工程进度的预测

【答案】C

【说明】确定建筑物的平、立、剖面图设计工作属于前期建筑策划之后的建筑设计业务范畴。

3. 开展装配式建筑工程技术策划，最适宜的阶段是（　　）。

A. 方案设计阶段　　B. 初步设计阶段

C. 施工图设计阶段　　D. 施工图设计后的专项设计阶段

【答案】A

【说明】参见《建筑工程设计文件编制深度规定（2016版）》（住房和城乡建设部）。

1.0.12 装配式建筑工程设计中宜在方案阶段进行“技术策划”，其深度应符合本规定相关章节的要求。预制构件生产之前应进行装配式建筑专项设计，包括预制混凝土构件加工详图设计。主体建筑设计单位应时预制构件深化设计进行会签，确保其荷载、连接以及时主体结构的影响均符合主体结构设计的要求。

4. 工作程序中，不属于建筑策划程序的是（　　）。

A. 目标的确定　　B. 外部和内部条件的调查

C. 空间构想和技术构思　　D. 确定项目建设的实施方案

【答案】D

【说明】一般项目的建筑策划程序可以概括如下：

外部条件的调查。这是查阅项目的有关各项立法、法规与规范上的制约条件，调查项目的社会人文环境，包括经济环境、投资环境、技术环境、人口构成、文化构成、生活方式等；还包括地理、地质、地形、水源、能源、气候、日照等自然物质环境以及城市各项基础设施、道路交通、地段开口、允许容积率、建筑限高、覆盖率和绿地面积指标等城市规划所规定的建设条件。

目标的确定。这是根据总体规划立项，明确项目的用途、使用目的，确定项目的性质，规定项目的规模（层数、面积、容积率等一次、二次、三次元的数量设定）。

空间构想。又称为“软构想”，它是对总项目的各个分项目进行规定，草拟空间功能的目录（list）——任务书，确定各空间面积的大小，对总平面布局、分区朝向、绿化率、

建筑密度等进行构想，并制定各空间的具体要求，此外对平、立、剖面、风格等特征进行构想，确定设计要求。

内部条件的调查。这是对建筑功能的要求、使用方式、设备系统的状态条件等进行调查，确定项目与规模相适应的预算、与用途相适应的形式以及与施工相适应的结构条件等。

经济策划。根据软构想和硬构想委托经济师草拟出分项投资估算，计算一次性投资的总额，并根据现有的数据参考相关建筑，估算项目建成后运营费用以及土地使用费用等项可能的增值，计算项目的损益及可能的回报率，做出宏观的经济预测。

技术构想，又称为“硬构想”。它主要是对项目的建筑材料、构造方式、施工技术手段、设备标准等进行策划，研究建设项目设计和施工中各技术环节的条件和特征，协调其他技术部门的关系，为项目设计提供技术支持。

报告拟订。这是将整个策划工作文件化、逻辑化、资料化和规范化的过程，它的结果是建筑策划全部工作的总结和表述，它将对下一步筑设计工作起科学的指导作用，是项目进行具体建筑设计的科学而合乎逻辑的依据，也便于投资者做出正确的选择和决策。

5. 在建筑策划阶段，城市规划部门要提出规划条件，下列哪一项通常不提？［2001-29］（　　）

A. 建筑系数　　　　B. 建筑限高

C. 容积率　　　　D. 建筑层数

【答案】D

【说明】城市规划部门要提出规划条件，包括建筑密度、容积率、建筑高度、体量、红线退让要求和地下管线走向、绿化要求以及其他控制事项；一般不包括建筑层数。

6. 建项目策划应优先的手段和策略不包含下面哪一项？（　　）

A. 场地生态规划　　　　B. 利用场地与气候特征

C. 建筑形态与平面布局优化　　　　D. 高性能的产品和设备

【答案】D

【说明】参见《民用建筑绿色设计规范》JGJ/T 229—2010。

4.2.4 明确绿色建筑建设目标后，应进一步确定节地、节能、节水、节材、室内环境和运营管理等指标值，确定被动技术优先原则下的绿色建筑方案，采用适宜、集成的技术体系，选择合适的设计方法和产品。

优先通过场地生态规划、建筑形态与平面布局优化等规划设计手段和被动技术策略，利用场地与气候特征，实现绿色建筑性能的提升；无法通过规划设计手段和被动技术策略实现绿色建筑目标时，可考虑增加高性能的建筑产品和设备的使用。

7. 构成建筑基本空间的主要因素中不包括（　　）。

A. 大小和形状适宜的空间　　　　B. 合适的自然采光条件

C. 建筑结构形式　　　　D. 良好的朝向

【答案】D

【说明】建筑空间的基本要素：尺寸、几何形状、围护材料、结构形式、光线、装饰。

8. 下列不属于公共设施用地类建筑的是（　　）。

A. 邮政中心　　　　B. 交通枢纽

C. 消防指挥中心　　　　　　　　　D. 环卫车场

【答案】B

【说明】参见《城市用地分类与规划建设用地标准》GB 50137—2011 表 3-1。

9. 在建筑工程建设程序中，以下哪项叙述是正确的？（　　）

A. 建设工程规划许可证取得后，方能申请建设用地规划许可证

B. 建设工程规划许可证取得后，才能取得开工证

C. 建设工程规划许可证取得后，才能取得规划条件通知书

D. 建设工程规划许可证取得后，即可取得建筑用地钉桩通知单

【答案】B

【说明】在城市规划区内新建、扩建和改建建筑物、构筑物、道路、管线和其他工程设施，必须持有关批准文件向城市规划行攻主管部门提出申请，由城市规划行政主管部门根据城市规划提出的规划设计要求，核发建设工程规划许可证件。建设单位或者个人在取得建设工程规划许可证件和其他有关批准文件后，方可申请办理开工手续。

10. 下列哪个日期是建设项目的竣工日期？（　　）

A. 建筑施工完成日期

B. 设备安装完成日期

C. 设备运转试生产日期

D. 有关验收单位或验收组验收合格的日期

【答案】D

【说明】《关于审理建设工程施工合同纠纷案件适用法律问题的解释》第 14 条规定，当事人对建设工程实际竣工日期有争议的，按照以下情形分别处理：

（一）建设工程经竣工验收合格的，以竣工验收合格之日为竣工日期；

（二）承包人已经提交竣工验收报告，发包人拖延验收的，以承包人提交验收报告之日为竣工日期；

（三）建设工程未经竣工验收，发包人擅自使用的，以转移占有建设工程之日为竣工日期。

11. 我国现行的基本建设程序为（　　）。

Ⅰ. 建设准备　Ⅱ. 可行性研究　Ⅲ. 项目建议书　Ⅳ. 建设实施

Ⅴ. 设计工作　Ⅵ. 生产准备　Ⅶ. 竣工验收

A. Ⅲ、Ⅱ、Ⅴ、Ⅰ、Ⅳ、Ⅵ、Ⅶ　　　　B. Ⅰ、Ⅲ、Ⅱ、Ⅴ、Ⅵ、Ⅳ、Ⅶ

C. Ⅲ、Ⅱ、Ⅰ、Ⅳ、Ⅵ、Ⅶ、Ⅴ　　　　D. Ⅴ、Ⅳ、Ⅲ、Ⅱ、Ⅰ、Ⅵ、Ⅶ

【答案】A

【说明】基本建设程序是对基本建设项目从酝酿、规划到建成投产所经历的整个过程中的各项工作开展先后顺序的规定。它反映工程建设各个阶段之间的内在联系，是从事建设工作的各有关部门和人员都必须遵守的原则。基本建设程序一般包括三个时期、六项工作。其中三个时期即投资决策时期、建设时期和生产时期。六项工作即编制和报批项目建议书、编制和报批可行性研究报告、编制和报批设计文件、建设准备工作（施工组织和生产准备）、建设实施工作、项目施工验收投产经营后评价等。

12. 城市土地开发中涉及“生地”和“熟地”的概念，以下哪项叙述是正确的？（　　）

A. 熟地：已经七通一平的土地

B. 熟地：已经取得建设工程规划许可证的土地

C. 生地：已开发但尚未建成的土地

D. 熟地：已经取得建设用地规划许可证的土地

【答案】A

【说明】生地，是指不具备城市基础设施的土地。熟地，是指已经七通一平的土地。

13. 建筑师受开发商委托要对某地块进行成本测算，并做出效益分析。若要算出七通一平后的土地楼面价格时，下列哪组答案才能算是主要的价格因素？（ ）

Ⅰ. 土地出让金 Ⅱ. 大市政费用 Ⅲ. 红线内管网费 Ⅳ. 拆迁费 Ⅴ. 容积率 Ⅵ. 限高

A. Ⅰ、Ⅱ、Ⅳ、Ⅴ B. Ⅰ、Ⅳ、Ⅴ、Ⅵ

C. Ⅰ、Ⅱ、Ⅲ、Ⅳ D. Ⅰ、Ⅱ、Ⅳ、Ⅵ

【答案】A

【说明】土地楼面价格主要可以分解为土地出让金、大市政费用、基础设施配套费、征地、拆迁和安置费用等内容。另外容积率也是影响价格的主要因素。

14. 在策划购物中心类建设项目时，要同时考虑设置的内容不包括（ ）。

A. 超级市场 B. 金融服务网点

C. 公交停靠场地 D. 税务部门的分驻机构

【答案】D

【说明】策划购物中心类建设项目一般需考虑超级市场、金融服务网点以及公交停靠场地的设置。

15. 业主向设计单位提供工程勘察报告应在哪个阶段？（ ）

A. 项目建议书 B. 可行性研究

C. 设计阶段 D. 施工阶段

【答案】C

【说明】工程勘察报告是工程设计阶段进行地下工程设计的基本依据，对于地下结构设计、空间使用、基础形式确定、材料构造等起着决定性作用。

16. 下列指标中，不属于详细规划阶段海绵城市低影响开发单项控制指标的是（ ）。

A. 下沉式绿地率及其下沉深度 B. 透水铺装率

C. 绿色屋顶率 D. 绿化覆盖率

【答案】D

【说明】《海绵城市建设技术指南——低影响开发雨水系统构建》单项控制指标为：

(1) 下沉式绿地率＝广义的下沉式绿地面积/绿地总面积。广义的下沉式绿地泛指具有一定调蓄容积的可用于储存、蓄渗径流雨水的绿地，包括生物滞留设施、渗透塘、湿塘、雨水湿地等（狭义的下沉式绿地特指以草皮为主要植物、下凹深度较浅的下沉式绿地，下凹深度一般低于200mm）；下沉深度指下沉式绿地低于周边铺砌地面或道路的平均深度，对于下沉深度小于100mm的较大面积的下沉式绿地，受坡度和汇水面竖向等条件限制，往往无法发挥径流总量削减作用，因此一般不参与计算；对于湿塘、雨水湿地、延时调节设施及多功能调蓄设施等水面设施，下沉深度系指储存深度，而非调节深度；

（2）透水铺装率＝透水铺装面积/硬化地面总面积；

（3）绿色屋顶率＝绿色屋顶面积/建筑屋顶总面积；

（4）其他单项控制指标，指其他调蓄容积，如蓄水池等具有的储存容积等。

17. 我国每年老旧建筑拆除量非常高，其中甚至有很多远未到使用寿命限制的道路、桥梁、建筑，其重要原因不包括（　　）。

A. 对城市建成环境的影响认知不足

B. 缺乏及时有效的预测方法对设计方案进行有效性与可行性预测

C. 社会发展导致审美观点变化

D. 缺乏系统的建筑及城市环境使用后评估体系

【答案】C

【说明】由于缺乏建筑策划与后评估机制，许多建筑在一段时间后不再适合当时的社会环境、人的活动空间的需求等。而审美观点并非导致建筑物不适应新要求的重要原因，可以通过立面改造等方式保留建筑。

18. 建筑师受邀在社区中心绿地里设计一个社区服务中心，他首先要做的工作是（　　）。

A. 根据项目立项背景与上位规划制定设计目标

B. 实地考察地形分析场地现状

C. 利用设计资料进行概念设计

D. 与业主方/居民等沟通需求

【答案】A

【说明】需要完成一个建设项目的建筑策划，首先是根据总体规划、项目立项等背景，明确项目的用途、性质、功能和规模等，使项目最终满足建设的需求。

19. 建筑策划报告不包括以下哪个内容？（　　）

A. 项目概述　　　　B. 建设周期安排

C. 工程投资估算　　　　D. 施工组织方案

【答案】D

【说明】建筑策划报告内容一般包括：1. 项目概述；2. 市场调查分析；3. 目标理解；4. 场地分析评价；5. 策划创意与构思建议；6. 概念方案及验证反馈；7. 工程投资估算；8. 建设周期安排；9. 结论与建议。施工组织方案属于完成建筑设计后根据设计图进行施工阶段的工作策划。

第四章　建筑总平面布局

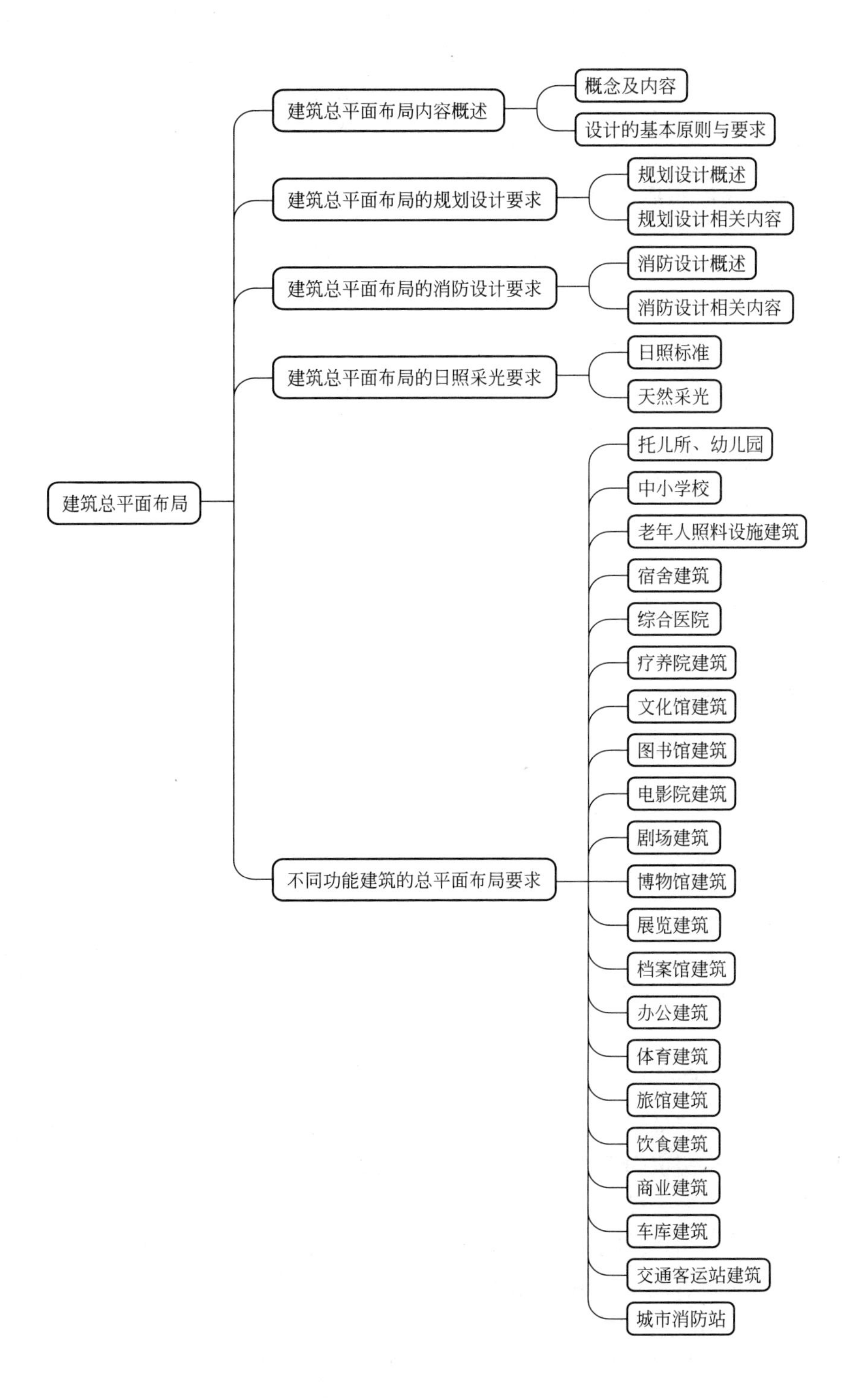

建筑总平面布局
建筑总平面布局内容概述
概念及内容
设计的基本原则与要求
建筑总平面布局的规划设计要求
规划设计概述
规划设计相关内容
建筑总平面布局的消防设计要求
消防设计概述
消防设计相关内容
建筑总平面布局的日照采光要求
日照标准
天然采光
不同功能建筑的总平面布局要求
托儿所、幼儿园
中小学校
老年人照料设施建筑
宿舍建筑
综合医院
疗养院建筑
文化馆建筑
图书馆建筑
电影院建筑
剧场建筑
博物馆建筑
展览建筑
档案馆建筑
办公建筑
体育建筑
旅馆建筑
饮食建筑
商业建筑
车库建筑
交通客运站建筑
城市消防站

第一节　建筑总平面布局内容概述

一、建筑总平面布局的概念及内容

建筑总平面布局设计是根据建设项目前期策划、规划要求，结合场地现有设计条件、项目的使用功能、建成效果、社会效应等建设目标，确定各建（构）筑物在场地中的空间位置关系和基本形态的设计工作。建筑总平面布局是场地设计的重要组成部分，建筑总平面布局应结合地形地貌进行设计，而竖向、道路、停车场、绿化等设计也应与建筑布局呼应。

二、建筑总平面布局设计的基本原则与要求

建筑总平面布局设计应结合场地现状及发展需要，符合城乡规划及城市设计的要求，满足并有利于建筑使用功能、交通、消防、日照采光、通风、卫生、防噪降噪等方面的要求。

（一）妥善处理与自然环境的关系

建筑应结合当地的自然与地理环境特征，集约利用资源，严格控制对自然和生态环境的不利影响。

（二）与人文环境的关系

建筑应与基地所处人文环境相协调，建筑应该作为为人文环境增光添彩的一部分而存在。

（三）防灾避难设计要求

建筑设计应根据灾害种类，合理采取防灾、减灾及避难的相应措施。

（四）规划设计要求

建筑功能性质、建筑密度、容积率、建筑高度等建筑规划指标应符合当地控制性详细规划的有关规定；建筑基地内建筑物的布局应符合控制性详细规划对建筑控制线的规定；建筑及其环境设计应满足城乡规划和城市设计对所在区域的环境空间规划定位及管控要求。

（五）消防设计要求

建筑总平面布局应根据建筑设计防火规范的有关规定，满足防火间距设置要求、结合消防车道和消防救援登高场地等进行设计。主要应遵循的防火规范包括《建筑设计防火规范》《汽车库、修车库、停车场设计防火规范》，并应执行当地消防主管部门制定的相关规定。

（六）日照采光要求

建筑总平面布局应根据建筑采光、日照标准规定，使得有日照要求的建筑和场地满足日照标准要求，建筑用房的天然采光满足采光系数标准值要求、满足建筑间距要求。采光日照标准包括《建筑采光设计标准》、《城市居住区规划设计标准》以及住宅、托儿所、幼儿园、学校、老年人照料设施建筑、医院、疗养院、宿舍等类型建筑设计规范中相关的日照标准、天然采光要求，并应执行当地城市规划行政主管部门依照日照标准制定的相关规定。

《民用建筑设计统一标准》GB 50352—2019

3.4 建筑与环境

3.4.1 建筑与自然环境的关系应符合下列规定：

1 建筑基地应选择在地质环境条件安全，且可获得天然采光、自然通风等卫生条件的地段；

2 建筑应结合当地的自然与地理环境特征，集约利用资源，严格控制对自然和生态环境的不利影响；

3 建筑周围环境的空气、土壤、水体等不应构成对人体的危害。

3.4.2 建筑与人文环境的关系应符合下列规定：

1 建筑应与基地所处人文环境相协调；

2 建筑基地应进行绿化，创造优美的环境；

3 对建筑使用过程中产生的垃圾、废气、废水等废弃物应妥善处理，并应有效控制噪声、眩光等的污染，防止对周边环境的侵害。

3.6 防灾避难

3.6.1 建筑防灾避难场所或设施的设置应满足城乡规划的总体要求，并应遵循场地安全、交通便利和出入方便的原则。

3.6.2 建筑设计应根据灾害种类，合理采取防灾、减灾及避难的相应措施。

3.6.3 防灾避难设施应因地制宜、平灾结合，集约利用资源。

3.6.4 防灾避难场所及设施应保障安全、长期备用、便于管理，并应符合无障碍的相关规定。

4.1 城乡规划及城市设计

4.1.1 建筑项目的用地性质、容积率、建筑密度、绿地率、建筑高度及其建筑基地的年径流总量控制率等控制指标，应符合所在地控制性详细规划的有关规定。

4.1.2 建筑及其环境设计应满足城乡规划及城市设计对所在区域的目标定位及空间形态、景观风貌、环境品质等控制和引导要求，并应满足城市设计对公共空间、建筑群体、园林景观、市政等环境设施的设计控制要求。

4.1.3 建筑设计应注重建筑群体空间与自然山水环境的融合与协调、历史文化与传统风貌特色的保护与发展、公共活动与公共空间的与塑造，并应符合下列规定：

1 建筑物的形态、体量、尺度、色彩以及空间组合关系应与周围的空间环境相协调；

2 重要城市界面控制地段建筑物的建筑风格、建筑高度、建筑界面等应与相邻建筑基地建筑物相协调；

3 建筑基地内的场地、绿化种植、景观构筑物与环境小品、市政工程设施、景观照明、标识系统和公共艺术等应与建筑物及其环境统筹设计、相互协调；

4 建筑基地内的道路、停车场、硬质地面宜采用透水铺装；

5 建筑基地与相邻建筑基地建筑物的室外开放空间、步行系统等宜相互连通。

4.2 建筑基地

4.2.3 建筑物与相邻建筑基地及其建筑物的关系应符合下列规定：

1 建筑基地内建筑物的布局应符合控制性详细规划对建筑控制线的规定；

2 建筑物与相邻建筑基地之间应按建筑防火等国家现行相关标准留出空地或道路；

3 当相邻基地的建筑物毗邻建造时，应符合现行国家标准《建筑设计防火规范》GB

50016 的有关规定；

4 新建建筑物或构筑物应满足周边建筑物的日照标准；

5 紧贴建筑基地边界建造的建筑物不得向相邻建筑基地方向开设洞口、门、废气排除口及雨水排泄口。

5.1 建筑布局

5.1.1 建筑布局应使建筑基地内的人流、车流与物流合理分流，防止干扰，并应有利于消防、停车、人员集散以及无障碍设施的设置。

5.1.2 建筑间距应符合下列规定：

1 建筑间距应符合现行国家标准《建筑设计防火规范》GB 50016 的规定及当地城市规划要求；

2 建筑间距应符合本标准第 7.1 节建筑用房天然采光的规定，有日照要求的建筑和场地应符合国家相关日照标准的规定。

5.1.3 建筑布局应根据地域气候特征，防止和抵御寒冷、暑热、疾风、暴雨、积雪和沙尘等灾害侵袭，并应利用自然气流组织好通风，防止不良小气候产生。

5.1.4 根据噪声源的位置、方向和强度，应在建筑功能分区、道路布置、建筑朝向、距离以及地形、绿化和建筑物的屏障作用等方面采取综合措施，防止或降低环境噪声。

5.1.5 建筑物与各种污染源的卫生距离，应符合国家现行有关卫生标准的规定。

5.1.6 建筑布局应按国家及地方的相关规定对文物古迹和古树名木进行保护，避免损毁破坏。

第二节　建筑总平面布局的规划设计要求

一、建筑总平面布局的规划设计概述

建设项目的建筑经济指标、建筑形态、布局等是建筑总平面布局中规划设计的重要内容，建筑总平面布局的规划设计应符合城乡规划及城市设计的有关控制或引导要求，这其中既包括项目所在地规划主管部门对城市或乡镇建设的总体规划和详细规划要求，也包括建筑设计规范中对建筑与用地规划控制的统一设计标准要求。

二、规划设计相关内容

（一）建筑不应突出规划控制线建造

非当地规划行政主管部门批准，任何建（构）筑物及其附属设施均不得突出道路红线及建设用地边界建造。一是因为建设用地边界是各建（构）筑物用地使用权属范围的边界线，规定不得突出，是防止侵害相临地块的权益；二是因为道路红线以内的地下、地面及其上空均为城市公共空间，一旦允许突出，一方面侵权，另一方面影响城市景观、人流、车流交通安全、城市地下管线及地下空间的开发和利用等。

《民用建筑设计统一标准》GB 50352—2019

4.3.1 除骑楼、建筑连接体、地铁相关设施及连接城市的管线、管沟、管廊等市政公

共设施以外，建筑物及其附属的下列设施不应突出道路红线或用地红线建造：

1 地下设施，应包括支护桩、地下连续墙、地下室底板及其基础、化粪池、各类水池、处理池、沉淀池等构筑物及其他附属设施等；

2 地上设施，应包括门廊、连廊、阳台、室外楼梯、凸窗、空调机位、雨篷、挑檐、装饰构架、固定遮阳板、台阶、坡道、花池、围墙、平台、散水明沟、地下室进风及排风口、地下室出入口、集水井、采光井、烟囱等。

（二）局部凸出规划控制线建造时应满足高度宽度尺寸要求

任何建（构）筑物均不得突出道路红线建设，考虑到既有建筑的历史原因及使用上的必要，在不影响公共安全、消防、交通、卫生等前提下，在不同的高度给予了一定的许可，但需获得当地规划行政主管部门批准。

《民用建筑设计统一标准》GB 50352—2019

4.3.2 经当地规划行政主管部门批准，既有建筑改造工程必须突出道路红线的建筑突出物应符合下列规定：

1 在人行道上空：

1）2.5m以下，不应突出凸窗、窗扇、窗罩等建筑构件；2.5m及以上突出凸窗、窗扇、窗罩时，其深度不应大于0.6m。

2）2.5m以下，不应突出活动遮阳；2.5m及以上突出活动遮阳时，其宽度不应大于人行道宽度减1.0m，并不应大于3.0m。

3）3.0m以下，不应突出雨篷、挑檐；3.0m及以上突出雨篷、挑檐时，其突出的深度不应大于2.0m。

4）3.0m以下，不应突出空调机位；3.0m及以上突出空调机位时，其突出的深度不应大于0.6m。

2 在无人行道的路面上空，4.0m以下不应突出凸窗、窗扇、窗罩、空调机位等建筑构件；4.0m及以上突出凸窗、窗扇、窗罩、空调机位时，其突出深度不应大于0.6m。

3 任何建筑突出物与建筑本身均应结合牢固。

4 建筑物和建筑突出物均不得向道路上空直接排泄雨水、空调冷凝水等。

4.3.3 除地下室、窗井、建筑入口的台阶、坡道、雨篷等以外，建（构）筑物的主体不得突出建筑控制线建造。

4.3.4 治安岗、公交候车亭，地铁、地下隧道、过街天桥等相关设施，以及临时性建（构）筑物等，当确有需要，且不影响交通及消防安全，应经当地规划行政主管部门批准，可突入道路红线建造。

4.3.5 骑楼、建筑连接体和沿道路红线的悬挑建筑的建造，不应影响交通、环保及消防安全。在有顶盖的城市公共空间内，不应设置直接排气的空调机、排气扇等设施或排出有害气体的其他通风系统。

（三）建筑连接体的设置要求

建筑连接体是连接不同基地之间的建筑，应协调统筹设计，不影响城市人行、机动车行、消防通道等使用功能，同时应防止高空坠物伤人。

《民用建筑设计统一标准》GB 50352—2019

4.4.1 经当地规划及市政主管部门批准，建筑连接体可跨越道路红线、用地红线或建筑控制线建设，属于城市公共交通性质的出入口可在道路红线范围内设置。

4.4.2 建筑连接体可在地下、裙房部位及建筑高空建造，其建设应统筹规划，保障城市公众利益与安全，并不应影响其他人流、车流及城市景观。

4.4.3 地下建筑连接体应满足市政管线及其他基础设施等建设要求。

4.4.4 交通功能的建筑连接体，其净宽不宜大于 9.0m，地上的净宽不宜小于 3.0m，地下的净宽不宜小于 4.0m。其他非交通功能连接体的宽度，宜结合建筑功能按人流疏散需求设置。

4.4.5 建筑连接体在满足其使用功能的同时，还应满足消防疏散及结构安全方面的要求。

第三节　建筑总平面布局的消防设计要求

一、建筑总平面布局的消防设计概述

根据消防设计规范相关要求，民用建筑的建筑布局需根据建筑高度、建筑部位及建筑耐火等级划分等满足不同的防火间距要求，并且建筑布局还需要结合灭火救援的需要与消防车道、消防救援场地和入口等相互结合进行设置。

二、消防设计相关内容

（一）应符合防火间距要求

1. 建筑或场地之间设置防火间距的意义

综合考虑灭火救援需要，防止火势向邻近建筑蔓延以及节约用地等因素，防火设计规范规定了建筑之间的防火间距要求。

2. 防火间距的计算标准

建筑物之间的防火间距应按相邻建筑外墙的最近水平距离计算，当外墙有凸出的可燃或难燃构件时，应从其凸出部分外缘算起。

3. 民用建筑防火间距要求（参考图 5.2.2）

（1）高层民用建筑相互之间的防火间距不应小于 13m。

（2）高层民用建筑与裙房及其他民用建筑（一二级）之间的防火间距不应小于 9m。

（3）裙房及其他民用建筑（一二级）相互之间的防火间距不应小于 6m。

（4）当建筑设置防火墙或防火门窗时，防火间距可以减少的 5 种情况：

1）相邻两座单、多层建筑，当相邻外墙为不燃性墙体且无外露的可燃性屋檐，每面外墙上无防火保护的门、窗、洞口不正对开设且该门、窗、洞口的面积之和不大于外墙面积的 5%时，其防火间距可按上述 3 条的规定减少 25%（参考图 5.2.2-1）。

2）两座建筑相邻较高一面外墙为防火墙，或高出相邻较低一座一、二级耐火等级建筑的屋面 15m 及以下范围内的外墙为防火墙时，其防火间距不限（参考图 5.2.2-2）。

3）相邻两座高度相同的一、二级耐火等级建筑中相邻任一侧外墙为防火墙，屋顶的

耐火极限不低于1.00h时，其防火间距不限（参考图5.2.2-3）。

4）相邻两座建筑中较低一座建筑的耐火等级不低于二级，相邻较低一面外墙为防火墙且屋顶无天窗，屋顶的耐火极限不低于1.00h时，其防火间距不应小于3.5m；对于高层建筑，不应小于4m（参考图5.2.2-4）。

5）相邻两座建筑中较低一座建筑的耐火等级不低于二级且屋顶无天窗，相邻较高一面外墙高出较低一座建筑的屋面15m及以下范围内的开口部位设置甲级防火门、窗，或设置符防火分隔水幕或防火卷帘时，其防火间距不应小于3.5m；对于高层建筑，不应小于4m（参考图5.2.2-5）。

（5）相邻建筑通过连廊、天桥或底部的建筑物等连接时，其间距应符合上述3～4条的规定。

（6）建筑高度大于100m的民用建筑与相邻建筑的防火间距当符合上述允许减小的条件时，仍不应减小。

《建筑设计防火规范》GB 50016—2014（2018年版）

2.1.1 高层建筑

建筑高度大于27m的住宅建筑和建筑高度大于24m的非单层厂房、仓库和其他民用建筑。

2.1.2 裙房

在高层建筑主体投影范围外，与建筑主体相连且建筑高度不大于24m的附属建筑。

5.1.2 民用建筑的耐火等级可分为一、二、三、四级。

5.2.2 民用建筑之间的防火间距不应小于表5.2.2的规定，与其他建筑的防火间距，除应符合本节规定外，尚应符合本规范其他章的有关规定。

民用建筑之间的防火间距/m　　表5.2.2

建筑类别		高层民用建筑	裙房和其他民用建筑		
		一、二级	一、二级	三级	四级
高层民用建筑	一、二级	13	9	11	14
裙房和其他民用建筑	一、二级	9	6	7	9
	三级	11	7	8	10
	四级	14	9	10	12

注：1. 相邻两座单、多层建筑，当相邻外墙为不燃性墙体且无外露的可燃性屋檐，每面外墙上无防火保护的门、窗、洞口不正对开设且该门、窗、洞口的面积之和不大于外墙面积的5%时，其防火间距可按表5.2.2的规定减少25%。

2. 两座建筑相邻较高一面外墙为防火墙，或高出相邻较低一座一、二级耐火等级建筑的屋面15m及以下范围内的外墙为防火墙时，其防火间距不限。

3. 相邻两座高度相同的一、二级耐火等级建筑中相邻任一侧外墙为防火墙，屋顶的耐火极限不低于1.00h时，其防火间距不限。

4. 相邻两座建筑中较低一座建筑的耐火等级不低于二级，相邻较低一面外墙为防火墙且屋顶无天窗，屋顶的耐火极限不低于1.00h时，其防火间距不应小于3.5m；对于高层建筑，不应小于4m。

5. 相邻两座建筑中较低一座建筑的耐火等级不低于二级且屋顶无天窗，相邻较高一面外墙高出较低一座建筑的屋面15m及以下范围内的开口部位设置甲级防火门、窗，或设置符合现行国家标准《自动喷水灭火系统设计规范》GB 50084规定的防火分隔水幕或本规范第6.5.3条规定的防火卷帘时，其防火间距不应小于3.5m；对于高层建筑，不应小于4m。

6. 相邻建筑通过连廊、天桥或底部的建筑物等连接时，其间距不应小于本表的规定。

7. 耐火等级低于四级的既有建筑，其耐火等级可按四级确定。

5.2.6 建筑高度大于 100m 的民用建筑与相邻建筑的防火间距。当符合本规范第 3.4.5 条、第 3.5.3 条、第 4.2.1 条和第 5.2.2 条允许减小的条件时，仍不应减小。

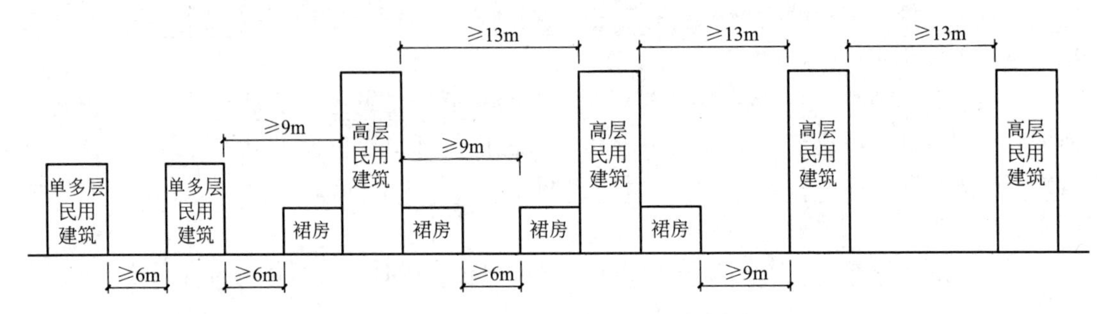

图 5.2.2　一二级耐火等级民用建筑防火间距图示

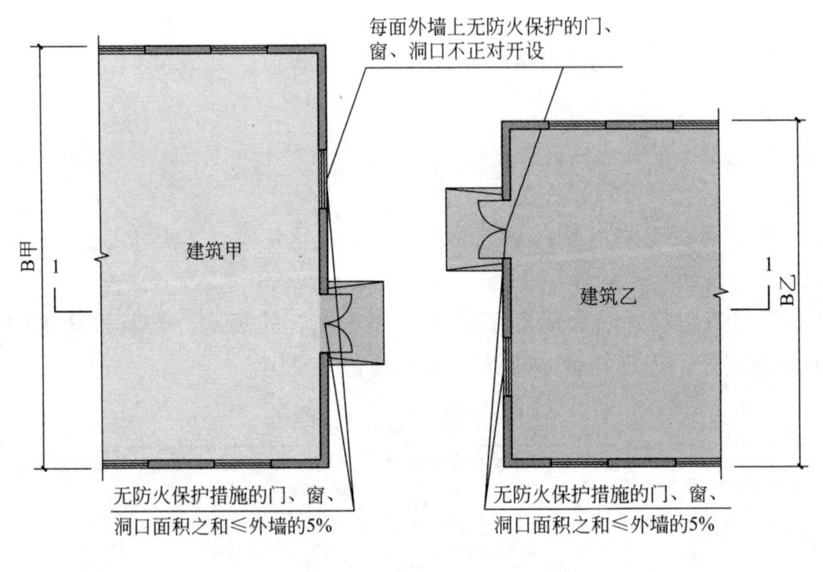

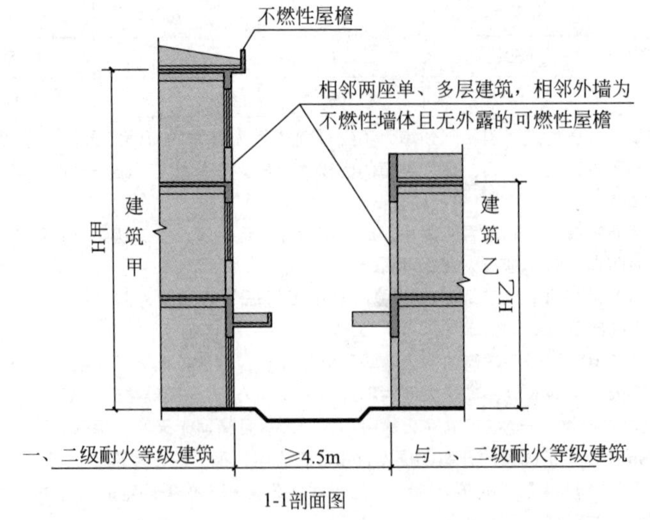

图 5.2.2-1　防火间距可减小的情况（1）图示

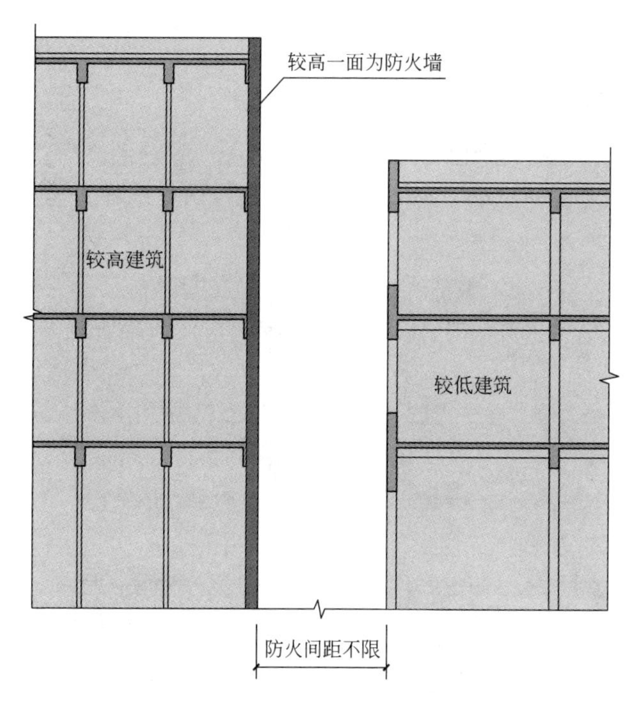

图 5.2.2-2 防火间距可减小的情况（2）图示

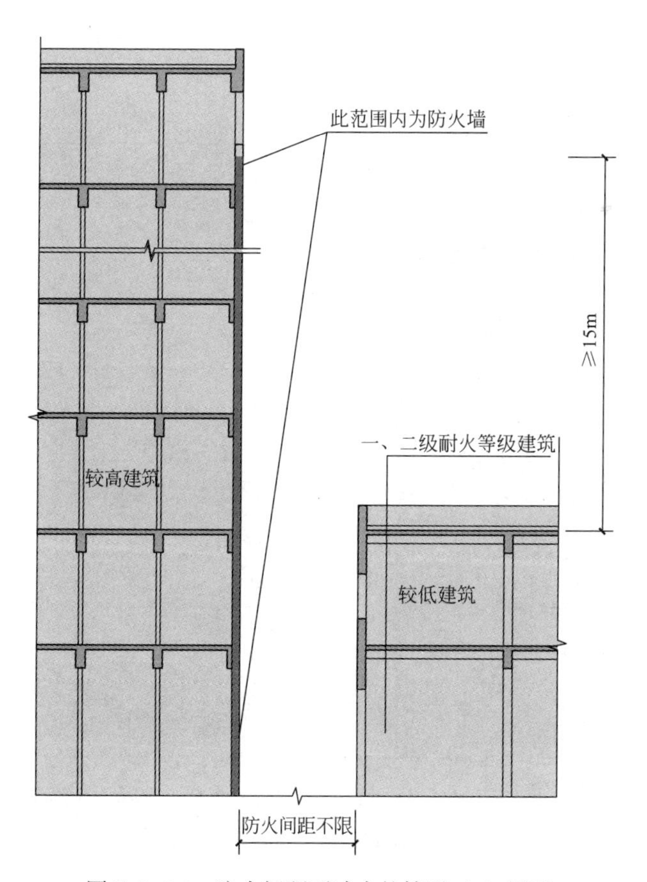

图 5.2.2-3 防火间距可减小的情况（3）图示

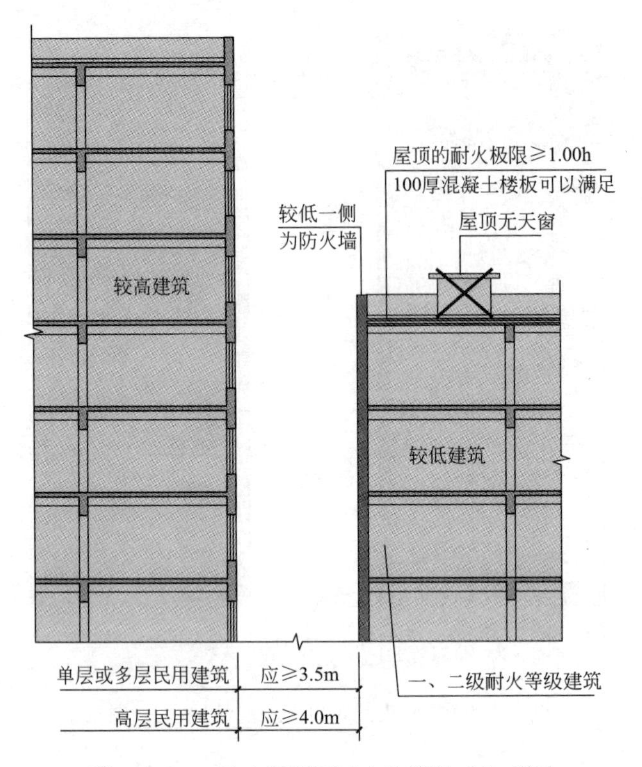

图 5.2.2-4　防火间距可减小的情况（4）图示

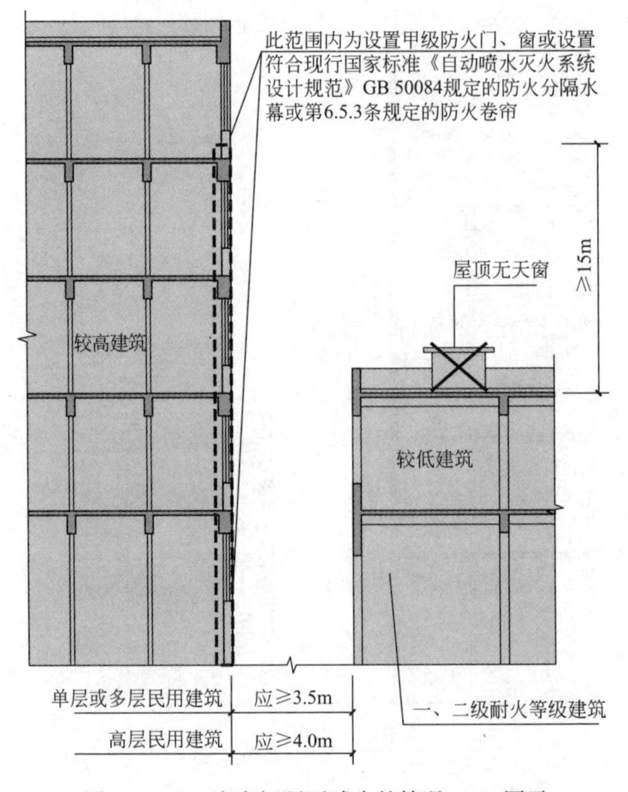

图 5.2.2-5　防火间距可减小的情况（5）图示

4. 汽车库、停车场防火间距要求

（1）一二级汽车库与其他建筑物的防火间距不应小于10m；

（2）一二级高层汽车库与其他建筑物的防火间距不应小于13m；

（3）一二级汽车库、修车库与高层建筑的防火间距不应小于13m；

（4）停车场与一二级建筑物的防火间距不应小于6m。

《汽车库、修车库、停车场设计防火规范》GB 50067—2014

4.2.1 除本规范另有规定者外，汽车库、修车库、停车场之间以及汽车库、修车库、停车场与除甲类物品仓库外的其他建筑物之间的防火间距，不应小于表4.2.1的规定。其中高层汽车库与其他建筑物，汽车库、修车库与高层建筑的防火间距应按表4.2.1的规定值增加3m；汽车库、修车库与甲类厂房的防火间距应按表4.2.1的规定值增加2m。表4.2.1 汽车库、修车库、停车场之间及汽车库、修车库、停车场与除甲类物品仓库外的其他建筑物的防火间距（m）。

汽车库、修车库、停车场之间及汽车库、修车库、停车场与除甲类物品仓库外的其他建筑物的防火间距/m　　表4.2.1

名称和耐火等级	汽车库、修车库		厂房、仓库、民用建筑		
	一、二级	三级	一、二级	三级	四级
一、二级汽车库、修车库	10	12	10	12	14
三级汽车库、修车库	12	14	12	14	16
停车场	6	8	6	8	10

注：1 防火间距应按相邻建筑物外墙的最近距离算起，如外墙有凸出的可燃物构件时，则应从其凸出部分外缘算起，停车场从靠近建筑物的最近停车位置边缘算起。

2 厂房、仓库的火灾危险性分类应符合现行国家标准《建筑设计防火规范》GB 50016的有关规定。

4.2.2 汽车库、修车库之间或汽车库、修车库与其他建筑之间的防火间距可适当减少，但应符合下列规定：

1 当两座建筑相邻较高一面外墙为无门、窗、洞口的防火墙或当较高一面外墙比较低一座一、二级耐火等级建筑屋面高15m及以下范围内的外墙为无门、窗、洞口的防火墙时，其防火间距可不限；

2 当两座建筑相邻较高一面外墙上，同较低建筑等高的以下范围内的墙为无门、窗、洞口的防火墙时，其防火间距可按本规范表4.2.1的规定值减小50%；

3 相邻的两座一、二级耐火等级建筑，当较高一面外墙的耐火极限不低于2.00h，墙上开口部位设置甲级防火门、窗或耐火极限不低于2.00h的防火卷帘、水幕等防火设施时，其防火间距可减小，但不应小于4m；

4 相邻的两座一、二级耐火等级建筑，当较低一座的屋顶无开口，屋顶的耐火极限不低于1.00h，且较低一面外墙为防火墙时，其防火间距可减小，但不应小于4m。

（二）应结合消防车道设置

1. 建筑周围设置消防车道的意义

沿建筑物设置消防车道是应用消防车实施消防救援的需要，为了有利于消防车辆到达救援场地及到场后尽快展开救援行动和调度，沿高层建筑及大型建筑需设置与消防车登高操作场地相结合的消防车道。

2. 消防车道的尺寸及与建筑的间距要求

消防车道车道的净宽度和净空高度均不应小于 4.0m，转弯半径不应小于 6～12m，消防车道靠建筑外墙一侧的边缘距离建筑外墙不宜小于 5m，消防车道与建筑之间不应设置妨碍消防车操作的树木、架空管线等障碍物。

3. 消防车道的设置要求

（1）街区内的道路应考虑消防车的通行，道路中心线间的距离不宜大于 160m。

（2）当建筑物沿街道部分的长度大于 150m 或总长度大于 220m 时，应设置穿过建筑物的消防车道或沿建筑物设置环形消防车道。

（3）高层民用建筑，超过 3000 个座位的体育馆，超过 2000 个座位的会堂，占地面积大于 $3000m^2$ 的商店建筑、展览建筑等单、多层公共建筑应设置环形消防车道或沿建筑的两个长边设置消防车道。（参考图 7.1.2.1）

（4）高层住宅建筑和山坡地或河道边临空建造的高层民用建筑，可沿建筑的一个长边设置消防车道，但该长边所在建筑立面应为消防车登高操作面。（参考图 7.1.2.2）

（5）高层厂房，占地面积大于 $3000m^2$ 的甲、乙、丙类厂房和占地面积大于 $1500m^2$ 的乙、丙类仓库应设置环形消防车道或沿建筑的两个长边设置消防车道。（参考图 7.1.3）

（6）有封闭内院或天井的建筑物，当内院或天井的短边长度大于 24m 时，宜设置进入内院或天井的消防车道；当该建筑物沿街时，应设置连通街道和内院的人行通道（可利用楼梯间），其间距不宜大于 80m。

（7）在穿过建筑物或进入建筑物内院的消防车道两侧，不应设置影响消防车通行或人员安全疏散的设施。

（8）供消防车取水的天然水源和消防水池应设置消防车道。消防车道的边缘距离取水点不宜大于 2m。

《建筑设计防火规范》GB 50016—2014（2018 年版）

7.1.1 街区内的道路应考虑消防车的通行，道路中心线间的距离不宜大于 160m。

当建筑物沿街道部分的长度大于 150m 或总长度大于 220m 时，应设置穿过建筑物的消防车道。确有困难时，应设置环形消防车道。

7.1.2 高层民用建筑，超过 3000 个座位的体育馆，超过 2000 个座位的会堂，占地面积大于 $3000m^2$ 的商店建筑、展览建筑等单、多层公共建筑应设置环形消防车道，确有困难时，可沿建筑的两个长边设置消防车道；对于高层住宅建筑和山坡地或河道边临空建造的高层民用建筑，可沿建筑的一个长边设置消防车道，但该长边所在建筑立面应为消防车登高操作面。

7.1.3 工厂、仓库区内应设置消防车道。

高层厂房，占地面积大于 $3000m^2$ 的甲、乙、丙类厂房和占地面积大于 $1500m^2$ 的乙、丙类仓库，应设置环形消防车道，确有困难时，应沿建筑物的两个长边设置消防车道。

7.1.4 有封闭内院或天井的建筑物，当内院或天井的短边长度大于 24m 时，宜设置进入内院或天井的消防车道；当该建筑物沿街时，应设置连通街道和内院的人行通道（可利用楼梯间），其间距不宜大于 80m。

7.1.5 在穿过建筑物或进入建筑物内院的消防车道两侧，不应设置影响消防车通行或

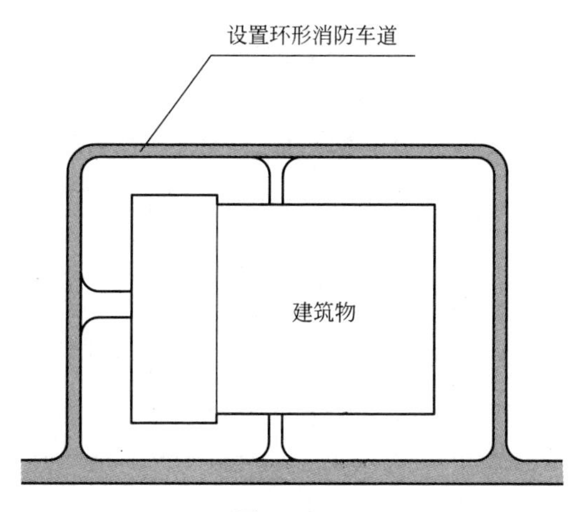

图 7.1.2.1

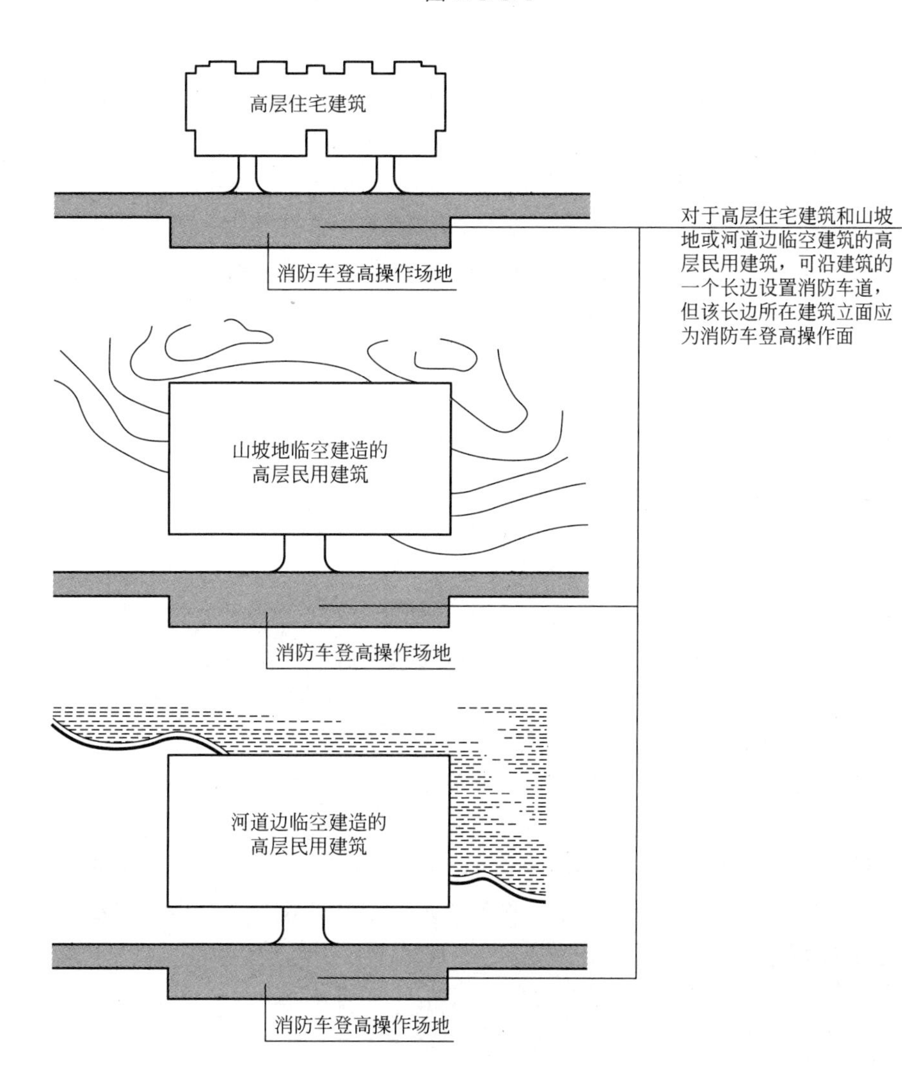

图 7.1.2.2　沿一个长边设置消防车道图示

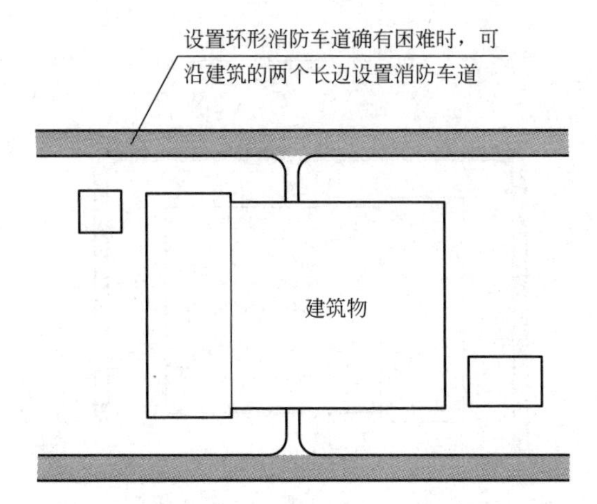

图 7.1.3　高层建筑、大型建筑物消防车道设置图示

人员安全疏散的设施。

7.1.6 可燃材料露天堆场区，液化石油气储罐区，甲、乙、丙类液体储罐区和可燃气体储罐区，应设置消防车道。消防车道的设置应符合下列规定：

1 储量大于表 7.1.6 规定的堆场、储罐区，宜设置环形消防车道；

2 占地面积大于 30000m^2 的可燃材料堆场，应设置与环形消防车道相通的中间消防车道，消防车道的间距不宜大于 150m。液化石油气储罐区，甲、乙、丙类液体储罐区和可燃气体储罐区内的环形消防车道之间宜设置连通的消防车道；

3 消防车道的边缘距离可燃材料堆垛不应小于 5m。

7.1.7 供消防车取水的天然水源和消防水池应设置消防车道。消防车道的边缘距离取水点不宜大于 2m。

（三）应结合消防救援场地设置

1. 建筑周边设置消防救援场地的意义

消防车登高操作场地的设置是满足扑救建筑火灾和救助遇困人员的需要，为了有利于消防车停靠、消防员登高操作和灭火救援，高层建筑周边特别是沿建筑长边应布置消防车登高操作场地。

2. 消防救援场地的尺寸及与建筑的间距要求

消防车登高操作场地的长度和宽度分别不应小于 15m 和 10m。对于建筑高度大于 50m 的建筑，场地的长度和宽度分别不应小于 20m 和 10m。场地应与消防车道连通，场地靠建筑外墙一侧的边缘距离建筑外墙不宜小于 5m，且不应大于 10m。场地与厂房、仓库、民用建筑之间不应设置妨碍消防车操作的树木、架空管线等障碍物和车库出入口。

3. 消防救援场地的设置要求

（1）高层建筑应至少沿一个长边或周边长度的 1/4 且不小于一个长边长度的底边连续布置消防车登高操作场地，该范围内的裙房进深不应大于 4m。（参考图 7.2.1）

（2）建筑高度不大于 50m 的建筑连续布置消防车登高操作场地确有困难时，可间隔布置，但间隔距离不宜大于 30m，且消防车登高操作场地的总长度仍应不小于建筑周边长

度的 1/4 且不小于一个长边长度。（参考图 7.2.2）

（3）建筑物与消防车登高操作场地相对应的范围内，应设置直通室外的楼梯或直通楼梯间的入口。（参考图 7.2.3）

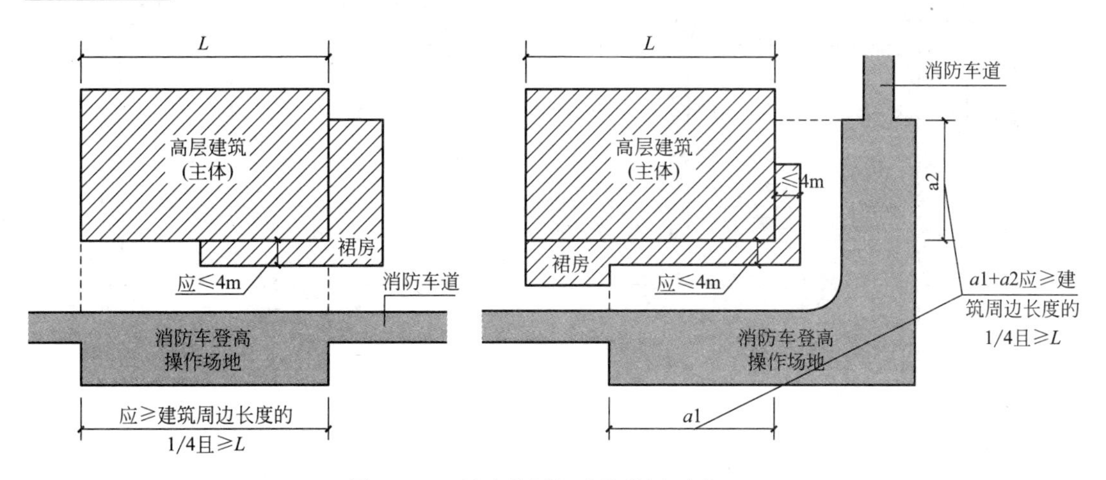

图 7.2.1　消防救援场地的设置要求（1）

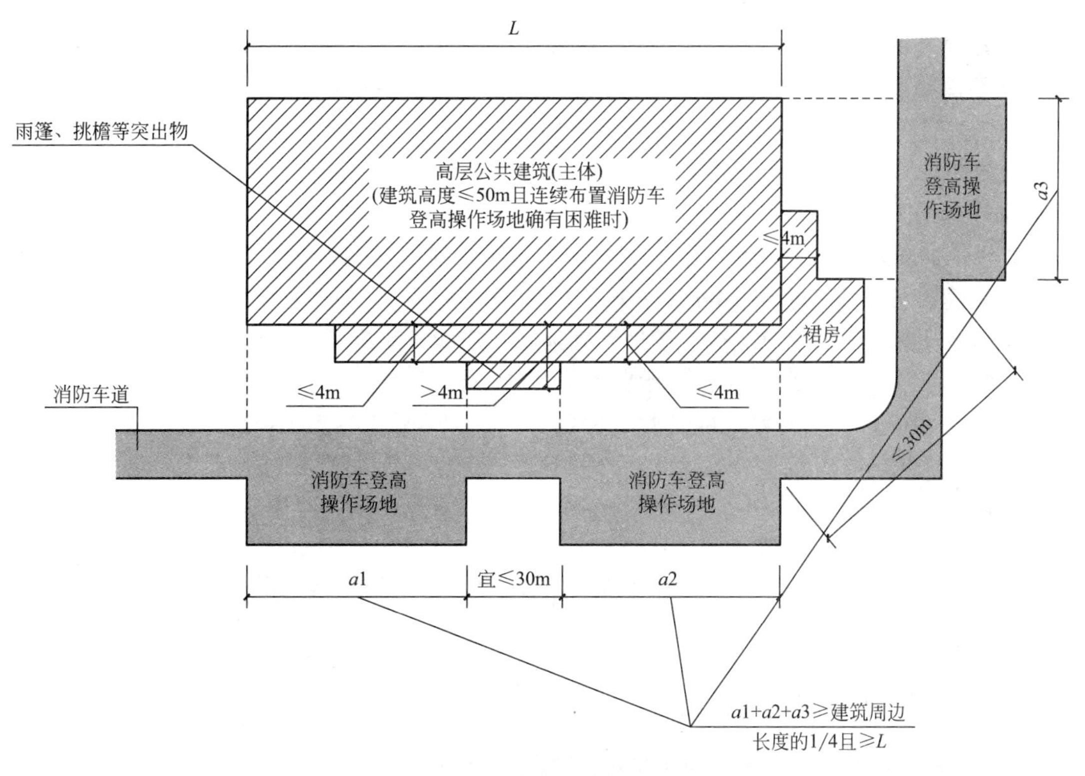

图 7.2.2　消防救援场地的设置要求（2）

《建筑设计防火规范》GB 50016—2014（2018 年版）

7.2.1 高层建筑应至少沿一个长边或周边长度的 1/4 且不小于一个长边长度的底边连续布置消防车登高操作场地，该范围内的裙房进深不应大于 4m。

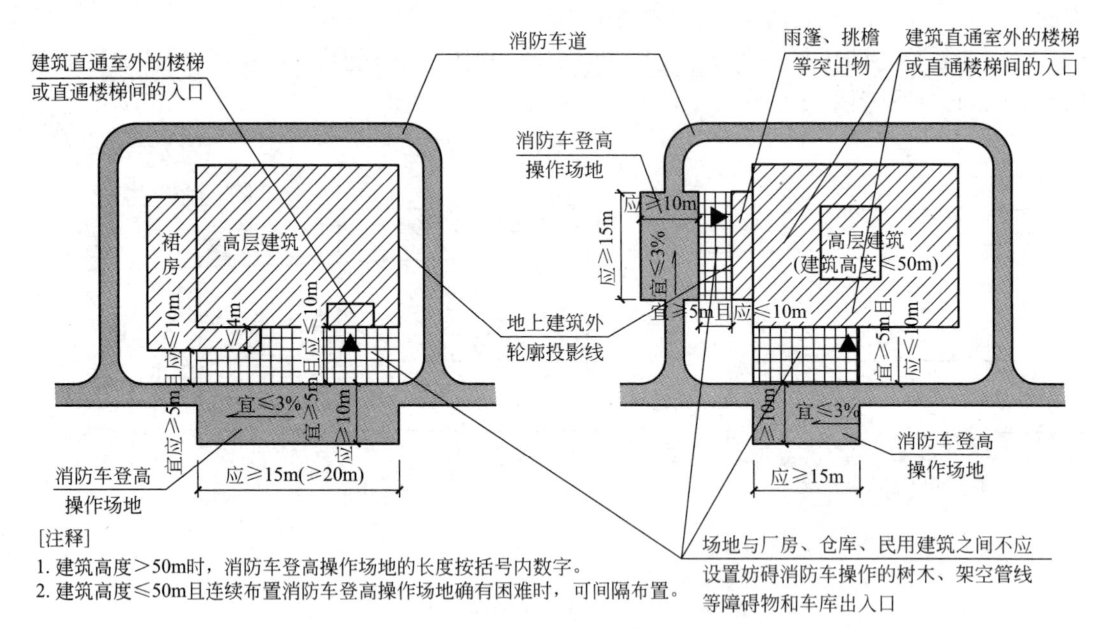

图 7.2.3　消防救援场边的设置要求（3）

建筑高度不大于 50m 的建筑，连续布置消防车登高操作场地确有困难时，可间隔布置，但间隔距离不宜大于 30m，且消防车登高操作场地的总长度仍应符合上述规定。

7.2.2 消防车登高操作场地应符合下列规定：

1 场地与厂房、仓库、民用建筑之间不应设置妨碍消防车操作的树木、架空管线等障碍物和车库出入口；

2 场地的长度和宽度分别不应小于 15m 和 10m。对于建筑高度大于 50m 的建筑，场地的长度和宽度分别不应小于 20m 和 10m；

3 场地及其下面的建筑结构、管道和暗沟等，应能承受重型消防车的压力；

4 场地应与消防车道连通，场地靠建筑外墙一侧的边缘距离建筑外墙不宜小于 5m，且不应大于 10m，场地的坡度不宜大于 3%。

7.2.3 建筑物与消防车登高操作场地相对应的范围内，应设置直通室外的楼梯或直通楼梯间的入口。

第四节　建筑总平面布局的日照采光要求

一、日照标准

（一）新建建筑物或构筑物应满足周边建筑的日照标准

（1）日照间距：为保证被遮挡建筑物达到日照标准要求而确定的建筑间距。

（2）日照间距计算：$D=n\times(H-H1)/\tan h$（n 为当地日照间距系数）

当 $\tan h$ 等于 1（太阳高度角 h 等于 45°）时 D 值最小。

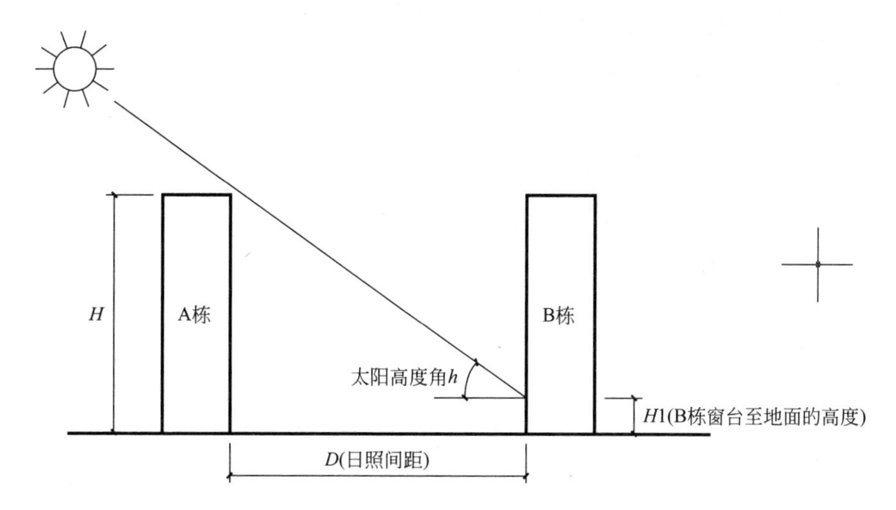

（二）住宅、托幼、学校、老年人照料设施的日照标准要求

（1）住宅日照标准应符合表4.1.1的规定；且老年人住宅日照标准不应低于冬至日日照2h；旧区改建的项目内新建住宅日照标准可酌情降低，但不应低于大寒日日照1h。

《住宅建筑规范》GB 50368—2005

4.1.1 住宅间距，应以满足日照要求为基础，综合考虑采光、通风、消防、防灾、管线埋设、视觉卫生等要求确定。住宅日照标准应符合表4.1.1的规定；对于特定情况还应符合下列规定：

1 老年人住宅不应低于冬至日日照2h的标准；

2 旧区改建的项目内新建住宅日照标准可酌情降低，但不应低于大寒日日照1h的标准。

住宅建筑日照标准　　表4.1.1

建筑气候区划	Ⅰ、Ⅱ、Ⅲ、Ⅶ气候区		Ⅳ气候区		Ⅴ、Ⅵ气候区
	大城市	中小城市	大城市	中小城市	
日照标准日	大寒日			冬至日	
日照时数(h)	≥2	≥3		≥1	
有效日照时间带(h)（当地真太阳时）	8～16			9～15	
日照时间计算起点	底层窗台面				

（2）托儿所、幼儿园的活动室、寝室及具有相同功能的区域，应布置在当地最好朝向，冬至日底层满窗日照不应小于3h。

《托儿所、幼儿园建筑设计规范》JGJ 39—2016（2019年版）

3.2.8 托儿所、幼儿园的活动室、寝室及具有相同功能的区域，应布置在当地最好朝向，冬至日底层满窗日照不应小于3h。

3.2.8A 需要获得冬季日照的婴幼儿生活用房窗洞开口面积不应小于该房间面积的20%。

（3）中小学校普通教室日照标准不应低于冬至日日照时数2h。

《中小学校设计规范》GB 50099—2011

4.3.3 普通教室冬至日满窗日照不应少于2h。

（4）老年人照料设施建筑居室日照标准不应低于冬至日日照时数2h。

《老年人照料设施建筑设计标准》JGJ 450—2018

5.2.1 居室应具有天然采光和自然通风条件，日照标准不应低于冬至日日照时数2h。当居室日照标准低于冬至日日照时数2h时，老年人居住空间日照标准应按下列规定之一确定：

1 同一照料单元内的单元起居厅日照标准不应低于冬至日日照时数2h。

2 同一生活单元内至少1个居住空间日照标准不应低于冬至日日照时数2h。

二、天然采光

（一）居住建筑的卧室和起居室（厅）、医疗建筑的一般病房的采光不应低于采光等级Ⅳ级的采光系数标准值，教育建筑的普通教室的采光不应低于采光等级Ⅲ级的采光系数标准值，且应进行采光计算，其他包括办公、图书馆、旅馆、博物馆、交通、体育等公共建筑以及部分工业建筑均有采光标准值要求，具体详见现行《建筑采光设计标准》相关规定。

（二）医院病房建筑的前后间距应满足日照和卫生间距要求，且不宜小于12m。

《综合医院建筑设计规范》GB 51039—2014

4.2.6 病房建筑的前后间距应满足日照和卫生间距要求，且不宜小于12m。

（三）疗养院的疗养室应能获得良好的朝向、日照，建筑间距不宜小于12m。

《疗养院建筑设计标准》JGJ/T 40—2019

4.2.4 疗养院总平面设计宜遵循人文、生态、功能原则，且应符合下列规定：

3 疗养室应能获得良好的朝向、日照，建筑间距不宜小于12m；

（四）宿舍的主要功能房间应满足自然采光、通风要求。

《宿舍建筑设计规范》JGJ 36—2016

6.1.1 宿舍内的居室、公用盥洗室、公用厕所、公共浴室、晾衣空间和公共活动室、公用厨房应有天然采光和自然通风，走廊宜有天然采光和自然通风。

6.1.2 宿舍居室、公共活动室、共用厨房侧面采光的采光系数标准值不应低于2%；公用盥洗室、公共厕所、走道、楼梯间等侧面采光的采光系数标准值不应低于1%。

第五节　不同功能建筑的总平面布局要求

一、托儿所、幼儿园

1. 托儿所、幼儿园的总平面设计应功能分区合理、方便管理、朝向适宜、日照充足，创造符合幼儿生理、心理特点的环境空间。

2. 四个班及以上的托儿所、幼儿园建筑应独立设置。三个班及以下时，可与居住、养老、教育、办公建筑合建，但应符合下列规定：

（1）合建的既有建筑应经有关部门验收合格，符合抗震、防火等安全方面的规定，其基地应符合托幼建筑基地要求；

（2）应设独立的疏散楼梯、安全出口、室外活动场地，场地周围应采取隔离措施；

（3）出入口处应设置人员安全集散和车辆停靠的空间；

3. 托儿所、幼儿园出入口不应直接设置在城市干道一侧；其出入口应设置供车辆和人员停留的场地，且不应影响城市道路交通。

4. 托儿所、幼儿园的活动室、寝室及具有相同功能的区域，应布置在当地最好朝向，冬至日底层满窗日照不应小于 3h。

《托儿所、幼儿园建筑设计规范》JGJ 39—2016（2019 年版）

3.2.1 托儿所、幼儿园的总平面设计应包括总平面布置、竖向设计和管网综合等设计。总平面布置应包括建筑物、室外活动场地、绿化、道路布置等内容，设计应功能分区合理、方便管理、朝向适宜、日照充足，创造符合幼儿生理、心理特点的环境空间。

3.2.2 四个班及以上的托儿所、幼儿园建筑应独立设置。三个班及以下时，可与居住、养老、教育、办公建筑合建，但应符合下列规定：

1A 合建的既有建筑应经有关部门验收合格，符合抗震、防火等安全方面的规定，其基地应符合本规范第 3.1.2 条规定；

2 应设独立的疏散楼梯和安全出口；

3 出入口处应设置人员安全集散和车辆停靠的空间；

4 应设独立的室外活动场地，场地周围应采取隔离措施；

5 建筑出入口及室外活动场地范围内应采取防止物体坠落措施。

3.2.3 托儿所、幼儿园应设室外活动场地，并应符合下列规定：

1 幼儿园每班应设专用室外活动场地，人均面积不应小于 $2m^2$，各班活动场地之间宜采取分隔措施；

2 幼儿园应设全园共用活动场地，人均面积不应小于 $2m^2$；

2A 托儿所室外活动场地人均面积不应小于 $3m^2$；

2B 城市人口密集地区改、扩建的托儿所，设置室外活动场地确有困难时，室外活动场地人均面积不应小于 $2m^2$。

3 地面应平整、防滑、无障碍、无尖锐突出物，并宜采用软质地坪；

4 共用活动场地应设置游戏器具、沙坑、30m 跑道等，宜设戏水池，储水深度不应超过 0.30m。游戏器具下地面及周围应设软质铺装。宜设洗手池、洗脚池；

5 室外活动场地应有 1/2 以上的面积在标准建筑日照阴影线之外。

3.2.4 托儿所、幼儿园场地内绿地率不应小于 30%，宜设置集中绿化用地。绿地内不应种植有毒、带刺、有飞絮、病虫害多、有刺激性的植物。

3.2.5 托儿所、幼儿园在供应区内宜设杂物院，并应与其他部分相隔离。杂物院应有单独的对外出入口。

3.2.6 托儿所、幼儿园基地周围应设围护设施，围护设施应安全、美观，并应防止幼儿穿过和攀爬。在出入口处应设大门和警卫室，警卫室对外应有良好的视野。

3.2.7 托儿所、幼儿园出入口不应直接设置在城市干道一侧；其出入口应设置供车辆和人员停留的场地，且不应影响城市道路交通。

3.2.8 托儿所、幼儿园的活动室、寝室及具有相同功能的区域，应布置在当地最好朝向，冬至日底层满窗日照不应小于3h。

3.2.8A 需要获得冬季日照的婴幼儿生活用房窗洞开口面积不应小于该房间面积的20%。

3.2.9 夏热冬冷、夏热冬暖地区的幼儿生活用房不宜朝西向；当不可避免时，应采取遮阳措施。

二、中小学校

1. 各类小学的主要教学用房不应设在四层以上，各类中学的主要教学用房不应设在五层以上。

2. 普通教室冬至日满窗日照不应少于2h。

3. 总平面各类教室的外窗与相对的教学用房或室外运动场地边缘间的距离不应小于25m。

4. 室外田径场及足球、篮球、排球等各种球类场地的长轴宜南北向布置。长轴南偏东宜小于20°，南偏西宜小于10°。

5. 中小学校应在校园的显要位置设置国旗升旗场地。

《中小学校设计规范》GB 50099—2011

4.3.1 中小学校的总平面设计应包括总平面布置、竖向设计及管网综合设计。总平面布置应包括建筑布置、体育场地布置、绿地布置、道路及广场、停车场布置等。

4.3.2 各类小学的主要教学用房不应设在四层以上，各类中学的主要教学用房不应设在五层以上。

4.3.3 普通教室冬至日满窗日照不应少于2h。

4.3.4 中小学校至少应有1间科学教室或生物实验室的室内能在冬季获得直射阳光。

4.3.5 中小学校的总平面设计应根据学校所在地的冬夏主导风向合理布置建筑物及构筑物，有效组织校园气流，实现低能耗通风换气。

4.3.6 中小学校体育用地的设置应符合下列规定：

1 各类运动场地应平整，在其周边的同一高程上应有相应的安全防护空间。

2 室外田径场及足球、篮球、排球等各种球类场地的长轴宜南北向布置。长轴南偏东宜小于20°，南偏西宜小于10°。

3 相邻布置的各体育场地间应预留安全分隔设施的安装条件。

4 中小学校设置的室外田径场、足球场应进行排水设计。室外体育场地应排水通畅。

5 中小学校体育场地应采用满足主要运动项目对地面要求的材料及构造做法。

6 气候适宜地区的中小学校宜在体育场地周边的适当位置设置洗手池、洗脚池等附属设施。

4.3.7 各类教室的外窗与相对的教学用房或室外运动场地边缘间的距离不应小于25m。

4.3.8 中小学校的广场、操场等室外场地应设置供水、供电、广播、通信等设施的接口。

4.3.9 中小学校应在校园的显要位置设置国旗升旗场地。

三、老年人照料设施建筑

总平面布局与道路交通

(1) 老年人照料设施建筑总平面应根据老年人照料设施的不同类型进行合理布局，功能分区、动静分区应明确。

(2) 老年人照料设施建筑基地及建筑物的主要出入口不宜开向城市主干道。货物、垃圾、殡葬等运输宜设置单独的通道和出入口。

(3) 总平面交通组织应便捷流畅，满足消防、疏散、运输要求的同时应避免车辆对人员通行的影响。道路系统应保证救护车辆能停靠在建筑的主要出入口处，且应与建筑的紧急送医通道相连。

(4) 总平面内应设置机动车和非机动车停车场。在机动车停车场距建筑物主要出入口最近的位置上应设置无障碍停车位或无障碍停车下客点，并与无障碍人行道相连。无障碍停车位或无障碍停车下客点应有明显的标志。

《老年人照料设施建筑设计标准》JGJ 450—2018

4.2.1 老年人照料设施建筑总平面应根据老年人照料设施的不同类型进行合理布局，功能分区、动静分区应明确。

4.2.2 老年人照料设施建筑基地及建筑物的主要出入口不宜开向城市主干道。货物、垃圾、殡葬等运输宜设置单独的通道和出入口。

4.2.3 总平面交通组织应便捷流畅，满足消防、疏散、运输要求的同时应避免车辆对人员通行的影响。

4.2.4 道路系统应保证救护车辆能停靠在建筑的主要出入口处，且应与建筑的紧急送医通道相连。

4.2.5 总平面内应设置机动车和非机动车停车场。在机动车停车场距建筑物主要出入口最近的位置上应设置无障碍停车位或无障碍停车下客点，并与无障碍人行道相连。无障碍停车位或无障碍停车下客点应有明显的标志。

四、宿舍建筑

1. 宿舍宜接近工作和学习地点；宜靠近公用食堂、商业网点、公共浴室等配套服务设施，其服务半径不宜超过 250m。

2. 宿舍主要出入口前应设人员集散场地，集散场地人均面积指标不应小于 $0.20m^2$。宿舍附近宜有集中绿地。

3. 集散场地、集中绿地宜同时作为应急避难场地，可设置备用的电源、水源、厕浴或排水等必要设施。

4. 对人员、非机动车及机动车的流线设计应合理，避免过境机动车在宿舍区内穿行。

5. 宿舍附近应有室外活动场地、自行车存放处，宿舍区内宜设机动车停车位，并可设置或预留电动汽车停车位和充电设施。

6. 宿舍建筑的房屋间距应满足国家现行标准有关对防火、采光的要求，且应符合城市规划的相关要求。

《宿舍建筑设计规范》JGJ 36—2016

3.2.1 宿舍宜有良好的室外环境。

3.2.2 宿舍基地应进行场地设计，并应有完善的排渗措施。

3.2.3 宿舍宜接近工作和学习地点；宜靠近公用食堂、商业网点、公共浴室等配套服务设施，其服务半径不宜超过250m。

3.2.4 宿舍主要出入口前应设人员集散场地，集散场地人均面积指标不应小于0.20m^2。宿舍附近宜有集中绿地。

3.2.5 集散场地、集中绿地宜同时作为应急避难场地，可设置备用的电源、水源、厕浴或排水等必要设施。

3.2.6 对人员、非机动车及机动车的流线设计应合理，避免过境机动车在宿舍区内穿行。

3.2.7 宿舍附近应有室外活动场地、自行车存放处，宿舍区内宜设机动车停车位，并可设置或预留电动汽车停车位和充电设施。

3.2.8 宿舍建筑的房屋间距应满足国家现行标准有关对防火、采光的要求，且应符合城市规划的相关要求。

3.2.9 宿舍区内公共交通空间、步行道及宿舍出入口，应设置无障碍设施，并符合现行国家标准《无障碍设计规范》GB 50763的相关规定。

3.2.10 宿舍区域应设置标识系统。

五、综合医院

1. 总平面设计应符合下列要求：

（1）合理进行功能分区，洁污、医患、人车等流线组织清晰，并应避免院内感染风险；

（2）建筑布局紧凑，交通便捷，并应方便管理、减少能耗；

（3）应保证住院、手术、功能检查和教学科研等用房的环境安静；

（4）病房宜能获得良好朝向；

（5）宜留有可发展或改建、扩建的用地；

（6）应有完整的绿化规划；

（7）对废弃物的处理作出妥善的安排，并应符合有关环境保护法令、法规的规定。

2. 医院出入口不应少于2处，人员出入口不应兼作尸体或废弃物出口。

3. 在门诊、急诊和住院用房等入口附近应设车辆停放场地。

4. 太平间、病理解剖室应设于医院隐蔽处。需设焚烧炉时，应避免风向影响，并应与主体建筑隔离。尸体运送路线应避免与出入院路线交叉。

5. 环境设计应符合下列要求：

（1）充分利用地形、防护间距和其他空地布置绿化景观，并应有供患者康复活动的专用绿地；

（2）应对绿化、景观、建筑内外空间、环境和室内外标识导向系统等做综合性设计；

（3）在儿科用房及其入口附近，宜采取符合儿童生理和心理特点的环境设计。

6. 病房建筑的前后间距应满足日照和卫生间距要求，且不宜小于12m。

7. 在医疗用地内不得建职工住宅。医疗用地与职工住宅用地毗连时，应分隔，并应另设出入口。

《综合医院建筑设计规范》GB 51039—2014

4.2.1 总平面设计应符合下列要求：

1 合理进行功能分区，洁污、医患、人车等流线组织清晰，并应避免院内感染风险；

2 建筑布局紧凑，交通便捷，并应方便管理、减少能耗；

3 应保证住院、手术、功能检查和教学科研等用房的环境安静；

4 病房宜能获得良好朝向；

5 宜留有可发展或改建、扩建的用地；

6 应有完整的绿化规划；

7 对废弃物的处理作出妥善的安排，并应符合有关环境保护法令、法规的规定。

4.2.2 医院出入口不应少于 2 处，人员出入口不应兼作尸体或废弃物出口。

4.2.3 在门诊、急诊和住院用房等入口附近应设车辆停放场地。

4.2.4 太平间、病理解剖室应设于医院隐蔽处。需设焚烧炉时，应避免风向影响，并应与主体建筑隔离。尸体运送路线应避免与出入院路线交叉。

4.2.5 环境设计应符合下列要求：

1 充分利用地形、防护间距和其他空地布置绿化景观，并应有供患者康复活动的专用绿地；

2 应对绿化、景观、建筑内外空间、环境和室内外标识导向系统等做综合性设计；

3 在儿科用房及其入口附近，宜采取符合儿童生理和心理特点的环境设计。

4.2.6 病房建筑的前后间距应满足日照和卫生间距要求，且不宜小于 12m。

4.2.7 在医疗用地内不得建职工住宅。医疗用地与职工住宅用地毗连时，应分隔，并应另设出入口。

六、疗养院建筑

1. 疗养院总平面设计应充分利用地下空间，提高土地利用率。

2. 疗养院总平面设计宜遵循人文、生态、功能原则，且应符合下列规定：

（1）应根据自然疗养因子，合理进行功能分区，人车流线组织清晰，洁污分流，避免院内感染风险；

（2）应处理好各功能建筑的关系，疗养、理疗、餐饮及公共活动用房宜集中设置，若分开设置时，宜采用通廊连接，避免产生噪声或废气的设备用房对疗养室等主要用房的干扰；

（3）疗养室应能获得良好的朝向、日照，建筑间距不宜小于 12m；

（4）疗养、理疗和医技门诊用房建筑的主要出入口应明显、易达，并设有机动车停靠的平台；

（5）疗养院基地的主要出入口不宜少于 2 个，其设备用房、厨房等后勤保障用房的燃料、货物及垃圾、医疗废弃物等物品的运输应设有单独出入口；

（6）应合理安排各种管线，做好管线综合，且应便于维护和检修。

3. 疗养院总平面设计应充分利用场地原有资源，如地形地貌、生态植被、自然水体等进行景观设计。

《疗养院建筑设计标准》JGJ/T 40—2019

4.2 总平面

4.2.1 疗养院规划建设用地指标，应符合表4.2.1的规定。

疗养院规划建设用地指标 **表4.2.1**

建设规模	小型	中型	大型	特大型
规划用地面积(hm^2)	1.0～3.0	3.0～6.0	6.0～9.0	>9.0

注：1 当规定的指标确实不能满足需要时，可参考《综合医院建设标准》按不超过$11m^2$/床指标增加用地面积，用于预防保健、单列项目用房的建设和疗养院的发展用地。

2 承担科研和教学任务的疗养院，应根据实际需要，同时可参考《综合医院建设标准》增加其所需用地面积。

4.2.2 疗养院用地应包括建筑用地、绿化用地、道路广场用地、室外活动场地及预留的发展用地。用地分类应符合下列规定：

1 建筑用地可包括疗养用房、理疗用房、医技门诊用房、公共活动用房、管理及后勤保障用房的用地，不包括职工住宅用地；

2 绿化用地可包括集中绿地、零星绿地及水面；各种绿地内的步行甬路应计入绿化用地面积内；未铺栽植被或铺栽植被不达标的室外活动场地不应计入绿化用地；

3 道路广场用地可包括道路、广场及停车场用地；用地面积计量范围应界定至路面或广场停车场的外缘，且停车场用地面积不应低于当地有关主管部门的规定；

4 室外活动用地可包括供疗养员体疗健身和休闲娱乐的室外活动场地。

4.2.3 疗养院总平面设计应充分利用地下空间，提高土地利用率。

4.2.4 疗养院总平面设计宜遵循人文、生态、功能原则，且应符合下列规定：

1 应根据自然疗养因子，合理进行功能分区，人车流线组织清晰，洁污分流，避免院内感染风险；

2 应处理好各功能建筑的关系，疗养、理疗、餐饮及公共活动用房宜集中设置，若分开设置时，宜采用通廊连接，避免产生噪声或废气的设备用房对疗养室等主要用房的干扰；

3 疗养室应能获得良好的朝向、日照，建筑间距不宜小于12m；

4 疗养、理疗和医技门诊用房建筑的主要出入口应明显、易达，并设有机动车停靠的平台，平台上方应设置雨棚；

5 疗养院基地的主要出入口不宜少于2个，其设备用房、厨房等后勤保障用房的燃料、货物及垃圾、医疗废弃物等物品的运输应设有单独出入口，对医疗废弃物的处理应符合环境保护法律、法规及医疗垃圾处理的相关规定；

6 应合理安排各种管线，做好管线综合，且应便于维护和检修。

4.2.5 疗养院总平面设计应充分利用场地原有资源，如地形地貌、生态植被、自然水体等进行景观设计。

4.2.6 疗养院道路系统设计应满足通行运输、消防疏散的要求，并应符合下列规定：

1 宜实行人车分流，院内车行道应采取减速慢行措施；

2 机动车道路应保证救护车直通所需停靠建筑物的出入口；

3 宜设置完善的人行和非机动车行驶的慢行道，且与室外导向标识、无障碍及绿化景观、活动场地相结合，路面应平整、防滑。

4.2.7 疗养院建筑的外部环境组织及细部处理应做到无障碍化，并应符合现行国家标准《无障碍设计规范》GB 50763 的规定。室外公共设施应适合轮椅通行者、盲人、行走不便的残疾人或老人等不同使用者的需求。

4.2.8 疗养院室外活动用地应结合场地条件和使用要求设置，并应符合下列规定：

1 活动场地宜选择在向阳避风处，硬质铺地宜采用透水铺装材料，表面应平整防滑，排水通畅；

2 活动场地应与慢行道相连接，保证无障碍设施的连续性；

3 用于体疗健身的活动场地宜设置小型健身运动器材；

4 供休闲娱乐的活动场地应设置一定数量的休息座椅及环境小品；

5 室外活动场地附近宜设置卫生间，其具体设置要求应符合现行行业标准《城市公共厕所设计标准》CJJ 14 的有关规定。

4.2.9 疗养院应设置停车场或停车库，并应在疗养、理疗、医技门诊及办公用房等建筑主要出入口处预留车辆停放空间；宜设置充电桩。

七、文化馆建筑

1. 文化馆建筑的总平面设计应符合下列规定：

（1）功能分区应明确，群众活动区宜靠近主出入口或布置在便于人流集散的部位；

（2）人流和车辆交通路线应合理，道路布置应便于道具、展品的运输和装卸；

（3）基地至少应设有两个出入口，且当主要出入口紧邻城市交通干道时，应符合城乡规划的要求并应留出疏散缓冲距离。

2. 文化馆建筑的总平面应划分静态功能区和动态功能区，且应分区明确、互不干扰，并应按人流和疏散通道布局功能区。静态功能区与动态功能区宜分别设置功能区的出入口。

3. 当文化馆基地距医院、学校、幼儿园、住宅等建筑较近时，室外活动场地及建筑内噪声较大的功能用房应布置在医院、学校、幼儿园、住宅等建筑的远端，并应采取防干扰措施。

《文化馆建筑设计规范》JGJ/T 41—2014

3.2.1 文化馆建筑的总平面设计应符合下列规定：

1 功能分区应明确，群众活动区宜靠近主出入口或布置在便于人流集散的部位；

2 人流和车辆交通路线应合理，道路布置应便于道具、展品的运输和装卸；

3 基地至少应设有两个出入口，且当主要出入口紧邻城市交通干道时，应符合城乡规划的要求并应留出疏散缓冲距离。

3.2.2 文化馆建筑的总平面应划分静态功能区和动态功能区，且应分区明确、互不干扰。

3.2.3 文化馆应设置室外活动场地，并应符合下列规定：

1 应设置在动态功能区一侧，并应场地规整、交通方便、朝向较好；

2 应预留布置活动舞台的位置，并应为活动舞台及其设施设备预留必要的条件。

3.2.4 文化馆的庭院设计，应结合地形、地貌、场区布置及建筑功能分区的关系，布置室外休息活动场所、绿化及环境景观等，并宜在人流集中的路边设置宣传栏、画廊、报刊橱窗等宣传设施。

3.2.5 基地内应设置机动车及非机动车停车场（库），且停车数量应符合城乡规划的规定。停车场地不得占用室外活动场地。

3.2.6 当文化馆基地距医院、学校、幼儿园、住宅等建筑较近时，室外活动场地及建筑内噪声较大的功能用房应布置在医院、学校、幼儿园、住宅等建筑的远端，并应采取防干扰措施。

3.2.7 文化馆建筑的密度、建筑容积率及场区绿地率，应符合国家现行有关标准的规定和城乡规划的要求。

八、图书馆建筑

1. 图书馆建筑的总平面布置应总体布局合理、功能分区明确、各区联系方便、互不干扰，并宜留有发展用地。

2. 图书馆建筑的交通组织应做到人、书、车分流，道路布置应便于读者、工作人员进出及安全疏散，便于图书运送和装卸。

3. 当图书馆设有少年儿童阅览区时，少年儿童阅览区宜设置单独的对外出入口和室外活动场地。

4. 除当地规划部门有专门的规定外，新建公共图书馆的建筑密度不宜大于40%。

5. 除当地有统筹建设的停车场或停车库外，图书馆建筑基地内应设置供读者和工作人员使用的机动车停车库或停车场地以及非机动车停放场地。

6. 图书馆基地内的绿地率应满足当地规划部门的要求，并不宜小于30%。

《图书馆建筑设计规范》JGJ 38—2015

3.2.1 图书馆建筑的总平面布置应总体布局合理、功能分区明确、各区联系方便、互不干扰，并宜留有发展用地。

3.2.2 图书馆建筑的交通组织应做到人、书、车分流，道路布置应便于读者、工作人员进出及安全疏散，便于图书运送和装卸。

3.2.3 当图书馆设有少年儿童阅览区时，少年儿童阅览区宜设置单独的对外出入口和室外活动场地。

3.2.4 除当地规划部门有专门的规定外，新建公共图书馆的建筑密度不宜大于40%。

3.2.5 除当地有统筹建设的停车场或停车库外，图书馆建筑基地内应设置供读者和工作人员使用的机动车停车库或停车场地以及非机动车停放场地。

3.2.6 图书馆基地内的绿地率应满足当地规划部门的要求，并不宜小于30%。

九、电影院建筑

1. 总平面布置应符合下列规定：

（1）宜为将来的改建和发展留有余地；

（2）建筑布局应使基地内人流、车流合理分流，并应有利于消防、停车和人员集散。

2. 基地内应为消防提供良好道路和工作场地，并应设置照明。内部道路可兼作消防车道，其净宽不应小于4m，当穿越建筑物时，净高不应小于4m。

3. 停车场（库）设计应符合下列规定：

（1）新建、扩建电影院的基地内宜设置停车场，停车场的出入口应与道路连接方便；

（2）贵宾和工作人员的专用停车场宜设置在基地内；

（3）贴邻观众厅的停车场（库）产生的噪声应采取适当的措施进行处理，防止对观众厅产生影响；

（4）停车场布置不应影响集散空地或广场的使用，并不宜设置围墙、大门等障碍物。

4. 绿化设计应符合当地行政主管部门的有关规定。

5. 场地应进行无障碍设计。

6. 综合建筑内设置的电影院，应符合下列规定：

（1）楼层的选择应符合建筑设计防火规范的相关规定；

（2）不宜建在住宅楼、仓库、古建筑等建筑内。

7. 综合建筑内设置的电影院应设置在独立的竖向交通附近，并应有人员集散空间；应有单独出入口通向室外，并应设置明显标示。

《电影院建筑设计规范》JGJ 58—2008

3.2.1 总平面布置应符合下列规定：

1 宜为将来的改建和发展留有余地；

2 建筑布局应使基地内人流、车流合理分流，并应有利于消防、停车和人员集散。

3.2.2 基地内应为消防提供良好道路和工作场地，并应设置照明。内部道路可兼作消防车道，其净宽不应小于 4m，当穿越建筑物时，净高不应小于 4m。

3.2.3 停车场（库）设计应符合下列规定：

1 新建、扩建电影院的基地内宜设置停车场，停车场的出入口应与道路连接方便；

2 贵宾和工作人员的专用停车场宜设置在基地内；

3 贴邻观众厅的停车场（库）产生的噪声应采取适当的措施进行处理，防止对观众厅产生影响；

4 停车场布置不应影响集散空地或广场的使用，并不宜设置围墙、大门等障碍物。

3.2.4 绿化设计应符合当地行政主管部门的有关规定。

3.2.5 场地应进行无障碍设计，并应符合国家现行行业标准《城市道路和建筑物无障碍设计规范》JGJ 50 中的有关规定。

3.2.6 综合建筑内设置的电影院，应符合下列规定：

1 楼层的选择应符合现行国家标准《建筑设计防火规范》GB 50016 及《高层民用建筑设计防火规范》GB 50045 中的相关规定；

2 不宜建在住宅楼、仓库、古建筑等建筑内。

3.2.7 综合建筑内设置的电影院应设置在独立的竖向交通附近，并应有人员集散空间；应有单独出入口通向室外，并应设置明显标示。

十、剧场建筑

1. 剧场总平面布置应符合下列规定：

（1）总平面设计应功能分区明确，交通流线合理，避免人流与车流、货流交叉，并应有利于消防、停车和人流集散。

（2）布景运输车辆应能直接到达景物搬运出入口。

（3）宜为将来的改建和发展留有余地。

（4）应考虑安检设施布置需求。

2. 新建、扩建剧场基地内应设置停车场（库），且停车场（库）的出入口应与道路连接方便，停车位的数量应满足当地规划的要求。

3. 剧场总平面道路设计应满足消防车及货运车的通行要求，其净宽不应小于4.00m，穿越建筑物时净高不应小于4.00m。

4. 环境设计及绿化应符合当地规划要求。

5. 剧场建筑基地内的设备用房不应对观众厅、舞台及其周围环境产生噪声、振动干扰。

6. 对于综合建筑内设置的剧场，宜设置通往室外的单独出入口，应设置人员集散空间，并应设置相应的标识。

《剧场建筑设计规范》JGJ 57—2016

3.2.1 剧场总平面布置应符合下列规定：

1 总平面设计应功能分区明确，交通流线合理，避免人流与车流、货流交叉，并应有利于消防、停车和人流集散。

2 布景运输车辆应能直接到达景物搬运出入口。

3 宜为将来的改建和发展留有余地。

4 应考虑安检设施布置需求。

3.2.2 新建、扩建剧场基地内应设置停车场（库），且停车场（库）的出入口应与道路连接方便，停车位的数量应满足当地规划的要求。

3.2.3 剧场总平面道路设计应满足消防车及货运车的通行要求，其净宽不应小于4.00m，穿越建筑物时净高不应小于4.00m。

3.2.4 环境设计及绿化应符合当地规划要求。

3.2.5 剧场建筑基地内的设备用房不应对观众厅、舞台及其周围环境产生噪声、振动干扰。

3.2.6 对于综合建筑内设置的剧场，宜设置通往室外的单独出入口，应设置人员集散空间，并应设置相应的标识。

十一、博物馆建筑

1. 博物馆建筑的总体布局应遵循下列原则：

（1）应便利观众使用、确保藏品安全、利于运营管理；

（2）室外场地与建筑布局应统筹安排，并应分区合理、明确、互不干扰、联系方便；

（3）应全面规划，近期建设与长远发展相结合。

2. 博物馆建筑的总平面设计应符合下列规定：

（1）新建博物馆建筑的建筑密度不应超过40%。

（2）基地出入口的数量应根据建筑规模和使用需要确定，且观众出入口应与藏品、展品进出口分开设置。

（3）人流、车流、物流组织应合理；藏品、展品的运输线路和装卸场地应安全、隐蔽，且不应受观众活动的干扰。

（4）观众出入口广场应设有供观众集散的空地，空地面积应按高峰时段建筑内向该出入口疏散的观众量的1.2倍计算确定，且不应少于0.4m^2/人。

（5）特大型馆、大型馆建筑的观众主入口到城市道路出入口的距离不宜小于20m，主入口广场宜设置供观众避雨遮阴的设施。

（6）建筑与相邻基地之间应按防火、安全要求留出空地和道路，藏品保存场所的建筑物宜设环形消防车道。

（7）对噪声不敏感的建筑、建筑部位或附属用房等宜布置在靠近噪声源的一侧。

3. 博物馆建筑的露天展场应符合下列规定：

（1）应与室内公共空间和流线组织统筹安排；

（2）应满足展品运输、安装、展览、维修、更换等要求；

（3）大型展场宜设置问询、厕所、休息廊等服务设施。

4. 博物馆建筑基地内设置的停车位数量，应按其总建筑面积的规模计算确定。

《博物馆建筑设计规范》JGJ 66—2015

3.2.1 博物馆建筑的总体布局应遵循下列原则：

1 应便利观众使用、确保藏品安全、利于运营管理；

2 室外场地与建筑布局应统筹安排，并应分区合理、明确、互不干扰、联系方便；

3 应全面规划，近期建设与长远发展相结合。

3.2.2 博物馆建筑的总平面设计应符合下列规定：

1 新建博物馆建筑的建筑密度不应超过40%。

2 基地出入口的数量应根据建筑规模和使用需要确定，且观众出入口应与藏品、展品进出口分开设置。

3 人流、车流、物流组织应合理；藏品、展品的运输线路和装卸场地应安全、隐蔽，且不应受观众活动的干扰。

4 观众出入口广场应设有供观众集散的空地，空地面积应按高峰时段建筑内向该出入口疏散的观众量的1.2倍计算确定，且不应少于0.4m^2/人。

5 特大型馆、大型馆建筑的观众主入口到城市道路出入口的距离不宜小于20m，主入口广场宜设置供观众避雨遮阴的设施。

6 建筑与相邻基地之间应按防火、安全要求留出空地和道路，藏品保存场所的建筑物宜设环形消防车道。

7 对噪声不敏感的建筑、建筑部位或附属用房等宜布置在靠近噪声源的一侧。

3.2.3 博物馆建筑的露天展场应符合下列规定：

1 应与室内公共空间和流线组织统筹安排；

2 应满足展品运输、安装、展览、维修、更换等要求；

3 大型展场宜设置问询、厕所、休息廊等服务设施。

3.2.4 博物馆建筑基地内设置的停车位数量，应按其总建筑面积的规模计算确定，且不宜小于表3.2.4的规定。

十二、展览建筑

展览建筑的总平面布置应符合下列要求

1. 总平面布置应根据近远期建设计划的要求进行整体规划，并宜留有改建和扩建的余地。

2. 平面布置应功能分区明确、总体布局合理，各部分联系方便、互不干扰。

3. 交通应组织合理、流线清晰，道路布置应便于人员进出、展品运送、装卸，并应满足消防和人员疏散要求。

4. 展览建筑应按不小于0.20m²/人配置集散用地。

5. 室外场地的面积不宜少于展厅占地面积的50%。

6. 展览建筑的建筑密度不宜大于35%。

7. 除当地有统筹建设的停车场或停车库外，基地内应设置机动车和自行车的停放场地。

8. 基地应做好绿化设计，绿地率应符合当地有关绿化指标的规定。栽种的树种应根据城市气候、土壤和能净化空气等条件确定。

9. 总平面应设置无障碍设施。

10. 基地内应设有标识系统。

《展览建筑设计规范》JGJ 218—2010

3.3.1 总平面布置应根据近远期建设计划的要求进行整体规划，并宜留有改建和扩建的余地。

3.3.2 总平面布置应功能分区明确、总体布局合理，各部分联系方便、互不干扰。

3.3.3 交通应组织合理、流线清晰，道路布置应便于人员进出、展品运送、装卸，并应满足消防和人员疏散要求。

3.3.4 展览建筑应按不小于0.20m²/人配置集散用地。

3.3.5 室外场地的面积不宜少于展厅占地面积的50%。

3.3.6 展览建筑的建筑密度不宜大于35%。

3.3.7 除当地有统筹建设的停车场或停车库外，基地内应设置机动车和自行车的停放场地。

3.3.8 基地应做好绿化设计，绿地率应符合当地有关绿化指标的规定。栽种的树种应根据城市气候、土壤和能净化空气等条件确定。

3.3.9 总平面应设置无障碍设施，并应符合现行行业标准《城市道路和建筑物无障碍设计规范》JGJ 50的有关规定。

3.3.10 基地内应设有标识系统。

十三、档案馆建筑

档案馆的总平面布置应符合下列要求：

1. 档案馆建筑宜独立建造。当确需与其他工程合建时，应自成体系并符合本规范的规定；

2. 总平面布置宜根据近远期建设计划的要求，进行一次规划、建设，或一次规划、分期建设；

3. 基地内道路应与城市道路或公路连接，并应符合消防安全要求；

4. 人员集散场地、道路、停车场和绿化用地等室外用地应统筹安排；

5. 基地内建筑及道路应符合无障碍设计规范的有关规定。

《档案馆建筑设计规范》JGJ 25—2010

3.0.3 档案馆的总平面布置应符合下列规定：

1 档案馆建筑宜独立建造。当确需与其他工程合建时，应自成体系并符合本规范的规定；

2 总平面布置宜根据近远期建设计划的要求，进行一次规划、建设，或一次规划、分期建设；

3 基地内道路应与城市道路或公路连接，并应符合消防安全要求；

4 人员集散场地、道路、停车场和绿化用地等室外用地应统筹安排；

5 基地内建筑及道路应符合现行行业标准《城市道路和建筑物无障碍设计规范》JGJ 50 的规定。

十四、办公建筑

办公建筑的总平面布置应符合下列要求：

1. 总平面布置应遵循功能组织合理、建筑组合紧凑、服务资源共享的原则，科学合理组织和利用地上、地下空间，并宜留有发展余地。

2. 总平面应合理组织基地内各种交通流线，妥善布置地上和地下建筑的出入口。锅炉房、厨房等后勤用房的燃料、货物及垃圾等物品的运输宜设有单独通道和出入口。

3. 当办公建筑与其他建筑共建在同一基地内或与其他建筑合建时，应满足办公建筑的使用功能和环境要求，分区明确，并宜设置单独出入口。

4. 总平面应进行环境和绿化设计，合理设置绿化用地，合理选择绿化方式。宜设置屋顶绿化与室内绿化，营造舒适环境。绿化与建筑物、构筑物、道路和管线之间的距离，应符合有关标准的规定。

5. 基地内应合理设置机动车和非机动车停放场地（库）。机动车和非机动车泊位配置应符合国家相关规定；当无相关要求时，机动车配置泊位不得少于 0.60 辆/100m^2，非机动车配置泊位不得少于 1.2 辆/100m^2。

《办公建筑设计标准》JGJ/T 67—2019

3.2.1 总平面布置应遵循功能组织合理、建筑组合紧凑、服务资源共享的原则，科学合理组织和利用地上、地下空间，并宜留有发展余地。

3.2.2 总平面应合理组织基地内各种交通流线，妥善布置地上和地下建筑的出入口。锅炉房、厨房等后勤用房的燃料、货物及垃圾等物品的运输宜设有单独通道和出入口。

3.2.3 当办公建筑与其他建筑共建在同一基地内或与其他建筑合建时，应满足办公建筑的使用功能和环境要求，分区明确，并宜设置单独出入口。

3.2.4 总平面应进行环境和绿化设计，合理设置绿化用地，合理选择绿化方式。宜设置屋顶绿化与室内绿化，营造舒适环境。绿化与建筑物、构筑物、道路和管线之间的距离，应符合有关标准的规定。

3.2.5 基地内应合理设置机动车和非机动车停放场地（库）。机动车和非机动车泊位配置应符合国家相关规定；当无相关要求时，机动车配置泊位不得少于 0.60 辆/100m²，非机动车配置泊位不得少于 1.2 辆/100m²。

十五、体育建筑

1. 体育建筑的总平面布置应符合下列要求：

（1）全面规划远、近期建设项目，一次规划、逐步实施，并为可能的改建和发展留有余地；

（2）建筑布局合理，功能分区明确，交通组织顺畅，管理维修方便，并满足当地规划部门的相关规定和指标；

（3）满足各运动项目的朝向、光线、风向、风速、安全、防护等要求；

（4）注重环境设计，充分保护和利用自然地形和天然资源（如水面、林木等），考虑地形和地质情况，减少建设投资。

2. 出入口和内部道路应符合下列要求：

（1）总出入口布置应明显，不宜少于两处，并以不同方向通向城市道路。观众出入口的有效宽度不宜小于 0.15m/百人的室外安全疏散指标；

（2）观众疏散道路应避免集中人流与机动车流相互干扰，其宽度不宜小于室外安全疏散指标；

（3）道路应满足通行消防车的要求，净宽度不应小于 3.5m，上空有障碍物或穿越建筑物时净高不应小于 4m。体育建筑周围消防车道应环通；当因各种原因消防车不能按规定靠近建筑物时，应采取下列措施之一满足对火灾扑救的需要：

1）消防车在平台下部空间靠近建筑主体；

2）消防车直接开入建筑内部；

3）消防车到达平台上部以接近建筑主体；

4）平台上部设消火栓。

（4）观众出入口处应留有疏散通道和集散场地，场地不得小于 0.2m²/人，可充分利用道路、空地、屋顶、平台等。

3. 停车场设计应符合下列要求：

（1）基地内应设置各种车辆的停车场，并应符合表 3.0.6 的要求，其面积指标应符合当地有关主管部门规定。停车场出入口应与道路连接方便；

（2）如因条件限制，停车场也可在邻近基地的地区，由当地市政部门统一设置。但部分专用停车场（贵宾、运动员、工作人员等）宜设在基地内；

（3）承担正规或国际比赛的体育设施，在设施附近应设有电视转播车的停放位置。

4. 基地的环境设计应根据当地有关绿化指标和规定进行，并综合布置绿化、花坛、喷泉、坐凳、雕塑和小品建筑等各种景观内容。绿化与建筑物、构筑物、道路和管线之间的距离，应符合有关规定。

5. 总平面设计中有关无障碍的设计应符合无障碍设计规范的有关规定。

《体育建筑设计规范》JGJ 31—2003

3.0.4 总平面设计应符合下列要求：

1 全面规划远、近期建设项目，一次规划、逐步实施，并为可能的改建和发展留有余地；

2 建筑布局合理，功能分区明确，交通组织顺畅，管理维修方便，并满足当地规划部门的相关规定和指标；

3 满足各运动项目的朝向、光线、风向、风速、安全、防护等要求；

4 注重环境设计，充分保护和利用自然地形和天然资源（如水面、林木等），考虑地形和地质情况，减少建设投资。

3.0.5 出入口和内部道路应符合下列要求：

1 总出入口布置应明显，不宜少于二处，并以不同方向通向城市道路。观众出入口的有效宽度不宜小于 0.15m/百人的室外安全疏散指标；

2 观众疏散道路应避免集中人流与机动车流相互干扰，其宽度不宜小于室外安全疏散指标；

3 道路应满足通行消防车的要求，净宽度不应小于 3.5m，上空有障碍物或穿越建筑物时净高不应小于 4m。体育建筑周围消防车道应环通；当因各种原因消防车不能按规定靠近建筑物时，应采取下列措施之一满足对火灾扑救的需要：

1）消防车在平台下部空间靠近建筑主体；

2）消防车直接开入建筑内部；

3）消防车到达平台上部以接近建筑主体；

4）平台上部设消火栓。

4 观众出入口处应留有疏散通道和集散场地，场地不得小于 $0.2m^2$/人，可充分利用道路、空地、屋顶、平台等。

3.0.6 停车场设计应符合下列要求：

1 基地内应设置各种车辆的停车场，并应符合表 3.0.6 的要求，其面积指标应符合当地有关主管部门规定。停车场出入口应与道路连接方便；

2 如因条件限制，停车场也可在邻近基地的地区，由当地市政部门统一设置。但部分专用停车场（贵宾、运动员、工作人员等）宜设在基地内；

3 承担正规或国际比赛的体育设施，在设施附近应设有电视转播车的停放位置。

3.0.7 基地的环境设计应根据当地有关绿化指标和规定进行，并综合布置绿化、花坛、喷泉、坐凳、雕塑和小品建筑等各种景观内容。绿化与建筑物、构筑物、道路和管线之间的距离，应符合有关规定。

3.0.8 总平面设计中有关无障碍的设计应符合现行行业标准《城市道路和建筑物无障碍设计规范》JGJ 50 的有关规定。

十六、旅馆建筑

旅馆的总平面布置应符合下列要求：

1. 旅馆建筑总平面应根据当地气候条件、地理特征等进行布置。建筑布局应有利于冬季日照和避风，夏季减少得热和充分利用自然通风。

2. 总平面布置应功能分区明确、总体布局合理，各部分联系方便、互不干扰。

3. 当旅馆建筑与其他建筑共建在同一基地内或同一建筑内时，应满足旅馆建筑的使用功能和环境要求，并应符合下列规定：

1）旅馆建筑部分应单独分区，客人使用的主要出入口宜独立设置；

2）旅馆建筑部分宜集中设置；

3）从属于旅馆建筑但同时对外营业的商店、餐厅等不应影响旅馆建筑本身的使用功能。

4. 应对旅馆建筑的使用和各种设备使用过程中可能产生的噪声和废气采取措施，不得对旅馆建筑的公共部分、客房部分等和邻近建筑产生不良影响。

5. 旅馆建筑的交通应合理组织，保证流线清晰，避免人流、货流、车流相互干扰，并应满足消防疏散要求。

6. 旅馆建筑的总平面应合理布置设备用房、附属设施和地下建筑的出入口。锅炉房、厨房等后勤用房的燃料、货物及垃圾等物品的运输宜设有单独通道和出入口。

7. 四级和五级旅馆建筑的主要人流出入口附近宜设置专用的出租车排队候客车道或候客车位，且不宜占用城市道路或公路，避免影响公共交通。

8. 除当地有统筹建设的停车场或停车库外，旅馆建筑基地内应设置机动车和非机动车的停放场地或停车库。机动车和非机动车停车位数量应符合当地规划主管部门的规定。

9. 旅馆建筑总平面布置应进行绿化设计，并应符合下列规定：

1）绿地面积的指标应符合当地规划主管部门的规定；

2）栽种的树种应根据当地气候、土壤和净化空气的能力等条件确定；

3）室外停车场宜采取结合绿化的遮阳措施；

4）度假旅馆建筑室外活动场地宜结合绿化做好景观设计。

10. 旅馆建筑总平面布置应合理安排各种管道，做好管道综合，并应便于维护和检修。

《旅馆建筑设计规范》JGJ 62—2014

3.3.1 旅馆建筑总平面应根据当地气候条件、地理特征等进行布置。建筑布局应有利于冬季日照和避风，夏季减少得热和充分利用自然通风。

3.3.2 总平面布置应功能分区明确、总体布局合理，各部分联系方便、互不干扰。

3.3.3 当旅馆建筑与其他建筑共建在同一基地内或同一建筑内时，应满足旅馆建筑的使用功能和环境要求，并应符合下列规定：

1 旅馆建筑部分应单独分区，客人使用的主要出入口宜独立设置；

2 旅馆建筑部分宜集中设置；

3 从属于旅馆建筑但同时对外营业的商店、餐厅等不应影响旅馆建筑本身的使用功能。

3.3.4 应对旅馆建筑的使用和各种设备使用过程中可能产生的噪声和废气采取措施，不得对旅馆建筑的公共部分、客房部分等和邻近建筑产生不良影响。

3.3.5 旅馆建筑的交通应合理组织，保证流线清晰，避免人流、货流、车流相互干扰，并应满足消防疏散要求。

3.3.6 旅馆建筑的总平面应合理布置设备用房、附属设施和地下建筑的出入口。锅炉房、厨房等后勤用房的燃料、货物及垃圾等物品的运输宜设有单独通道和出入口。

3.3.7 四级和五级旅馆建筑的主要人流出入口附近宜设置专用的出租车排队候客车道或候客车位，且不宜占用城市道路或公路，避免影响公共交通。

3.3.8 除当地有统筹建设的停车场或停车库外，旅馆建筑基地内应设置机动车和非机动车的停放场地或停车库。机动车和非机动车停车位数量应符合当地规划主管部门的规定。

3.3.9 旅馆建筑总平面布置应进行绿化设计，并应符合下列规定：

1 绿地面积的指标应符合当地规划主管部门的规定；

2 栽种的树种应根据当地气候、土壤和净化空气的能力等条件确定；

3 室外停车场宜采取结合绿化的遮阳措施；

4 度假旅馆建筑室外活动场地宜结合绿化做好景观设计。

3.3.10 旅馆建筑总平面布置应合理安排各种管道，做好管道综合，并应便于维护和检修。

十七、饮食建筑

1. 饮食建筑的设计必须符合当地城市规划以及食品安全、环境保护和消防等管理部门的要求。

2. 饮食建筑的选址应严格执行当地环境保护和食品药品安全管理部门对粉尘、有害气体、有害液体、放射性物质和其他扩散性污染源距离要求的相关规定。与其他有碍公共卫生的开敞式污染源的距离不应小于25m。

3. 饮食建筑基地的人流出入口和货流出入口应分开设置。顾客出入口和内部后勤人员出入口宜分开设置。

4. 饮食建筑应采取有效措施防止油烟、气味、噪声及废弃物对邻近建筑物或环境造成污染，并应符合饮食业环境保护技术规范的相关规定。

《饮食建筑设计标准》JGJ 64—2017

3.0.1 饮食建筑的设计必须符合当地城市规划以及食品安全、环境保护和消防等管理部门的要求。

3.0.2 饮食建筑的选址应严格执行当地环境保护和食品药品安全管理部门对粉尘、有害气体、有害液体、放射性物质和其他扩散性污染源距离要求的相关规定。与其他有碍公共卫生的开敞式污染源的距离不应小于25m。

3.0.3 饮食建筑基地的人流出入口和货流出入口应分开设置。顾客出入口和内部后勤人员出入口宜分开设置。

3.0.4 饮食建筑应采取有效措施防止油烟、气味、噪声及废弃物对邻近建筑物或环境造成污染，并应符合现行行业标准《饮食业环境保护技术规范》HJ 554的相关规定。

十八、商业建筑

商店建筑的总平面布置应符合下列要求：

（1）大型商店建筑的基地沿城市道路的长度不宜小于基地周长的1/6，并宜有不少于两个方向的出入口与城市道路相连接。

（2）大型和中型商店建筑的主要出入口前，应留有人员集散场地，且场地的面积和尺度应根据零售业态、人数及规划部门的要求确定。

（3）大型和中型商店建筑的基地内应设置专用运输通道，且不应影响主要顾客人流，其宽度不应小于4m，宜为7m。运输通道设在地面时，可与消防车道结合设置。

（4）大型和中型商店建筑的基地内应设置垃圾收集处、装卸载区和运输车辆临时停放处等服务性场地。当设在地面上时，其位置不应影响主要顾客人流和消防扑救，不应占用城市公共区域，并应采取适当的视线遮蔽措施。

（5）商店建筑基地内应符合无障碍设计规范的要求，并应与城市道路无障碍设施相连接。

（6）大型商店建筑应按当地城市规划要求设置停车位。在建筑物内设置停车库时，应同时设置地面临时停车位。

（7）商店建筑基地内车辆出入口数量应根据停车位的数量确定，并应符合国家现行标准《汽车库建筑设计规范》JGJ 100和《汽车库、修车库、停车场设计防火规范》GB 50067的规定；当设置2个或2个以上车辆出入口时，车辆出入口不宜设在同一条城市道路上。

《商店建筑设计规范》JGJ 48—2014

3.2.1 大型和中型商店建筑的主要出入口前，应留有人员集散场地，且场地的面积和尺度应根据零售业态、人数及规划部门的要求确定。

3.2.2 大型和中型商店建筑的基地内应设置专用运输通道，且不应影响主要顾客人流，其宽度不应小于4m，宜为7m。运输通道设在地面时，可与消防车道结合设置。

3.2.3 大型和中型商店建筑的基地内应设置垃圾收集处、装卸载区和运输车辆临时停放处等服务性场地。当设在地面上时，其位置不应影响主要顾客人流和消防扑救，不应占用城市公共区域，并应采取适当的视线遮蔽措施。

3.2.4 商店建筑基地内应按现行国家标准《无障碍设计规范》GB 50763的规定设置无障碍设施，并应与城市道路无障碍设施相连接。

3.2.5 大型商店建筑应按当地城市规划要求设置停车位。在建筑物内设置停车库时，应同时设置地面临时停车位。

3.2.6 商店建筑基地内车辆出入口数量应根据停车位的数量确定，并应符合国家现行标准《汽车库建筑设计规范》JGJ 100和《汽车库、修车库、停车场设计防火规范》GB 50067的规定；当设置2个或2个以上车辆出入口时，车辆出入口不宜设在同一条城市道路上。

3.2.7 大型和中型商店建筑应进行基地内的环境景观设计及建筑夜景照明设计。

十九、车库建筑

车库的总平面布置应符合下列要求：

1. 车库总平面可根据需要设置车库区、管理区、服务设施、辅助设施等。

2. 车库总平面的功能分区应合理，交通组织应安全、便捷、顺畅。

3. 在停车需求较大的区域，机动车库的总平面布局宜有利于提高停车高峰时段停车库的使用效率。

4. 车库总平面的防火设计应符合现行《建筑设计防火规范》GB 50016和《汽车库、

修车库、停车场设计防火规范》GB 50067 的规定。

5. 车库总平面内，单向行驶的机动车道宽度不应小于 4m，双向行驶的小型车道不应小于 6m，双向行驶的中型车以上车道不应小于 7m；单向行驶的非机动车道宽度不应小于 1.5m，双向行驶不宜小于 3.5m。

6. 机动车道路转弯半径应根据通行车辆种类确定。微型、小型车道路转弯半径不应小于 3.5m；消防车道转弯半径应满足消防车辆最小转弯半径要求。

7. 道路转弯时，应保证良好的通视条件，弯道内侧的边坡、绿化及建（构）筑物等均不应影响行车视距。

8. 地下车库排风口宜设于下风向，并应做消声处理。排风口不应朝向邻近建筑的可开启外窗；当排风口与人员活动场所的距离小于 10m 时，朝向人员活动场所的排风口底部距人员活动地坪的高度不应小于 2.5m。

9. 允许车辆通行的道路、广场，应满足车辆行驶和停放的要求，且面层应平整、防滑、耐磨。

10. 车库总平面内的道路、广场应有良好的排水系统，道路纵坡坡度不应小于 0.2%，广场坡度不应小于 0.3%。

11. 车库总平面内的道路纵坡坡度应符合现行国家标准《民用建筑设计通则》GB 50352 的最大限值的规定。当机动车道路纵坡相对坡度大于 8%时，应设缓坡段与城市道路连接。对于机动车与非机动车混行的道路，其纵坡的坡度应满足非机动车道路纵坡的最大限值要求。

12. 车库总平面场地内，车辆能够到达的区域应有照明设施。

13. 车库总平面内应有交通标识引导系统和交通安全设施；对社会开放的机动车库场地内宜根据需要设置停车诱导系统、电子收费系统、广播系统等。

《车库建筑设计规范》JGJ 100—2015

3.2.1 车库总平面可根据需要设置车库区、管理区、服务设施、辅助设施等。

3.2.2 车库总平面的功能分区应合理，交通组织应安全、便捷、顺畅。

3.2.3 在停车需求较大的区域，机动车库的总平面布局宜有利于提高停车高峰时段停车库的使用效率。

3.2.4 车库总平面的防火设计应符合现行国家标准《建筑设计防火规范》GB 50016 和《汽车库、修车库、停车场设计防火规范》GB 50067 的规定。

3.2.5 车库总平面内，单向行驶的机动车道宽度不应小于 4m，双向行驶的小型车道不应小于 6m，双向行驶的中型车以上车道不应小于 7m；单向行驶的非机动车道宽度不应小于 1.5m，双向行驶不宜小于 3.5m。

3.2.6 机动车道路转弯半径应根据通行车辆种类确定。微型、小型车道路转弯半径不应小于 3.5m；消防车道转弯半径应满足消防车辆最小转弯半径要求。

3.2.7 道路转弯时，应保证良好的通视条件，弯道内侧的边坡、绿化及建（构）筑物等均不应影响行车视距。

3.2.8 地下车库排风口宜设于下风向，并应做消声处理。排风口不应朝向邻近建筑的可开启外窗；当排风口与人员活动场所的距离小于 10m 时，朝向人员活动场所的排风口底部距人员活动地坪的高度不应小于 2.5m。

3.2.9 允许车辆通行的道路、广场，应满足车辆行驶和停放的要求，且面层应平整、防滑、耐磨。

3.2.10 车库总平面内的道路、广场应有良好的排水系统，道路纵坡坡度不应小于0.2%，广场坡度不应小于0.3%。

3.2.11 车库总平面内的道路纵坡坡度应符合现行国家标准《民用建筑设计通则》GB 50352的最大限值的规定。当机动车道路纵坡相对坡度大于8%时，应设缓坡段与城市道路连接。对于机动车与非机动车混行的道路，其纵坡的坡度应满足非机动车道路纵坡的最大限值要求。

3.2.12 车库总平面场地内，车辆能够到达的区域应有照明设施。

3.2.13 车库总平面内宜设置电动车辆的充电设施。

3.2.14 车库总平面内应有交通标识引导系统和交通安全设施；对社会开放的机动车库场地内宜根据需要设置停车诱导系统、电子收费系统、广播系统等。

二十、交通客运站建筑

交通客运站的总平面布置应符合下列要求：

1. 总平面布置应合理利用地形条件，布局紧凑，节约用地，远、近期结合，并宜留有发展余地。

2. 汽车客运站总平面布置应包括站前广场、站房、营运停车场和其他附属建筑等内容。

3. 汽车进站口、出站口应满足营运车辆通行要求，并应符合下列规定：

（1）一、二级汽车客运站进站口、出站口应分别设置，三、四级汽车客运站宜分别设置；进站口、出站口净宽不应小于4.0m，净高不应小于4.5m；

（2）汽车进站口、出站口与旅客主要出入口之间应设不小于5.0m的安全距离，并应有隔离措施；

（3）汽车进站口、出站口与公园、学校、托幼、残障人使用的建筑及人员密集场所的主要出入口距离不应小于20.0m；

（4）汽车进站口、出站口与城市干道之间宜设有车辆排队等候的缓冲空间，并应满足驾驶员行车安全视距的要求。

4. 汽车客运站站内道路应按人行道路、车行道路分别设置。双车道宽度不应小于7.0m；单车道宽度不应小于4.0m；主要人行道路宽度不应小于3.0m。

5. 港口客运站总平面布置应包括站前广场、站房、客运码头（或客货滚装船码头）和其他附属建筑等内容。

《交通客运站建筑设计规范》JGJ/T 60—2012

4.0.2 总平面布置应合理利用地形条件，布局紧凑，节约用地，远、近期结合，并宜留有发展余地。

4.0.3 汽车客运站总平面布置应包括站前广场、站房、营运停车场和其他附属建筑等内容。

4.0.4 汽车进站口、出站口应满足营运车辆通行要求，并应符合下列规定：

1 一、二级汽车客运站进站口、出站口应分别设置，三、四级汽车客运站宜分别设置；进站口、出站口净宽不应小于4.0m，净高不应小于4.5m；

2 汽车进站口、出站口与旅客主要出入口之间应设不小于5.0m的安全距离，并应有隔离措施；

3 汽车进站口、出站口与公园、学校、托幼、残障人使用的建筑及人员密集场所的主要出入口距离不应小于20.0m；

4 汽车进站口、出站口与城市干道之间宜设有车辆排队等候的缓冲空间，并应满足驾驶员行车安全视距的要求。

4.0.5 汽车客运站站内道路应按人行道路、车行道路分别设置。双车道宽度不应小于7.0m；单车道宽度不应小于4.0m；主要人行道路宽度不应小于3.0m。

4.0.6 港口客运站总平面布置应包括站前广场、站房、客运码头（或客货滚装船码头）和其他附属建筑等内容。

二十一、城市消防站

城市消防站的总平面布置应符合下列要求：

1. 消防站的执勤车辆主出入口应设在便于车辆迅速出动的部位，且距医院、学校、幼儿园、托儿所、影剧院、商场、体育场馆、展览馆等人员密集场所的公共建筑的主要疏散出口和公交站台不应小于50m。

2. 消防站与加油站、加气站等易燃易爆危险场所的距离不应小于50m。

3. 辖区内有生产、贮存危险化学品单位的，消防站应设置在常年主导风向的上风或侧风处，其边界距生产、贮存危险化学品的危险部位不宜小于200m。

4. 消防站车库门直接临街的应朝向城市道路，且应后退道路红线不小于15m。

5. 消防站车库门在消防站院内时，消防站主出入口与城市道路的距离应满足大型消防车辆出动时的转弯半径要求。

6. 消防车出警通道不应为上坡。

7. 消防车主出入口处的城市道路两侧宜设置可控交通信号灯、标志标线或隔离设施等，30m以内的路段应设置禁止停车标志。

8. 消防站内应设置业务用房、业务附属用房、辅助用房、训练场地与车道、训练设施、给水排水设施以及其他必要的建（构）筑物，并应合理布局。

9. 消防站备勤室不应设在3层或3层以上。

10. 有条件的消防站，可将执勤楼、训练区、生活区分区设计。

11. 消防支（大）队与消防中队集中布置时，两者宜相对独立布置，或采用两栋楼并列，以连廊的形式连接。两部分宜分别设置出入口。

12. 消防站不宜设在综合性建筑物中。当必须设在综合性建筑物中时，消防站应自成一区，并应有专用出入口。

13. 消防站内应设置室外训练场地，场地内设施宜包括：业务训练设施、体能训练设施和心理训练设施。

14. 消防站内应合理设置消防车道和绿化用地。

15. 消防站容积率可按0.5～0.6进行测算。

《城市消防站设计规范》GB 51054—2014

3.0.1 消防站的执勤车辆主出入口应设在便于车辆迅速出动的部位，且距医院、学校、幼儿园、托儿所、影剧院、商场、体育场馆、展览馆等人员密集场所的公共建筑的主要疏散出口和公交站台不应小于50m。

3.0.2 消防站与加油站、加气站等易燃易爆危险场所的距离不应小于50m。

3.0.3 辖区内有生产、贮存危险化学品单位的，消防站应设置在常年主导风向的上风或侧风处，其边界距生产、贮存危险化学品的危险部位不宜小于200m。

3.0.4 消防站车库门直接临街的应朝向城市道路，且应后退道路红线不小于15m。

3.0.5 消防站车库门在消防站院内时，消防站主出入口与城市道路的距离应满足大型消防车辆出动时的转弯半径要求。

3.0.6 消防车出警通道不应为上坡。

3.0.7 消防车主出入口处的城市道路两侧宜设置可控交通信号灯、标志标线或隔离设施等，30m以内的路段应设置禁止停车标志。

3.0.8 消防站内应设置业务用房、业务附属用房、辅助用房、训练场地与车道、训练设施、给水排水设施以及其他必要的建（构）筑物，并应合理布局。

3.0.9 消防站备勤室不应设在3层或3层以上。

3.0.10 有条件的消防站，可将执勤楼、训练区、生活区分区设计。

3.0.11 消防支（大）队与消防中队集中布置时，两者宜相对独立布置，或采用两栋楼并列，以连廊的形式连接。两部分宜分别设置出入口。

3.0.12 消防站不宜设在综合性建筑物中。当必须设在综合性建筑物中时，消防站应自成一区，并应有专用出入口。

3.0.13 消防站内应设置室外训练场地，场地内设施宜包括：业务训练设施、体能训练设施和心理训练设施。业务训练设施宜包括：训练塔、模拟训练场等；体能训练设施宜包括：篮球场、训练跑道等。应根据场地特点合理布置模拟训练场、心理素质训练场、训练塔等设施。室外训练场面积宜符合表3.0.13的规定，且不得小于1000m^2。

3.0.14 消防站内应合理设置消防车道和绿化用地。

3.0.15 消防站容积率可按0.5～0.6进行测算。

参考、引用资料：

①《民用建筑设计统一标准》GB 50352—2019（中国建筑工业出版社）
②《建筑设计防火规范》GB 50016—2014（2018年版）（中国计划出版社）
③《〈建筑设计防火规范〉图示》18J811-1（中国计划出版社）
④《汽车库、修车库、停车场设计防火规范》GB 50067—2014（中国计划出版社）
⑤《住宅建筑规范》GB 50368—2005（中国建筑工业出版社）
⑥《托儿所、幼儿园建筑设计规范》JGJ 39—2016（2019年版）（中国建筑工业出版社）
⑦《中小学校设计规范》GB 50099—2011（中国建筑工业出版社）
⑧《老年人照料设施建筑设计标准》JGJ 450—2018（中国建筑工业出版社）
⑨《综合医院建筑设计规范》GB 51039—2014（中国计划出版社）
⑩《疗养院建筑设计标准》JGJ/T 40—2019（中国建筑工业出版社）
⑪《宿舍建筑设计规范》JGJ 36—2016（中国建筑工业出版社）

⑫《文化馆建筑设计规范》JGJ/T 41—2014（中国建筑工业出版社）
⑬《图书馆建筑设计规范》JGJ 38—2015（中国建筑工业出版社）
⑭《电影院建筑设计规范》JGJ 58—2008（中国建筑工业出版社）
⑮《剧场建筑设计规范》JGJ 57—2016（中国建筑工业出版社）
⑯《博物馆建筑设计规范》JGJ 66—2015（中国建筑工业出版社）
⑰《展览建筑设计规范》JGJ 218—2010（中国建筑工业出版社）
⑱《档案馆建筑设计规范》JGJ 25—2010（中国建筑工业出版社）
⑲《办公建筑设计标准》JGJ/T 67—2019（中国建筑工业出版社）
⑳《体育建筑设计规范》JGJ 31—2003（中国建筑工业出版社）
㉑《旅馆建筑设计规范》JGJ 62—2014（中国建筑工业出版社）
㉒《饮食建筑设计标准》JGJ 64—2017（中国建筑工业出版社）
㉓《商店建筑设计规范》JGJ 48—2014（中国建筑工业出版社）
㉔《车库建筑设计规范》JGJ 100—2015（中国建筑工业出版社）
㉕《交通客运站建筑设计规范》JGJ/T 60—2012（中国建筑工业出版社）
㉖《城市消防站设计规范》GB 51054—2014（中国计划出版社）

模拟题

1. 建筑布局与基地之间的关系，下列说法中哪项不妥？(　　)

A. 建筑物高度不应影响邻地建筑物的最低日照要求

B. 建筑物与相邻建筑基地边界之间应按建筑防火和消防等要求留出空地或道路

C. 建筑物前后各自己留有空地和道路，并符合建筑防火规范有关规定时，则相邻基地边界两边的建筑可毗邻建造。

D. 除城市规划确定的永久性空地外，紧接基地边界线的建筑可以向邻地方向设洞口、门窗、阳台、挑檐，但不可设废气排出口及雨水排泄口。

【答案】D

【说明】参见《民用建筑设计统一标准》GB 50352—2019。

4.2.3 建筑物与相邻建筑基地及其建筑物的关系应符合下列规定：

1 建筑基地内建筑物的布局应符合控制性详细规划对建筑控制线的规定；

2 建筑物与相邻建筑基地之间应按建筑防火等国家现行相关标准留出空地或道路；

3 当相邻基地的建筑物毗邻建造时，应符合现行国家标准《建筑设计防火规范》GB 50016 的有关规定；

4 新建建筑物或构筑物应满足周边建筑物的日照标准；

5 紧贴建筑基地边界建造的建筑物不得向相邻建筑基地方向开设洞口、门、废气排出口及雨水排泄口。

2. 下列属于可以突出道路红线和用地红线建造的是(　　)。

A. 基地内连接城市的管线、隧道、天桥等市政公共设施

B. 地上建筑物的附属设施

C. 地下挡土墙

D. 地下建筑

【答案】A

【说明】参见《民用建筑设计统一标准》GB 50352—2019。

4.3.1 除骑楼、建筑连接体、地铁相关设施及连接城市的管线、管沟、管廊等市政公共设施以外，建筑物及其附属的下列设施不应突出道路红线或用地红线建造：

1 地下设施，应包括支护桩、地下连续墙、地下室底板及其基础、化粪池、各类水池、处理池、沉淀池等构筑物及其他附属设施等；

2 地上设施，应包括门廊、连廊、阳台、室外楼梯、凸窗、空调机位、雨篷、挑檐、装饰构架、固定遮阳板、台阶、坡道、花池、围墙、平台、散水明沟、地下室进风及排风口、地下室出入口、集水井、采光井、烟囱等。

3. 右图所示民用建筑的耐火等级为一、二级耐火等级。其防火间距（L）的最小值是：

高层建筑

连廊

高层建筑

A. 13m　　B. 9m

C. 6m　　D. 4m

【答案】A

【说明】参见《建筑设计防火规范》GB 50016—2014（2018 年版）。

5.2.2 民用建筑之间的防火间距不应小于表 5.2.2 的规定，与其他建筑的防火间距，除应符合本节规定外，尚应符合本规范其他章的有关规定。

民用建筑之间的防火间距/m　　**表 5.2.2**

建筑类别		高层民用建筑	裙房和其他民用建筑		
		一、二级	一、二级	三级	四级
高层民用建筑	一、二级	13	9	11	14
裙房和其他民用建筑	一、二级	9	6	7	9
	三级	11	7	8	10
	四级	14	9	10	12

注：1. 相邻两座单、多层建筑，当相邻外墙为不燃性墙体且无外露的可燃性屋檐，每面外墙上无防火保护的门、窗、洞口不正对开设且该门、窗、洞口的面积之和不大于外墙面积的 5%时，其防火间距可按表 5.2.2 的规定减少 25%。

2. 两座建筑相邻较高一面外墙为防火墙，或高出相邻较低一座一、二级耐火等级建筑的屋面 15m 及以下范围内的外墙为防火墙时，其防火间距不限。

3. 相邻两座高度相同的一、二级耐火等级建筑中相邻任一侧外墙为防火墙，屋顶的耐火极限不低于 1.00h 时，其防火间距不限。

4. 相邻两座建筑中较低一座建筑的耐火等级不低于二级，相邻较低一面外墙为防火墙且屋顶无天窗，屋顶的耐火极限不低于 1.00h 时，其防火间距不应小于 3.5m；对于高层建筑，不应小于 4m。

5. 相邻两座建筑中较低一座建筑的耐火等级不低于二级且屋顶无天窗，相邻较高一面外墙高出较低一座建筑的屋面 15m 及以下范围内的开口部位设置甲级防火门、窗，或设置符合现行国家标准《自动喷水灭火系统设计规范》GB 50084 规定的防火分隔水幕或本规范第 6.5.3 条规定的防火卷帘时，其防火间距不应小于 3.5m；对于高层建筑，不应小于 4m。

6. 相邻建筑通过连廊、天桥或底部的建筑物等连接时，其间距不应小于本表的规定。

7. 耐火等级低于四级的既有建筑，其耐火等级可按四级确定。

4. 两座一、二级耐火等级民用建筑相邻，高度相同且相邻任一侧为防火墙，屋顶耐火极限不低于 1.00h，则（　　）。

A. 防火间距不限　　B. 防火间距可适当减少

C. 防火间距不应小于 3.5m　　D. 防火间距不应小于 4.0m

【答案】A

【说明】参见上题

5. 下列选项中不要求设置环形消防车的建筑是（　　）

A. 高层厂房　　B. 高层公共建筑

C. 高层住宅　　D. 占地面积为 1000m^2 的丙类仓库

【答案】D

【说明】参见《建筑设计防火规范》GB 50016—2014（2018 年版）。

7.1.2 高层民用建筑，超过 3000 个座位的体育馆，超过 2000 个座位的会堂，占地面积大于 3000m^2 的商店建筑、展览建筑等单、多层公共建筑应设置环形消防车道，确有困难时，可沿建筑的两个长边设置消防车道；对于高层住宅建筑和山坡地或河道边临空建造的高层民用建筑，可沿建筑的一个长边设置消防车道，但该长边所在建筑立面应为消防车登高操作面。

7.1.3 工厂、仓库区内应设置消防车道。

高层厂房，占地面积大于 3000m^2 的甲、乙、丙类厂房和占地面积大于 1500m^2 的乙、丙类仓库，应设置环形消防车道，确有困难时，应沿建筑物的两个长边设置消防车道。

6. 允许间隔布置消防车登高操作场地的建筑高度是（　　）。

A. ≤50m　　B. ≤60m

C. ≤75m　　D. ≤100m

【答案】A

【说明】参见《建筑设计防火规范》GB 50016—2014（2018 年版）

7.2.1 高层建筑应至少沿一个长边或周边长度的 1/4 且不小于一个长边长度的底边连续布置消防车登高操作场地，该范围内的裙房进深不应大于 4m。

建筑高度不大于 50m 的建筑，连续布置消防车登高操作场地确有困难时，可间隔布置，但间隔距离不宜大于 30m，且消防车登高操作场地的总长度仍应符合上述规定。

7.2.2 消防车登高操作场地应符合下列规定：

1 场地与厂房、仓库、民用建筑之间不应设置妨碍消防车操作的树木、架空管线等障碍物和车库出入口；

2 场地的长度和宽度分别不应小于 15m 和 10m。对于建筑高度大于 50m 的建筑，场地的长度和宽度分别不应小于 20m 和 10m；

3 场地及其下面的建筑结构、管道和暗沟等，应能承受重型消防车的压力；

4 场地应与消防车道连通，场地靠建筑外墙一侧的边缘距离建筑外墙不宜小于 5m，且不应大于 10m，场地的坡度不宜大于 3%。

7.2.3 建筑物与消防车登高操作场地相对应的范围内，应设置直通室外的楼梯或直通楼梯间的入口。

7. 关于消防车登高操作场地最小尺寸的说法，正确的是（　　）。

A. 对于建筑高度大于 50m 的建筑，场地的长度和宽度分别不应小于 20m 和 10m

B. 场地的长度和宽度分别不应小于 15m 和 13m

C. 场地的长度和宽度分别不应小于 10m 和 15m

D. 场地的长度和宽度均不应小于 12m，对于高层建筑不应小于 15m

【答案】A

【说明】参见上题

8. 在符合防火规范中有关允许减小间距的条件时，关于建筑高度大于 100m 的民用建筑与相邻建筑的防火间距的说法，正确的是（　　）。

A. 不宜小于 6m　　　　B. 仍不应减小

C. 不宜小于 4m　　　　D. 不应小于 9m

【答案】B

【说明】参见《建筑设计防火规范》GB 50016—2014（2018 年版）。

5.2.6 建筑高度大于 100m 的民用建筑与相邻建筑的防火间距。当符合本规范第 3.4.5 条、第 3.5.3 条、第 4.2.1 条和第 5.2.2 条允许减小的条件时，仍不应减小。

9. 一、二级耐火等级多层汽车库与高层民用建筑的最小防火间距的说法，正确的是（　　）。

A. 15m　　　　B. 13m

C. 10m　　　　D. 9m

【答案】B

【说明】参见《汽车库、修车库、停车场设计防火规范》GB 50067—2014。

4.2.1 除本规范另有规定者外，汽车库、修车库、停车场之间以及汽车库、修车库、停车场与除甲类物品仓库外的其他建筑物之间的防火间距，不应小于表 4.2.1 的规定。其中高层汽车库与其他建筑物，汽车库、修车库与高层建筑的防火间距应按表 4.2.1 的规定值增加 3m；汽车库、修车库与甲类厂房的防火间距应按表 4.2.1 的规定值增加 2m。

汽车库、修车库、停车场之间及汽车库、修车库、停车场与除甲类物品仓库外的其他建筑物的防火间距（m）　　表 4.2.1

名称和耐火等级	汽车库、修车库		厂房、仓库、民用建筑		
	一、二级	三级	一、二级	三级	四级
一、二级汽车库、修车库	10	12	10	12	14
三级汽车库、修车库	12	14	12	14	16
停车场	6	8	6	8	10

注：1 防火间距应按相邻建筑物外墙的最近距离算起，如外墙有凸出的可燃物构件时，则应从其凸出部分外缘算起，停车场从靠近建筑物的最近停车位置边缘算起。

2 厂房、仓库的火灾危险性分类应符合现行国家标准《建筑设计防火规范》GB50016 的有关规定。

10. 关于住宅建筑的日照标准，下列哪种说法不妥？（　　）

A. 住宅建筑日照标准根据建筑气候区划的不同而不同

B. 在原设计建筑外墙加任何设施不应使相邻住宅原有日照标准降低

C. 以大寒日为标准的城市，其有效日照时间带为大寒日 9～15 时

D. 日照时间计算起点的“底层窗台面”，是指距室内地面 0.9m 高的外墙位置

【答案】C

【说明】参见《住宅建筑规范》GB 50368—2005 表 4.1.1（本书 P56）可知大寒日有

效日照时间带为8～16时。

11. 某城市按1：1.2的日照间距系数在平地上南北向布置两栋多层住宅，住宅高度为18.50m，室内外高差为0.60m，底层窗台高为0.90m，此两栋住宅最小间距D应为何值？（　　）

A. 22.20m　　　　B. 21.48m

C. 20.40m　　　　D. 21.12m

【答案】C

【说明】D＝（18.50m－0.60m－0.90m）/（1：1.2）＝20.40m。

12. 下列涉及中小学建筑物间距的阐述中，哪项是错误的？（　　）

A. 教学用房应有良好的自然通风

B. 南向教学用房冬至日日照不应小于1h

C. 两排教室的长边相对时，其间距不应小于25m

D. 教室的长边与运动场地的间距不应小于25m

【答案】B

【说明】参见《中小学校设计规范》GB 50099—2011。

4.3.3 普通教室冬至日满窗日照不应少于2h。

4.3.4 中小学校至少应有1间科学教室或生物实验室的室内能在冬季获得直射阳光。

4.3.5 中小学校的总平面设计应根据学校所在地的冬夏主导风向合理布置建筑物及构筑物，有效组织校园气流，实现低能耗通风换气。

4.3.7 各类教室的外窗与相对的教学用房或室外运动场地边缘间的距离不应小于25m。

13. 下列关于综合医院总平面设计的叙述中，（　　）是错误的。

A. 病房楼应获得最佳朝向

B. 医院人员次要出入口可作为废弃物出口，但不得作为尸体出口

C. 应留有改建、扩建余地

D. 在门诊部、急诊部附近应设车辆停放场

【答案】B

【说明】参见《综合医院建筑设计规范》GB 51039—2014。

4.2.1 总平面设计应符合下列要求：

1 合理进行功能分区，洁污、医患、人车等流线组织清晰，并应避免院内感染风险；

2 建筑布局紧凑，交通便捷，并应方便管理、减少能耗；

3 应保证住院、手术、功能检查和教学科研等用房的环境安静；

4 病房宜能获得良好朝向；

5 宜留有可发展或改建、扩建的用地；

6 应有完整的绿化规划；

7 对废弃物的处理作出妥善的安排，并应符合有关环境保护法令、法规的规定。

4.2.2 医院出入口不应少于2处，人员出入口不应兼作尸体或废弃物出口。

4.2.3 在门诊、急诊和住院用房等入口附近应设车辆停放场地。

4.2.4 太平间、病理解剖室应设于医院隐蔽处。需设焚烧炉时，应避免风向影响，并

应与主体建筑隔离。尸体运送路线应避免与出入院路线交叉。

14. 对于步行商业街的有关规定，下列哪项有误？（　　）

A. 新建步行商业街应留有不小于4m的宽度供消防车通行

B. 改、扩建的步行商业街宽度应按街内人流量确定

C. 步行商业街长度不宜大于500m

D. 步行商业街上空如设有悬挂物时，净高不应小于4.00m

【答案】B

【说明】参见《商店建筑设计规范》JGJ 48—2014。

3.3.3 步行商业街除应符合现行国家标准《建筑设计防火规范》GB 50016的相关规定外，还应符合下列规定：

1 利用现有街道改造的步行商业街，其街道最窄处不宜小于6m；

2 新建步行商业街应留有宽度不小于4m的消防车通道；

3 车辆限行的步行商业街长度不宜大于500m；

4 当有顶棚的步行商业街上空设有悬挂物时，净高不应小于4.00m，顶棚和悬挂物的材料应符合现行国家标准《建筑设计防火规范》GB 50016的相关规定，且应采取确保安全的构造措施。

15. 关于饮食店布局要求，以下哪项不妥？[2000-08]（　　）

A. 通风良好，但气味、油烟、噪声及废弃物不能影响居民区

B. 严禁建在产生有害物质的工业企业防护带内

C. 应建在群众方便到达之处

D. 三级餐馆及二级食堂均应设小汽车停车场

【答案】D

【说明】参见《饮食建筑设计标准》JGJ 64—2017。

3.0.1 饮食建筑的设计必须符合当地城市规划以及食品安全、环境保护和消防等管理部门的要求。

3.0.2 饮食建筑的选址应严格执行当地环境保护和食品药品安全管理部门对粉尘、有害气体、有害液体、放射性物质和其他扩散性污染源距离要求的相关规定。与其他有碍公共卫生的开敞式污染源的距离不应小于25m。

3.0.3 饮食建筑基地的人流出入口和货流出入口应分开设置。顾客出入口和内部后勤人员出入口宜分开设置。

3.0.4 饮食建筑应采取有效措施防止油烟、气味、噪声及废弃物对邻近建筑物或环境造成污染，并应符合现行行业标准《饮食业环境保护技术规范》HJ 554的相关规定。

第五章　场地竖向设计

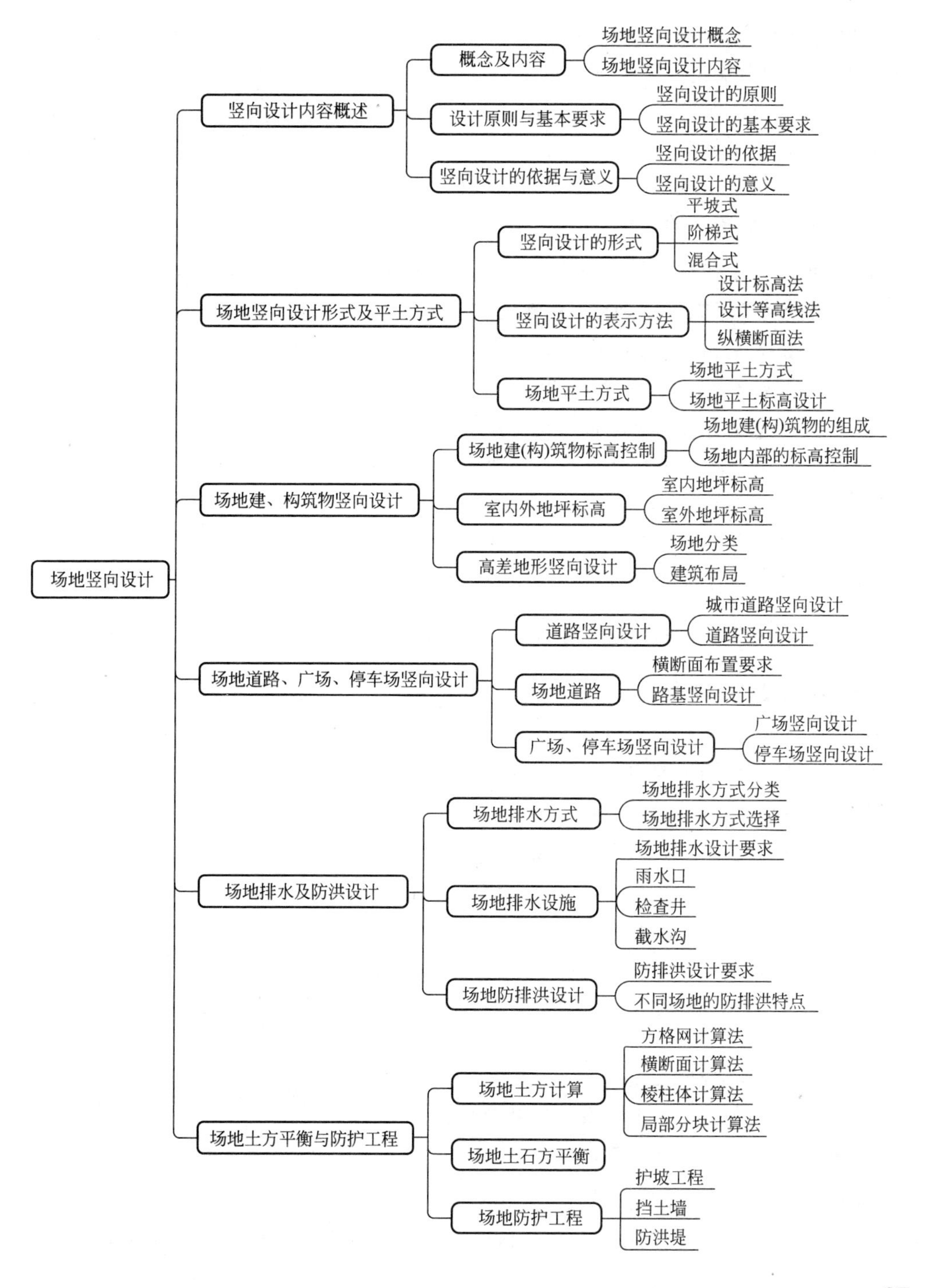
场地竖向设计
竖向设计内容概述
概念及内容
场地竖向设计概念
场地竖向设计内容
设计原则与基本要求
竖向设计的原则
竖向设计的基本要求
竖向设计的依据与意义
竖向设计的依据
竖向设计的意义
场地竖向设计形式及平土方式
竖向设计的形式
平坡式
阶梯式
混合式
竖向设计的表示方法
设计标高法
设计等高线法
纵横断面法
场地平土方式
场地平土方式
场地平土标高设计
场地建、构筑物竖向设计
场地建(构)筑物标高控制
场地建(构)筑物的组成
场地内部的标高控制
室内外地坪标高
室内地坪标高
室外地坪标高
高差地形竖向设计
场地分类
建筑布局
场地道路、广场、停车场竖向设计
道路竖向设计
城市道路竖向设计
道路竖向设计
场地道路
横断面布置要求
路基竖向设计
广场、停车场竖向设计
广场竖向设计
停车场竖向设计
场地排水及防洪设计
场地排水方式
场地排水方式分类
场地排水方式选择
场地排水设施
场地排水设计要求
雨水口
检查井
截水沟
场地防排洪设计
防排洪设计要求
不同场地的防排洪特点
场地土方平衡与防护工程
场地土方计算
方格网计算法
横断面计算法
棱柱体计算法
局部分块计算法
场地土石方平衡
场地防护工程
护坡工程
挡土墙
防洪堤

第一节 竖向设计内容概述

一、竖向设计概念及内容

（一）场地竖向设计概念

场地竖向设计是对自然地形进行合理的利用与改造，使改造后的场地能满足场地建（构）筑物、交通运输、环境景观、排水防灾等对场地和高程的综合要求。竖向设计是场地设计里重要的组成部分，其与规划设计、场地总平面布置密不可分。建设场地的原始地形常常是不规则不平整的，需要选择合理的竖向布置形式，进而确定场地坡度、标高、环境衔接、土方平衡等一系列与竖向相关的条件。

（二）场地竖向设计的内容

场地竖向设计主要从高程上解决问题，因地制宜，使之适合城乡建设的发展需要。

《城乡建设用地竖向规划规范》CJJ 83—2016

1.0.4 城乡建设用地竖向规划应包括下列主要内容：

1 制定利用与改造地形的合理方案；

2 确定城乡建设用地规划地面形式、控制高程及坡度；

3 结合原始地形地貌和自然水系，合理规划排水分区，组织城乡建设用地的排水、土石方工程和防护工程；

4 提出有利于保护和改善城乡生态、低影响开发和环境景观的竖向规划要求；

5 提出城乡建设用地防灾和应急保障的竖向规划要求。

二、竖向设计的原则与基本要求

（一）竖向设计的原则

场地竖向设计应该与总平面图布置同时进行，总图中的各要素必须同时考虑，综合设计。竖向设计的不仅需要整合场地内的标高，同时要协调好场地周边的相关标高。通过多方案的综合比较，选择合理的竖向设计。

《城乡建设用地竖向规划规范》CJJ 83—2016

1.0.3 城乡建设用地竖向规划应遵循下列原则：

1 安全、适用、经济、美观；

2 充分发挥土地潜力，节约集约用地；

3 尊重原始地形地貌，合理利用地形、地质条件，满足城乡各项建设用地的使用要求；

4 减少土石方及防护工程量；

5 保护城乡生态环境、丰富城乡环境景观；

6 保护历史文化遗产和特色风貌。

（二）竖向设计的基本要求

场地竖向设计应满足使用与生产对高程的要求，适应运输和装卸作业对高程的要求，保证场地安全。场地竖向设计应符合地形和工程地质条件，节约土石方工程量。同时要考虑建（构）筑物基础埋设深度要求及适应场地内景观要求。

《城乡建设用地竖向规划规范》CJJ 83—2016

3.0.1 城乡建设用地竖向规划应与城乡建设用地选择及用地布局同时进行，使各项建设在平面上统一和谐、竖向上相互协调；有利于城乡生态环境保护及景观塑造；有利于保护历史文化遗产和特色风貌。

3.0.2 城乡建设用地竖向规划应符合下列规定：

1 低影响开发的要求；

2 城乡道路、交通运输的技术要求和利用道路路面纵坡排除超标雨水的要求；

3 各项工程建设场地及工程管线敷设的高程要求；

4 建筑布置及景观塑造的要求；

5 城市排水防涝、防洪以及安全保护、水土保持的要求；

6 历史文化保护的要求；

7 周边地区的竖向衔接要求。

3.0.3 乡村建设用地竖向规划应有利于风貌特色保护。

3.0.4 城乡建设用地竖向规划在满足各项用地功能要求的条件下，宜避免高填、深挖，减少土石方、建（构）筑物基础、防护工程等的工程量。

3.0.5 城乡建设用地竖向规划应合理选择规划地面形式与规划方法。

3.0.6 城乡建设用地竖向规划对起控制作用的高程不得随意改动。

3.0.7 同一城市的用地竖向规划应采用统一的坐标和高程系统。

三、竖向设计的依据与意义

（一）竖向设计的依据

场地竖向设计需要依据相关基础资料，通过这些设计条件解决一系列与场地高程相关的问题。

首先需要了解建设场地的自然条件，包括了场地地形、水文、地质、土壤、绿植等各种要素。地形为场地地势起伏的状态，根据坡度的不同，从自然地貌宏观划分，地形分为平原（坡度在20°以下的地区）、丘陵（坡度在20°～60°之间的地区）、山地（坡度在60°～100°之间的地区）。

同时，也需要了解场地的工程地质和水文地质资料、道路布置图、场地排水与防洪规划资料、地下工程关系的资料、填土土源及弃土地点等基础资料。

总平面布置图是竖向设计的基础，图上标明了各种与竖向相关的信息。包括场地原始地形、建筑物、构筑物、道路、铁路、排水、防护工程等定位标高与相关尺寸，以及指北针、风玫瑰图、建（构）筑物室内外标高、层数、名称等相关任务信息。

（二）场地竖向设计的意义

场地竖向设计是场地设计的重要组成部分，贯穿于场地设计的全过程。在场地选择时，就要考虑场地的竖向标高，保证场地排水安全及与周边道路衔接关系。在场地设计时，竖向设计和总平面布置需要综合考虑，两者关联密切。

合理的竖向设计能节约用地，减少土方工程量，有利于生产安全、运营管理、建设进度及经济效益。竖向设计制约着场地内的单体建筑设计，包括建筑的平面功能布局、造型朝向、出入口布置、空间效果、室内外高差及交通联系等。

第二节　场地竖向设计形式及平土方式

一、场地竖向设计的形式

根据场地原始地形自然坡度的不同，可以选择不同形式的竖向设计形式。主要有以下三种形式。

（一）平坡式

平坡式是将用地平整处理成一个或者多个有坡向的完整平面，相邻平面之间的连接通过坡度的设计自然衔接。用地自然坡度小于5%时，宜规划为平坡式。平坡式竖向设计形式又分为水平型、斜坡型、组合型的平坡式设计，适用于场地平坦面积不大，建筑密度大的用地。平坡式的布置有利于场地交通的运输路线以及环境的自然美化，但场地土石方量较大且自然排水条件相对较差。

（二）阶梯式

阶梯式是将用地处理成若干个台阶，同时以挡土墙或者陡坡的形式相连接。用地自然坡度大于8%时，宜规划为台阶式。阶梯式竖向设计形式按倾斜的方向可以分为单向降低、由场地中间向边缘降低、由场地边缘向中间降低的阶梯。阶梯式适用于场地宽度相对较小，地势坡度较大，地形变化复杂的场地。阶梯式不利于平面交通的运输路线及平面管线的布置，但能充分利用地形节约土石方量且有利于场地的自然排水。

（三）混合式

混合式为将平坡式及阶梯式竖向设计形式综合运用于建设场地中，能够结合平坡式及阶梯式设计的优点。用地自然坡度为5%～8%时，宜规划为混合式。根据场地内各位置的不同坡度，灵活运用场地竖向设计形式。

《城乡建设用地竖向规划规范》CJJ 83—2016

4 竖向与用地布局及建筑布置

4.0.1 城乡建设用地选择及用地布局应充分考虑竖向规划的要求，并应符合下列规定：

1 城镇中心区用地应选择地质、排水防涝及防洪条件较好且相对平坦和完整的用地，其自然坡度宜小于20%，规划坡度宜小于15%；

2 居住用地宜选择向阳、通风条件好的用地，其自然坡度宜小于25%，规划坡度宜小于25%；

3 工业、物流用地宜选择便于交通组织和生产工艺流程组织的用地，其自然坡度宜小于15%，规划坡度宜小于10%；

4 超过8m的高填方区宜优先用作绿地、广场、运动场等开敞空间；

5 应结合低影响开发的要求进行绿地、低洼地、滨河水系周边空间的生态保护、修复和竖向利用；

6 乡村建设用地宜结合地形，因地制宜，在场地安全的前提下，可选择自然坡度大于25%的用地。

4.0.2 根据城乡建设用地的性质、功能，结合自然地形，规划地面形式可分为平坡式、台阶式和混合式。

4.0.3 用地自然坡度小于5%时，宜规划为平坡式；用地自然坡度大于8%时，宜规划为台阶式；用地自然坡度为5%～8%时，宜规划为混合式。

4.0.4 台阶式和混合式中的台地规划应符合下列规定：

1 台地划分应与建设用地规划布局和总平面布置相协调，应满足使用性质相同的用地或功能联系密切的建（构）筑物布置在同一台地或相邻台地的布局要求；

2 台地的长边宜平行于等高线布置；

3 台地高度、宽度和长度应结合地形并满足使用要求确定。

4.0.5 街区竖向规划应与用地的性质和功能相结合，并应符合下列规定：

1 公共设施用地分台布置时，台地间高差宜与建筑层高接近；

2 居住用地分台布置时，宜采用小台地形式；

3 大型防护工程宜与具有防护功能的专用绿地结合设置。

4.0.6 挡土墙高度大于3m且邻近建筑时，宜与建筑物同时设计，同时施工，确保场地安全。

4.0.7 高度大于2m的挡土墙和护坡，其上缘与建筑物的水平净距不应小于3m，下缘与建筑物的水平净距不应小于2m；高度大于3m的挡土墙与建筑物的水平净距还应满足日照标准要求。

二、场地竖向设计的表示方法

（一）设计标高法

设计标高法是直接用设计标高点来表示场地各控制点的标高，同时用箭头来表示各坡向及排水方向。通过设计标高点可以确定场地内的地形标高、建筑物室外地坪标高、道路控制点标高及坡度、排水沟标高及坡度等设计内容。

设计标高法能够简洁表达场地的竖向关系，制图量较小，容易修改。但整体表达比较粗略，不够直观，当设计标高点标注较少时，容易造成局部高程不够明确。设计标高法适用于对竖向要求不严格的场地，以及场地地势平坦、起伏较小的场地。

（二）设计等高线法

设计等高线法是将场地内设计标高相一致的点相连接形成不同标高的连线以表示场地设计标高的方法。设计等高线类似于地形图的等高线，都是用于表示地面的高低起伏状态。

设计等高线可以直观表达场地内各点的标高，便于检查竖向设计各位置间关系的正确性。整体性强，便于比较设计地形与原始地形间的差异。设计等高线法大量运用于城市建设场地的竖向设计，用于对场地平整要求较高的场地，更多适用于地形变化相对不太复杂的丘陵地区的场地竖向设计。

（三）纵横断面法

纵横断面法适用于地形比较复杂或对竖向设计要求较精确的场地。在总平面图上根据竖向设计要求绘制出方格网，在方格网交点上注明自然地面标高和设计地面标高，并连线形成设计地形和自然地形的断面。沿方格网的横纵轴相应绘制出场地竖向设计的横纵断面，根据设计与自然地形的高差计算场地土方工程量，最后计算确定场地设计标高。

纵横断面法立体直观，便于调整，但工作量较大，比较费时。

三、场地平土方式

（一）场地平土方式

在项目建设施工的初期，需要对场地的现状进行梳理，将场地平整。根据场地地形、工程地质和水文地质条件的不同，以及建（构）筑物布置及交通运输需求，平土方式可分为连续式平土和重点式平土。

1. 连续式平土

连续式平土是将整个场地连续地进行平整处理，形成整个连续的平面，对应的竖向设计形式为平坡式。有利于建（构）筑物的布置及交通运输等，但土方量较大。适用于建（构）筑物密度不大和地势平缓、土方工程量不大的场地。

2. 重点式平土

对场地不同标高的地段进行局部平整，适应原有场地地形，形成不同标高的几个整平面。对应的竖向设计形式为阶梯式，有利于场地自然排水，土方工程量相对较小，但不利于交通运输及管线铺设；适用于地形复杂、土方工程量大的场地，要求建（构）筑物密度较低。

（二）场地平土标高设计

场地平土是竖向设计的前提，场地平土之后的标高是竖向设计的基础。场地平土设计的标高应与所在区域的标高相适应，满足场地内外运输要求。标高应高于地下水位，保证场地排水通畅、满足防洪要求。

确定场地平土标高的方法有断面法、方格网法、最小二乘法、经验估算法等。

第三节　场地建、构筑物竖向设计

一、场地建（构）筑物标高控制

（一）场地建（构）筑物的组成

民用建筑的场地当中建（构）筑物的组成包含了多种类别，有住宅建筑、公共建筑、休憩设施、工程设施、景观小品、场地道路等。工业建筑的场地建（构）筑物的组成包括了主要生产车间、辅助生产车间、仓库及堆场、配套服务建筑、运输设施、动力设施、工程技术管线等。

（二）场地内部的标高控制

建筑场地的控制标高是对场地内建（构）筑物的要素进行竖向设计，对起控制作用的点的标高进行设计控制。控制标高便于协调场地内部之间的标高，连接场地内外的道路，能有效地组织场地排水。

城市道路红线和场地边界可能出现重合、相交、远离、穿行等几种情况，场地道路需要与城市道路衔接，衔接点的标高即为场地道路开口的控制标高。

场地雨水、污水排水口的标高设计也要与城市雨水、污水管道相衔接，衔接口的标高也是场地设计的控制标高。为保证洪水期间场地安全，场地雨水、污水排水口的标高设计应高于计算洪水位 0.5m 以上。

二、室内外地坪标高

（一）室内地坪标高

根据建筑物的使用功能，保证其安全、舒适性，合理设计建筑物室内地坪标高。一般情况下，为了防雨及防潮，建筑物室内地坪标高应高于室外场地设计标高不少于 0.15m。当场地较为复杂、建筑空间较大时，为了平衡基础土方工程量，可采用不同的室内地坪标高，高差不能小于两个台阶的高度。同时要满足无障碍设计要求，合理设置坡道或无障碍电梯。

（二）室外地坪标高

可通过场地设计整体设计标高及建筑物室内标高设计确定建筑物室外地坪标高。室外地坪标高设计以方便衔接建筑室内外标高及平衡土方工程量为原则。根据建筑物周围场地的标高情况，当场地比较平坦时，室外地坪可采用相同标高。当场地有坡度或高差时，室外地坪可适应建筑物周边地面采用不同的标高。

室外地坪的标高应保证场地的雨水能顺利排出，建筑可通过室外广场、引道、回车场等过渡处理方式与场地道路连接。需要协调处理好场地内部建筑物、构筑物、道路、绿化等要素的标高设计，保证场地整体的合理性。

三、高差地形竖向设计

（一）场地分类

在我国，山地类型的面积占整个陆地面积约三分之二，常常在建筑设计上要面临较大高差地形的处理。如何结合地形设计合理布置建筑显得尤为重要。常见的山地类型有场地中间局部凸起的山堡形、场地中间条状凸起的山冈形、端部凸起另外三面下坡的山嘴行、两侧高中间低的夹谷形、四面高中间低的盆地形等。

根据坡度的大小不同分为：平坡地（坡度小于 3%）、缓坡地（坡度大于 3%～10%）、中坡地（坡度大于 10%～25%）、陡坡地（坡度大于 25%～50%）、急坡地（坡度大于 50%～100%）、悬坡地（坡度大于 100%）。其中平坡地和缓坡地场地较为平坦，建筑布置不受限制。中坡地和陡坡地场地有较大高差，建筑布置受到一定限制。急坡地和悬坡地场地高差过大，不适合作为建设场地，若作为建设场地，建（构）筑物的布置需做特殊处理。

（二）建筑布局

场地中的建筑布局需要综合考虑日照、通风、交通、管线等设计要素。在有较大高差的场地中，建筑应结合地形灵活布局，在条件许可情况下尽量集中设置，以缩短道路及管线长度，同时可节约用地。

面对有高差的场地，建筑设计有多种空间处理方法与地形有机结合，解决地形矛盾的同时尽量节约土石方工程量。首先，可通过填挖土石方创造一个平整的基座，不影响建筑上部的竖向处理。其次，结合地形高差，合理安排建筑出入口在不同的楼层。同时，通过建筑内部空间的灵活处理提高其与场地的结合程度，如通高、错层、跃层、掉层等空间形式。最后，通过缩小建筑的基地面积，减少建筑与复杂场地的接触面积，可节省土方工程量，如架空、悬挑、附岩等几种处理方式。

《民用建筑设计统一标准》GB 50352—2019

5.3 竖向

5.3.1 建筑基地场地设计应符合下列规定：

1 当基地自然坡度小于5%时，宜采用平坡式布置方式；当大于8%时，宜采用台阶式布置方式，台地连接处应设挡墙或护坡；基地临近挡墙或护坡的地段，宜设置排水沟，且坡向排水沟的地面坡度不应小于1%。

2 基地地面坡度不宜小于0.2%；当坡度小于0.2%时，宜采用多坡向或特殊措施排水。

3 场地设计标高不应低于城市的设计防洪、防涝水位标高；沿江、河、湖、海岸或受洪水、潮水泛滥威胁的地区，除设有可靠防洪堤、坝的城市、街区外，场地设计标高不应低于设计洪水位0.5m，否则应采取相应的防洪措施；有内涝威胁的用地应采取可靠的防、排内涝水措施，否则其场地设计标高不应低于内涝水位0.5m。

4 当基地外围有较大汇水汇入或穿越基地时，宜设置边沟或排（截）洪沟，有组织进行地面排水。

5 场地设计标高宜比周边城市市政道路的最低路段标高高0.2m以上；当市政道路标高高于基地标高的时候，应有防止雨水进入基地的措施。

6 场地设计标高应高于多年最高地下水位。

7 面积较大或地形较复杂的基地，建筑布局应合理利用地形，减少土石方工程量，并使基地内填挖方量接近平衡。

第四节　场地道路、广场、停车场竖向设计

一、道路竖向设计

（一）城市道路竖向设计

城市道路的竖向设计受城市多方面因素的限制，如沿街建筑物的室内外地坪标高、桥梁标高、铁路标高、城市河流最高水位等。城市道路的控制点标高对场地竖向设计有较大的影响。按道路在城市交通中的功能定位，可将城市道路分为四类：快速路、主干路、次

干路、支路。

城市道路纵断面设计应参照城市规划控制标高，保证沿路地面雨水排除及行车安全与舒适。纵断面设计应综合考虑工程地质、地形管线、水文气象等要求。城市道路应与周边道路、街坊、广场和沿街建筑物的出入口有合理的衔接。

（二）场地道路竖向设计

场地道路竖向设计的重点在于道路平面交叉口的竖向设计，其与道路等级、断面形式、纵坡方向、坡度大小、地形排水、周边建筑等都有关系。道路平面交叉口的基本形式有X形、T形、Y形、十字形等。

道路平面交叉口竖向设计当同等级路相交时，纵坡一般不变，横坡可变；当主次干道相交时，主干道纵横坡一般不变，次干道纵横坡可适度改变。道路交叉口设计纵坡不宜过大，设计标高应与周边建（构）筑物室内外地坪标高相协调。设计要满足场地排水要求，当采用地下排水管道时，应在交叉口处合理布置雨水口。

《民用建筑设计统一标准》GB 50352—2019

5.3.2 建筑基地内道路设计坡度应符合下列规定：

1 基地内机动车道的纵坡不应小于0.3%。且不应大于8%。当采用8%坡度时，其坡长不应大于200.0m。当遇特殊困难纵坡小于0.3%时，应采取有效的排水措施；个别特殊路段，坡度不应大于11%，其坡长不应大于100.0m，在积雪或冰冻地区不应大于6%，其坡长不应大于350.0m；横坡宜为1%～2%。

2 基地内非机动车道的纵坡不应小于0.2%，最大纵坡不宜大于2.5%；困难时不应大于3.5%，当采用3.5%坡度时，其坡长不应大于150.0m；横坡宜为1%～2%。

3 基地内步行道的纵坡不应小于0.2%，且不应大于8%，积雪或冰冻地区不应大于4%；横坡应为1%～2%；当大于极限坡度时，应设置为台阶步道。

4 基地内人流活动的主要地段，应设置无障碍通道。

5 位于山地和丘陵地区的基地道路设计纵坡可适当放宽，且应符合地方相关标准的规定，或经当地相关管理部门的批准。

《城市居住区规划设计标准》GB 50180—2018

6.0.4 居住街坊内附属道路的规划设计应满足消防、救护、搬家等车辆的通达要求，并应符合下列规定：

3 最小纵坡不应小于0.3%，最大纵坡应符合表6.0.4的规定；机动车与非机动车混行的道路，其纵坡宜按照或分段按照非机动车道要求进行设计。

附属道路最大纵坡控制指标/%　　表6.0.4

道路类别及其控制内容	一般地区	积雪或冰冻地区
机动车道	8.0	6.0
非机动车道	3.0	2.0
步行道	8.0	4.0

二、场地道路横断面、路基竖向设计

（一）场地道路横断面竖向设计

道路横断面的设计应合理利用地形，减少工程土方量。首先要保证交通顺畅及人、车的基本通行安全。其次，设计应该紧凑，能快速排除场地的积水。最后，道路横断面布置应尽量减少对周边环境的影响，可利用道路两侧的空地设置绿化。可根据道路纵断面的设计确定路基高度、路基宽度、边坡坡度和边沟尺寸等，进而绘制路基的外轮廓线。

（二）场地道路路基竖向设计

路基是经过开挖或填筑形成的路面基础，用于承受交通工具及路面结构层的重量。路基结构形式较为简单，工程量大且集中，需要有足够的强度及稳定度。路基的断面形式包括填方路基、挖方路基、半填半挖路基。路基的设计标高通常以路基边缘为准，路肩边缘应高出计算水位 0.5m 以上。

路基边坡分为路堤边坡和路堑边坡，有直线形、折线形、台阶形几种形式。路基排水可根据场地情况采用边沟、截水沟、排水沟、渗沟等路基排水措施。

《城乡建设用地竖向规划规范》CJJ 83—2016

5.0.1 道路竖向规划应符合下列规定：

1 与道路两侧建设用地的竖向规划相结合，有利于道路两侧建设用地的排水及出入口交通联系，并满足保护自然地貌及塑造城市景观的要求；

2 与道路的平面规划进行协调；

3 结合用地中的控制高程、沿线地形地物、地下管线、地质和水文条件等作综合考虑；

4 道路跨越江河、湖泊或明渠时，道路竖向规划应满足通航、防洪净高要求；道路与道路、轨道及其他设施立体交叉时，应满足相关净高要求；

5 应符合步行、自行车及无障碍设计的规定。

5.0.2 道路规划纵坡和横坡的确定，应符合下列规定：

1 城镇道路机动车车行道规划纵坡应符合表 5.0.2-1 的规定；山区城镇道路和其他特殊性质道路，经技术经济论证，最大纵坡可适当增加；积雪或冰冻地区快速路最大纵坡不应超过 3.5%，其他等级道路最大纵坡不应大于 6.0%。内涝高风险区域，应考虑排除超标雨水的需求。

城镇道路机动车车行道规划纵坡　　表 5.0.2-1

道路类别	设计速度/(km/h)	最小纵坡/%	最大纵坡/%
快速路	60～100	0.3	4～6
主干路	40～60		6～7
次干路	30～50		6～8
支(街坊)路	20～40		7～8

2 村庄道路纵坡应符合现行国家标准《村庄整治技术规范》GB 50445 的规定。

3 非机动车车行道规划纵坡宜小于 2.5%。大于或等于 2.5%时，应按表 5.0.2-2 的规定限制坡长。机动车与非机动车混行道路，其纵坡应按非机动车车行道的纵坡取值。

非机动车车行道规划纵坡与限制坡长/m　　表 5.0.2-2

坡度/%　限制坡长/m　车种	自行车	三轮车
3.5	150	—
3.0	200	100
2.5	300	150

4 道路的横坡宜为 1%～2%。

三、广场、停车场竖向设计

（一）广场竖向设计

广场也属于场地的一部分，其竖向设计要求也基本与道路相同，除了需要解决广场与道路衔接、管线综合处理、场地内排水外，也需要协调周边建筑物室外空间的需求。广场竖向设计应按规划确定的功能性质结合地形、坡度、轮廓、交通、环境等综合处理。

广场的竖向设计应与场地的总平面布置图相结合，广场的地面铺设材料应该防滑、美观、易清洁，且应适度吸水。在大型广场设计中，由于横坡较大，若只在两端排水，容易造成广场中间与两端高差偏大。所以应在广场上每隔一定的距离范围内设置排水沟，利于均匀排水也能解决广场高差较大问题。

（二）停车场竖向设计

停车场的竖向设计应在方便停车的同时利于排水。停车带之间或几个停车位之间宜种植一些树木，可遮阳形成阴影，避免车辆曝晒，同时增添绿化效果。停车带地面材料宜采用植草砖，能适度吸水且有绿化效果，横坡宜取 2%。停车位之间通道宜采用双面坡，横坡宜取 1%～2%。

在一般情况下，雨水口处的立缘石高度宜为 180～200mm，分水点处的立缘石高度宜为 100～120mm，在有车辆进出的通道处立缘石高度宜为 20mm。若考虑无障碍停车位设计，则通道处的立缘石高度宜为 10mm。

《城乡建设用地竖向规划规范》CJJ 83—2016

5.0.3 广场竖向规划除满足自身功能要求外，尚应与相邻道路和建筑物相协调。广场规划坡度宜为 0.3%～3%。地形困难时，可建成阶梯式广场。

5.0.4 步行系统中需要设置人行梯道时，竖向规划应满足建设完善的步行系统的要求，并应符合下列规定：

1 人行梯道按其功能和规模可分为三级：一级梯道为交通枢纽地段的梯道和城镇景观性梯道；二级梯道为连接小区间步行交通的梯道；三级梯道为连接组团间步行交通或人户的梯道；

2 梯道宜设休息平台，每个梯段踏步不应超过 18 级，踏步最大步高宜为 0.15m；二、三级梯道连续升高超过 5.0m 时，除设置休息平台外，还宜设置转向平台，且转向平台的深度不应小于梯道宽度；

3 各级梯道的规划指标宜符合表 5.0.4 的规定。

梯道的规划指标表　　表 5.0.4

规划指标 项目 / 级别	宽度/m	坡度/%	休息平台深度/m
一	≥10.0	≤25	≥2.0
二	≥4.0，<10.0	≤30	≥1.5
三	≥2.0，<4.0	≤35	≥1.5

第五节　场地排水及防洪设计

一、场地排水方式

（一）场地排水方式分类

为了保证场地的适用及安全，应该合理地排除场地内的雨水。根据不同的具体情况，场地排水可分为自然排水、明沟排水和暗管排水三种方式。

自然排水为场地内不设置排水设置，通过地形自然找坡、地质雨水下渗等将雨水排除。明沟排水为在场地内设置室外可见的凹槽排水，排水明沟还包括路面排水槽、截水天沟、散水明沟等。暗管排水为场地内设置被地面覆盖的管道排水，包括下水管道、雨水井、检修井等。

（二）场地排水方式选择

场地雨水的排除方式应根据场地内建筑布局、工程地质、气候环境、地形状况等因素合理选择。可选择单一的排水方式，也可以综合选择多种排水方式，形成完整的排水系统。

自然排水适用于自然地形坡度较大、地质渗水性较强、降雨量较小的地区，且场地人员较少，允许有少量短暂的积水。明沟排水外露易于安装检修，所以适用于多泥沙等易堵塞或不便于埋设暗管的场地，场地需要有适合明沟排水的坡度。暗管排水适用于地形平缓、地下水位较大、不宜采用明沟排水的地段，暗管排水不影响场地环境的美观。

《民用建筑设计统一标准》GB 50352—2019

5.3.3 建筑基地地面排水应符合下列规定：

1 基地内应有排除地面及路面雨水至城市排水系统的措施，排水方式应根据城市规划的要求确定。有条件的地区应充分利用场地空间设置绿色雨水设施，采取雨水回收利用措施。

2 当采用车行道排泄地面雨水时，雨水口形式及数量应根据汇水面积、流量、道路纵坡等确定。

3 单侧排水的道路及低洼易积水的地段，应采取排雨水时不影响交通和路面清洁的措施。

5.3.4 下沉庭院周边和车库坡道出入口处，应设置截水沟。

5.3.5 建筑物底层出入口处应采取措施防止室外地面雨水回流。

《城乡建设用地竖向规划规范》CJJ 83—2016

6 竖向与排水

6.0.1 城乡建设用地竖向规划应结合地形、地质、水文条件及降水量等因素，并与排水防涝、城市防洪规划及水系规划相协调；依据风险评估的结论选择合理的场地排水方式及排水方向，重视与低影响开发设施和超标径流雨水排放设施相结合，并与竖向总体方案相适应。

6.0.2 城乡建设用地竖向规划应符合下列规定：

1 满足地面排水的规划要求；地面自然排水坡度不宜小于0.3%；小于0.3%时应采用多坡向或特殊措施排水；

2 除用于雨水调蓄的下凹式绿地和滞水区等之外，建设用地的规划高程宜比周边道路的最低路段的地面高程或地面雨水收集点高出0.2m以上，小于0.2m时应有排水安全保障措施或雨水滞蓄利用方案。

6.0.3 当建设用地采用地下管网有组织排水时，场地高程应有利于组织重力流排水。

6.0.4 当城乡建设用地外围有较大汇水汇入或穿越时，宜用截、滞、蓄等相关设施组织用地外围的地面汇水。

6.0.5 乡村建设用地排水宜结合建筑散水、道路生态边沟、自然水系等自然排水设施组织场地内的雨水排放。

6.0.6 冰雪冻融地区的用地竖向规划宜考虑冰雪解冻时对城乡建设用地可能产生的威胁与影响。

二、场地排水设施

（一）场地排水设计要求

场地排水设计首先要有可靠的基础资料，包括场地现状地形图、工程地质及水文地质资料、场地总平面图等。其次，需要了解场地内外的排水情况。对于场地外，需要了解所在地区雨水冲刷和水土流失的情况，场地外的雨水是否有可能排入场地内。对于场地内，需要了解雨水口排除的流向、水体的正常和最高水位、雨水排除对周边环境的影响等。最后，场地设计的整体坡度要尽量保证场地内雨水能尽快排除。

（二）雨水口

雨水口是用于收集雨水的构筑物，场地内的雨水先进入雨水口再进入相应的排水管道。雨水口应根据道路的坡度、降雨量、周边地形、建筑布局等因素布置，保证场地内雨水快速排除。

雨水口应位于场地低洼处、汇水点等集水方便的地方。雨水口的间距宜为20～50m，当道路纵坡大于2%时，雨水口的间距可大于50m。一般情况下，每个雨水口的汇水面积约为3000～5000m²。

（三）检查井

检查井设置在管道系统上，便于对管道进行检查和疏通。检查井的位置应设置在容易堵塞及经常需要检查的地方，如管道转弯处、断面改变处、高程改变处、交汇处等。在直线管段上每隔一定距离也需要布置检查井。

（四）截水沟

在坡度较大的地方应在场地上方设置截水沟，可截引坡顶上方的地面径流，并在坡脚设置排水沟。沟中心与坡顶一般有不小于5m的安全距离。当土质良好、边坡不高或沟内有铺砌加固时，安全距离可小于5m，但应大于2.5m。安全距离也不宜过远，否则中间积水容易增加，影响场地。

三、场地防排洪设计

（一）防排洪设计要求

防排洪设计是场地设计的重要组成部分，通常有以下两种措施：一是通过种植绿化减少径流进行水土保持，二是修建防洪工程将洪水引入天然水体或水库。

防排洪设计需结合当地的防排洪经验，应对场地所在地区的规划设计、自然现状及汇水面积等进行调查研究。设计上因地制宜、节约用地，保证防排洪安全性的同时减少建设工程量。防排洪工程少占或不占农田，且应与所在地区农田水利化措施相结合，促进农业发展。对于山区的场地应充分了解山区洪水的特点。

排洪沟一般采用明沟且尽量减少拐弯，便于施工及维护，更能保证洪水的宣泄通畅。排洪沟的位置尽可能在地质稳定及地形相对平缓的场地内，尽可能利用原有沟渠修整，减少工程量。排洪沟应结合地形布置，尽量不穿过建设场地，分散排水有利于减弱水流，比集中排水更有利。

（二）不同场地的防排洪特点

1. 沿海岸场地

海面的潮水冲击对沿海岸场地有很大的破坏力，特别是天文潮与风暴潮。沿海岸场地防排洪设计要研究不同潮水暴涨增高水位的最不利组合，以此确定场地设计标高，保证场地不受洪水侵害。

2. 江、河、湖、泊沿岸场地

不同于海水，江、河、湖、泊洪水的特点是洪水上涨速度慢，水量大，历时长。沿岸城市一般会有基础防洪措施，确保场地内不受洪水侵害。需要了解洪水多发日期及持续时间，及所在地区相应的防排洪工程规划措施。若没有堤防设施，场地设计地面标高应高于洪水最高水位0.5m以上，以保证场地防排洪安全。

3. 山区的场地

山区的场地地形坡度大，山洪流速快，流域面积大，且伴随沙石，对场地破坏力强。建筑的布置要充分考虑自然冲沟的影响，场地排水应结合排洪沟设计，必要时在场地外围山坡上设置截洪沟，防止山体滑坡、泥石流等地质灾害发生，保证建（构）筑物的安全。

《城乡建设用地竖向规划规范》CJJ 83—2016

7 竖向与防灾

7.0.1 城乡建设用地竖向规划应满足城乡综合防灾减灾的要求。

7.0.2 城乡建设用地防洪（潮）应符合下列规定：

1 应符合现行国家标准《防洪标准》GB 50201 的规定；

2 建设用地外围设防洪（潮）堤时，其用地高程应按排涝控制高程加安全超高确定；建设用地外围不设防洪（潮）堤时，其用地地面高程应按设防标准的规定所推算的洪（潮）水位加安全超高确定。

7.0.3 有内涝威胁的城乡建设用地应结合风险评估采取适宜的排水防涝措施。

7.0.4 城乡建设用地竖向规划应控制和避免次生地质灾害的发生；减少对原地形地貌、地表植被、水系的扰动和损毁；严禁在地质灾害高、中易发区进行深挖高填。

7.0.5 城乡防灾设施、基础设施、重要公共设施等用地竖向规划应符合设防标准，并应满足紧急救灾的要求。

7.0.6 重大危险源、次生灾害高危险区及其影响范围的竖向规划应满足灾害蔓延的防护要求。

第六节　场地土方平衡与防护工程

一、场地土方计算

土方工程量指土壤或者岩石的体积，包括场地平整的土方工程量和建（构）筑物基础等余土工程量。设计中常用的场地土方计算方法有方格网法、横断面法、整体计算法和局部分块法等。

（一）方格网计算法

方格网计算法是将场地划分成若干个方块来计算土体的体积，适用于平坦的场地。其精确度较高，应用广泛。计算步骤包括：1. 布置方格网，2. 求自然地面标高和设计地面标高，3. 计算施工高度，4. 找出零点与零线，5. 计算土方量。

（二）横断面计算法

横断面计算法是根据总平面图在平土控制线上垂直划出若干个断面，分别计算每个断面的挖填方面积，进而求出土方体积。横断面法计算简单，适用于自然地形起伏变化较大、复杂的坡地场地。计算步骤包括：1. 确定平土控制线位置，2. 确定横断面位置，3. 绘制横断面图，4. 计算各个断面的挖填土方面积，5. 计算挖填土方体积。

（三）棱柱体计算法

棱柱体计算法包括三角棱柱体法、四方棱柱体法。分别是在方格网上，根据各角点施工高度填、挖不同，将方格划分成三角形或者正方形，分块进行土方计算。

（四）局部分块计算法

局部分块计算法适用于地形变化较大的坡地，将场地标高较为一致的地段划为一个平土区，计算每个平土区面积，乘以施工高度得出各平土区填挖方量，最终各区累加得到整体场地土方量。

二、场地土石方平衡

在场地平整中，土石方工程量、挖填机械及运输车辆是影响工程成本的主要部分。土石方平衡是合理改造和利用地形调配土石方，使场地内挖土量和填土量基本保持一致，确定取土及弃土场地的工作。在场地竖向布置中，应结合地形特点和施工技术条件，合理确定建筑物、构筑物、道路等标高，尽量少填挖土石方，保证土石方工程量最小。这能加快施工进度和节省工程费用。

对于场地的平整，一般有三种方法，即挖填土方量平衡法、垂直截面平衡法和最小二乘法。土石方平衡标准为挖填方量除以土石方工程量。在不同地区有不同的平衡标准指标，平原地区为5%～10%，浅、中丘地区为7%～15%，深丘、高山地区为10%～20%。

三、场地防护工程

（一）护坡工程

在场地设计中，需要根据总图要求、地质条件、工程造价等因素综合考虑、选择边坡的防护和加固措施。护坡可分为土质护坡、石质护坡、植物护坡和砌筑护坡等。城市中的护坡多数采用砌筑护坡。砌筑护坡强度较高，指采用混凝土、干砌石、浆砌石等护坡。土质护坡强度不高，宜慎用。

（二）挡土墙

挡土墙是用来支撑天然边坡或人工填土边坡以保持土体稳定性的构造。挡土墙设置要求边坡稳定，经济合理。挡土墙的分类方法较多，按照墙的位置划分，挡土墙可分为路肩墙、路堤墙、路堑墙和山坡墙等类型。按照挡土墙的结构特点划分，挡土墙可分为重力式、悬臂式、扶壁式、锚杆式、加筋式、板桩等形式。

（三）防洪堤

防洪堤是为了防止河水泛滥而建造的堤坝。当沿水岸场地标高低于洪水位标高，不便采用填土提高场地标高时，可建设防洪堤。防洪堤应布置在土质较稳定的场地，尽可能避开软弱地基、低凹及强透水层地带。防洪堤的设计需要研究地质、水文、气象、地貌、降雨等相关基础资料，确定设计洪水位和洪水频率。当水流速度大于允许流速时，堤岸应采取防护措施，包括片石砌筑加固、草皮护坡、抛石加固、石床防护等。

《城乡建设用地竖向规划规范》CJJ 83—2016

8 土石方与防护工程

8.0.1 竖向规划中的土石方与防护工程应遵循满足用地使用要求、节省土石方和防护工程量的原则进行多方案比较，合理确定。

8.0.2 土石方工程包括用地的场地平整、道路及室外工程等的土石方估算与平衡。土石方平衡应遵循“就近合理平衡”的原则，根据规划建设时序，分工程或分地段充分利用周围有利的取土和弃土条件进行平衡。

8.0.3 街区用地的防护应与其外围道路工程的防护相结合。

8.0.4 台阶式用地的台地之间宜采用护坡或挡土墙连接。相邻台地间高差大于0.7m时，宜在挡土墙墙顶或坡比值大于0.5的护坡顶设置安全防护设施。

8.0.5 相邻台地间的高差宜为1.5m～3.0m，台地间宜采取护坡连接，土质护坡的坡比值不应大于0.67，砌筑型护坡的坡比值宜为0.67～1.0；相邻台地间的高差大于或等于3.0m时，宜采取挡土墙结合放坡方式处理，挡土墙高度不宜高于6m；人口密度大、工程地质条件差、降雨量多的地区，不宜采用土质护坡。

8.0.6 在建（构）筑物密集、用地紧张区域及有装卸作业要求的台地应采用挡土墙防护。

8.0.7 城乡建设用地不宜规划高挡土墙与超高挡土墙。建设场地内需设置超高挡土墙时，必须进行专门技术论证与设计。

8.0.8 村庄用地内的防护工程宜采用种植绿化护坡，减少使用挡土墙。

8.0.9 在地形复杂的地区，应避免大挖高填；岩质建筑边坡宜低于30m，土质建筑边坡宜低于15m。超过15m的土质边坡应分级放坡，不同级之间边坡平台宽度不应小于2m。建筑边坡的防护工程设置应符合国家现行有关标准的规定。

参考、引用资料：

① 2021全国一级注册建筑师资格考试历年真题解析与模拟试卷《设计前期与场地设计》（赵峰编著，中国电力出版社）

② 2021一级注册建筑师考试教材《设计前期场地与建筑设计（知识）（第十五版）》（曹纬浚主编，中国建筑工业出版社）

③《场地竖向设计》（雷明编著，中国建筑工业出版社）

④《民用建筑场地设计》（赵晓光、党春红主编，中国建筑工业出版社）

⑤《建筑学场地设计（第四版）》（闫寒著，中国建筑工业出版社）

⑥《城乡建设用地竖向规划规范》CJJ 83—2016（中国建筑工业出版社）

⑦《城市居住区规划设计标准》GB 50180—2018（中国建筑工业出版社）

⑧《民用建筑设计统一标准》GB 50352—2019（中国建筑工业出版社）

模拟题

1. 车行道纵坡个别路段可大于11%，但其长度不应超过下列何值？（　　）

A. 50m　　　　B. 长度不限

C. 30m　　　　D. 100m

【答案】D

【说明】参见《民用建筑设计统一标准》GB 50352—2019。

5.3.2 建筑基地内道路设计坡度应符合下列规定：

1. 基地内机动车道的纵坡不应小于0.3%，且不应大于8%，当采用8%坡度时，其坡长不应大于200.0m。当遇特殊困难纵坡小于0.3%时，应采取有效的排水措施；个别特殊路段，坡度不应大于11%，其坡长不应大于100.0m，在积雪或冰冻地区不应大于6%，其坡长不应大于350.0m；横坡宜为1%～2%。

2. 居住区的自然地形坡度大于何值时，其地面连接形式宜选用台地，台地之间用挡土墙或护坡连接？（　　）

A. 6%　　B. 8%

C. 10%　　D. 12%

【答案】B

【说明】参见《民用建筑设计统一标准》GB 50352—2019。

5.3.1 建筑基地场地设计应符合下列规定：

1 当基地自然坡度小于5%时，宜采用平坡式布置方式；当大于8%时，宜采用台阶式布置方式，台地连接处应设挡墙或护坡；基地临近挡墙或护坡的地段，宜设置排水沟，且坡向排水沟的地面坡度不应小于1%。

3. 当场地地面排水坡度小于0.3%时，宜采用的排水措施应为（　　）。

A. 单坡向排水　　B. 反坎向排水

C. 定坡向排水　　D. 多坡向排水

【答案】D

【说明】参见《城乡建设用地竖向规划规范》CJJ 83—2016。

6.0.2 城乡建设用地竖向规划应符合下列规定：

1 满足地面排水的规划要求；地面自然排水坡度不宜小于0.3%；小于0.3%时应采用多坡向或特殊措施排水。

4. 关于居住区内机动车与非机动车混行的道路坡度，在非多雪严寒地区，其纵坡的最大限值是（　　）。

A. 1%　　B. 3%

C. 5%　　D. 8%

【答案】B

【说明】参见《城市居住区规划设计标准》GB 50180—2018。

6.0.4 居住街坊内附属道路的规划设计应满足消防、救护、搬家等车辆的通达要求，并应符合下列规定：

3 最小纵坡不应小于0.3%，最大纵坡应符合表6.0.4的规定；机动车与非机动车混行的道路，其纵坡宜按照或分段按照非机动车道要求进行设计。

附属道路最大纵坡控制指标/%　　**表6.0.4**

道路类别及其控制内容	一般地区	积雪或冰冻地区
机动车道	8.0	6.0
非机动车道	3.0	2.0
步行道	8.0	4.0

5. 下列车行道纵坡最小值中，哪项是正确的？（　　）

A. 1.0%　　B. 0.5%

C. 0.3%　　D. 0.2%

【答案】C

【说明】参见《城乡建设用地竖向规划规范》CJJ 83—2016。

5.0.2 道路规划纵坡和横坡的确定，应符合下列规定：

1 城镇道路机动车车行道规划纵坡应符合表 5.0.2-1 的规定；山区城镇道路和其他特殊性质道路，经技术经济论证，最大纵坡可适当增加；积雪或冰冻地区快速路最大纵坡不应超过 3.5%，其他等级道路最大纵坡不应大于 6.0%。内涝高风险区域，应考虑排除超标雨水的需求。

城镇道路机动车车行道规划纵坡　　表 5.0.2-1

道路类别	设计速度/(km/h)	最小纵坡/%	最大纵坡/%
快速路	60～100	0.3	4～6
主干路	40～60		6～7
次干路	30～50		6～8
支(街坊)路	20～40		7～8

6. 下列关于城市用地选择及用地布局应考虑竖向规划要求的说法中，错误的是（　　）。

A. 城市中心区用地应选择地质及防洪排涝条件较好且相对平坦和完整的用地，自然坡度应小于 15%

B. 居住用地应选择向阳、通风条件好的用地，自然坡度应小于 30%

C. 工业、仓储用地宜选择便于交通组织和生产工艺流程组织的用地，自然坡度宜小于 15%

D. 城市开敞空间用地宜利用挖方较大的区域

【答案】D

【说明】参见《城乡建设用地竖向规划规范》CJJ 83—2016。

4.0.1 城乡建设用地选择及用地布局应充分考虑竖向规划的要求，并应符合下列规定：

1 城镇中心区用地应选择地质、排水防涝及防洪条件较好且相对平坦和完整的用地，其自然坡度宜小于 20%，规划坡度宜小于 15%；

2 居住用地宜选择向阳、通风条件好的用地，其自然坡度宜小于 25%，规划坡度宜小于 25%；

3 工业、物流用地宜选择便于交通组织和生产工艺流程组织的用地，其自然坡度宜小于 15%，规划坡度宜小于 10%；

4 超过 8m 的高填方区宜优先用作绿地、广场、运动场等开敞空间；

5 应结合低影响开发的要求进行绿地、低洼地、滨河水系周边空间的生态保护、修复和竖向利用；

6 乡村建设用地宜结合地形，因地制宜，在场地安全的前提下，可选择自然坡度大于 25%的用地。

7. 在进行场地竖向设计时，下面哪种概念是错误的？（　　）

A. 自然地形坡度大时宜采用台阶式

B. 自然地形坡度小时宜采用平坡式

C. 根据使用要求和地形特点可采用混合式

D. 选择台阶式或平坡式可根据情况确定，无明确规定

【答案】D

【说明】参见《城乡建设用地竖向规划规范》CJJ 83—2016。

4.0.2 根据城乡建设用地的性质、功能，结合自然地形，规划地面形式可分为平坡式、台阶式和混合式。

4.0.3 用地自然坡度小于5%时，宜规划为平坡式；用地自然坡度大于8%时，宜规划为台阶式；用地自然坡度为5%～8%时，宜规划为混合式。

8. 城市用地竖向规划根据规划设计各阶段的要求，应包括下列哪些内容？（　　）

Ⅰ. 制订利用和改造地形的方案

Ⅱ. 确定用地坡度、控制点标高、规划地面形式及场地高程

Ⅲ. 制订充分发挥土地潜力、节约用地的措施

Ⅳ. 合理组织城市土石方工程和防护工程

Ⅴ. 提出有利于保护和改善城市环境景观的规划要求

A. Ⅰ＋Ⅱ＋Ⅲ＋Ⅳ　　B. Ⅰ＋Ⅱ＋Ⅳ

C. Ⅰ＋Ⅱ＋Ⅲ＋Ⅳ＋Ⅴ　　D. Ⅰ＋Ⅱ＋Ⅳ＋Ⅴ

【答案】D

【说明】参见《城乡建设用地竖向规划规范》CJJ 83—2016。

1.0.4 城乡建设用地竖向规划应包括下列主要内容：

1 制定利用与改造地形的合理方案；

2 确定城乡建设用地规划地面形式、控制高程及坡度；

3 结合原始地形地貌和自然水系，合理规划排水分区，组织城乡建设用地的排水、土石方工程和防护工程；

4 提出有利于保护和改善城乡生态、低影响开发和环境景观的竖向规划要求；

5 提出城乡建设用地防灾和应急保障的竖向规划要求。

9. 建筑基地的高程应根据下列哪项确定？（　　）

A. 相邻的城市道路高程　　B. 基地现状的高程

C. 建设单位的要求　　D. 城市规划确定的控制高程

【答案】D

【说明】参见《民用建筑设计统一标准》GB 50352—2019。

4.2.2 建筑基地地面高程应符合下列规定：

1 应依据详细规划确定的控制标高进行设计；

2 应与相邻基地标高相协调，不得妨碍相邻基地的雨水排放；

3 应兼顾场地雨水的收集与排放，有利于滞蓄雨水、减少径流外排，并应有利于超标雨水的自然排放。

10. 下列有关场地台地处理的叙述，错误的是（　　）。

A. 居住用地分台布置时，宜采用小台地形式

B. 公共设施用地分台布置时，台地间高差宜与建筑层高成倍数关系

C. 台地的短边应平行于等高线布置

D. 台地的高度宜为1.5～3.0m

【答案】C

【说明】参见《城乡建设用地竖向规划规范》CJJ 83—2016。

4.0.4 台阶式和混合式中的台地规划应符合下列规定：

1 台地划分应与建设用地规划布局和总平面布置相协调，应满足使用性质相同的用地或功能联系密切的建（构）筑物布置在同一台地或相邻台地的布局要求；

2 台地的长边宜平行于等高线布置；

3 台地高度、宽度和长度应结合地形并满足使用要求确定。

4.0.5 街区竖向规划应与用地的性质和功能相结合，并应符合下列规定：

1 公共设施用地分台布置时，台地间高差宜与建筑层高接近；

2 居住用地分台布置时，宜采用小台地形式；

3 大型防护工程宜与具有防护功能的专用绿地结合设置。

11. 高度大于 2m 的挡土墙和护坡的上缘与住宅间水平距离不应小于（　　）。

A. 1m　　B. 3m

C. 5m　　D. 8m

【答案】B

【说明】参见《城乡建设用地竖向规划规范》CJJ 83—2016。

4.0.7 高度大于 2m 的挡土墙和护坡，其上缘与建筑物的水平净距不应小于 3m，下缘与建筑物的水平净距不应小于 2m；高度大于 3m 的挡土墙与建筑物的水平净距还应满足日照标准要求。

12. 居住区内地面水的排除一般要求采用暗沟（管）的方式，主要出于哪些考虑？（　　）

A. 省地、安全　　B. 安全、环境景观

C. 省地、卫生　　D. 卫生、环境景观

【答案】C

【说明】参见《城市居住区规划设计标准》GB 50180—2018。

居住区内地面水的排除一般要求采用暗沟（管）的方式，主要出于下列考虑：1 省地：可充分利用道路及某些场地的地下空间；2 卫生：雨水、污水用管道或暗沟，可减轻对环境的污染，有利于控制蚊蝇滋生；只有在地形及地质条件不良的地区，才可考虑明沟排水方式。

13. 消防登高场地的地面坡度要求，正确的是（　　）。

A. 不宜大于 8%　　B. 不宜大于 5%

C. 不宜大于 3%　　D. 不宜大于 2%

【答案】C

【说明】参见《建筑设计防火规范》GB 50016—2014（2018 年版）。

7.2.2 消防车登高操作场地应符合下列规定：

4 场地应与消防车道连通，场地靠建筑外墙一侧的边缘距离建筑外墙不宜小于 5m，且不应大于 10m，场地的坡度不宜大于 3%。

第六章 道路设计

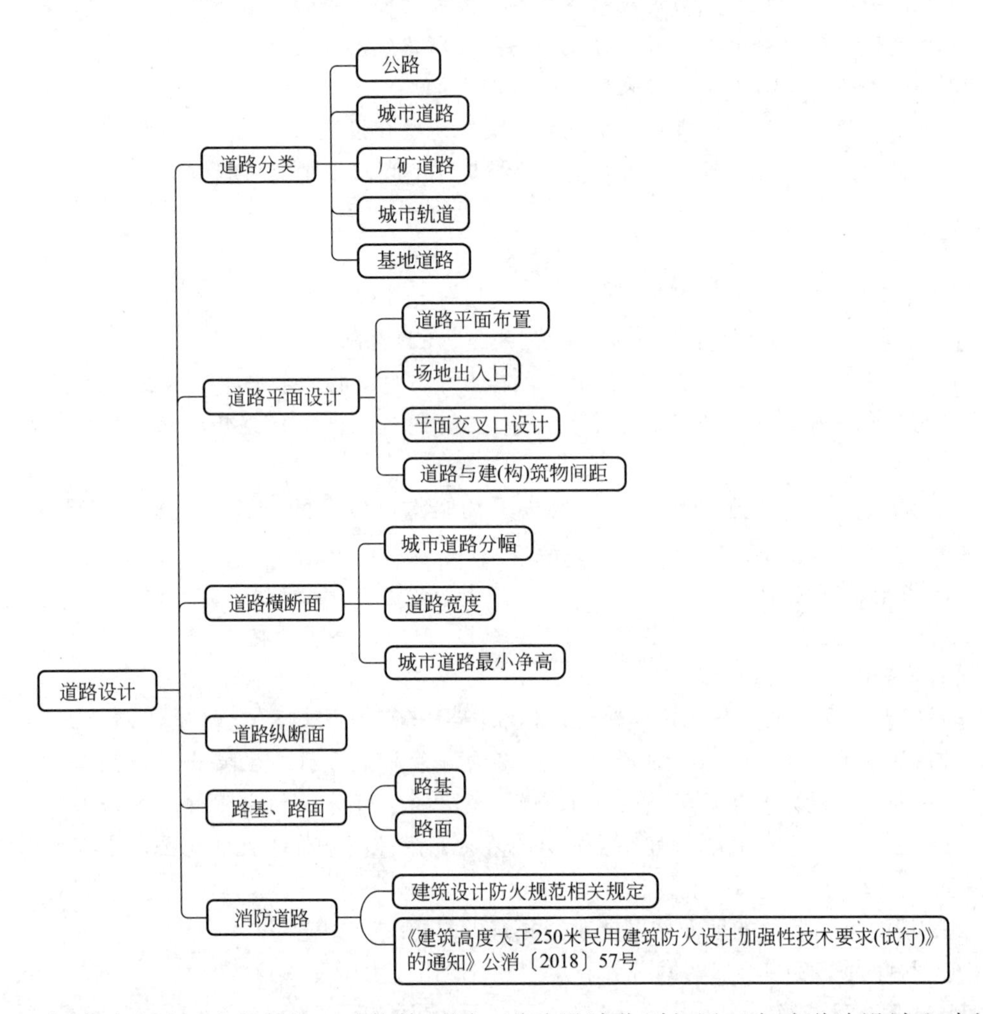

根据道路在路网中的等级、功能等不同，道路设计分别归属于市政道路设计和建筑基地道路设计的工作范围。建筑基地中的道路是城市道路交通系统的组成部分，基地道路设计对总体规划、投资成本及城市交通系统等影响很大。城市道路设计对基地选址、总体规划布局等也存在着一定的制约因素。本章重点对基地道路设计技术标准及相关城市道路设计技术标准进行归纳、分析。

第一节 道路分类

按所在位置、交通性质及使用特点，道路可分为公路、城市道路、厂矿道路、城市轨道、基地道路等。公路和城市道路有准确的等级划分，其余道路一般不再划分等级。

一、公路

《公路路线设计规范》JTG D20—2017

2.1.2 公路根据交通特性及控制干扰的能力分为：高速公路、一级公路、二级公路、三级公路及四级公路等五个技术等级。

2.1.4 各级公路的设计速度：各级公路的设计速度应符合表2.1.4的规定。

设计速度　　表2.1.4

	高速公路			一级公路			二级公路			三级公路		四级公路	
设计速度/(km/h)	120	100	80	100	80	60	80	60	40	40	30	30	20

二、城市道路

《城市道路工程设计规范》CJJ 37—2012（2016年版）

3.1.1 城市道路应按道路在道路网中的地位、交通功能以及对沿线的服务功能等，分为：快速路、主干路、次干路和支路四个等级。

1 快速路：应中央分隔、控制出入口间距及形式，应实现交通连续通行，单向设置不应少于两条车道，并应设有配套的交通安全与管理设施。

快速路两侧不应设置吸引大量车流、人流的公共建筑物的出入口。

2 主干路：应连接城市各主要分区，应以交通功能为主。

主干路两侧不宜设置吸引大量车流、人流的公共建筑物的出入口。

3 次干路：应与主干路结合组成干路网，应以集散交通的功能为主，兼有服务功能。

4 支路：宜与次干路和居住区、工业区、交通设施等内部道路相连接，应解决局部地区交通，以服务功能为主。

3.2.1 各等级城市道路的设计速度：

各级城市道路的设计速度　　表3.2.1

道路等级	快速路			主干路			次干路			支路		
设计速度/(km/h)	100	80	60	60	50	40	50	40	30	40	30	20

三、厂矿道路

分为场外道路、场内道路和露天矿山道路。

四、城市轨道

分为地铁、轻轨、单轨、有轨电车、磁悬浮、自动导向轨道和市域快速轨道共7种。

五、基地道路

为建筑基地活动组织服务的内部道路。

第二节　道路平面设计

基地道路平面布置应结合现状地形及周边城市道路系统，综合考虑基地内各种车流（机动/非机动）人流的交通、活动使用需求。采用“小街区，密路网”的道路布局理念，建立完整、高效的内部道路交通系统，并处理好和外部城市道路交通系统的合理衔接。

基地道路平面设计应满足与建（构）筑物的安全距离，并预留景观绿化及室外管线敷设的空间；应合理确定道路交叉口形式，并满足机动车行驶所需的道路宽度、坡度、视距及转弯半径等技术要求，以保证车流（机动/非机动）、人流的便捷、通顺和安全。

一、道路平面布置

（一）《城市居住区规划设计标准》GB 50180—2018

6.0.1 居住区内道路的规划设计应遵循安全便捷、尺度适宜、公交优先、步行友好的基本原则，并应符合现行国家标准《城市综合交通体系规划标准》GB/T 51328 的有关规定。

6.0.2 居住区的路网系统应与城市道路交通系统有机衔接，并应符合下列规定：

1. 居住区应采取“小街区、密路网”的交通组织方式，路网密度不应小于 $8km/km^2$；城市道路间距不应超过 300m，宜为 150～250m，并应与居住街坊的布局相结合；

2. 居住区内的步行系统应连续、安全、符合无障碍要求，并应便捷连接公共交通站点；

3. 在适宜自行车骑行的地区，应构建连续的非机动车道；

4. 旧区改建，应保留和利用有历史文化价值的街道、延续原有的城市肌理。

（二）《民用建筑设计统一标准》GB 50352—2019

5.2.1 基地道路应符合下列规定：

1. 基地道路与城市道路连接处的车行路面应设限速设施，道路应能通达建筑物的安全出口；

2. 沿街建筑应设连通街道和内院的人行通道，人行通道可利用楼梯间，其间距不宜大于 80m；

3. 当道路改变方向时，路边绿化及建筑物不应影响行车有效视距；

4. 当基地内设有地下停车库时，车辆出入口应设置显著标志；标志设置高度不应影响人、车通行；

5. 基地内宜设人行道路，大型、特大型交通、文化、娱乐、商业、体育、医院等建筑，居住人数大于 5000 人的居住区等车流量较大的场所应设人行道路。

二、基地出入口

（一）《城市道路工程设计规范》CJJ 37—2012（2016 年版）

1. 快速路两侧不应设置吸引大量车流、人流的公共建筑物的出入口。

2. 主干道两侧不宜设置吸引大量车流、人流的公共建筑物的出入口。

3. 地块及建筑物机动车出入口不得设在交叉口范围内，且不宜设在主干道上，宜经支路或专为集散车辆用的地块内部道路与次干路相通。

（二）《民用建筑设计统一标准》GB 50352—2019

4.2.4 建筑基地机动车出入口位置，应符合所在地控制性详细规划，并应符合下列规定：

1. 中等城市、大城市的主干路交叉口，自道路红线交叉点起沿线70.0m范围内不应设置机动车出入口；

2. 距人行横道、人行天桥、人行地道（包括引道、引桥）的最近边缘线不应小于5.0m；

3. 距地铁出入口、公共交通站台边缘不应小于15.0m；

4. 距公园、学校及有儿童、老年人、残疾人使用建筑的入口最近边缘不应小于20.0m。

4.2.5 大型、特大型交通、文化、体育、娱乐、商业等人员密集的建筑基地应符合下列规定：

1. 建筑基地与城市道路邻接的总长度不应小于建筑基地周长的1/6；

2. 建筑基地的出入口不应少于2个，且不宜设置在同一条城市道路上；

3. 建筑物主要出入口前应设置人员集散场地，其面积和长宽尺寸应根据使用性质和人数确定；

4. 当建筑基地设置绿化、停车或其他构筑物时，不应对人员集散造成障碍。

（三）《城市居住区规划设计标准》GB 50180—2018

6.0.4 居住街坊内附属道路的规划设计应满足消防、救护、搬家等车辆的通达要求，并应符合下列规定：

1. 主要附属道路至少应有两个车行出入口连接城市道路，其路面宽度不应小于4.0m；其他附属道路的路面宽度不宜小于2.5m；

2. 人行出入口间距不宜超过200m。

三、平面交叉口设计

（一）转弯半径概念

《车库建筑设计规范》JGJ 100—2015

2.0.22 机动车最小转弯半径：机动车回转时，当转向盘转到极限位置，机动车以最低稳定车速转向行驶时，外侧转向轮的中心平面在支承平面上滚过的轨迹圆半径，表示机动车能够通过狭窄弯曲地带或绕过不可越过的障碍物的能力。

2.0.27 机动车道路转弯半径：能够保持机动车辆正常行驶与转弯状态下的弯道内侧道路边缘处半径。

（二）平面交叉口转弯半径

《城市道路交叉口设计规程》CJJ 52—2010

路缘石转弯半径 表 4.3.2

右转弯设计速度/(km/h)	30	25	20	15
无非机动车道路缘石推荐半径/m	25	20	15	10

注：有非机动车时，推荐转弯半径可减去非机动车道及机非分隔带的宽度。

（三）平面交叉口坡度

4.3.4 平面交叉进口道的纵坡度。宜小于或等于2.5%，困难情况下不宜大于3%，山区城市等特殊情况，在保证行车安全的条件下，可适当增加。

（四）平面交叉口视距

平面交叉口视距三角形范围内（图4.3.3），不得有任何高出路面1.2m的妨碍驾驶员视线的障碍物。交叉口视距三角形要求的停车视距应符合表4.3.3的规定。

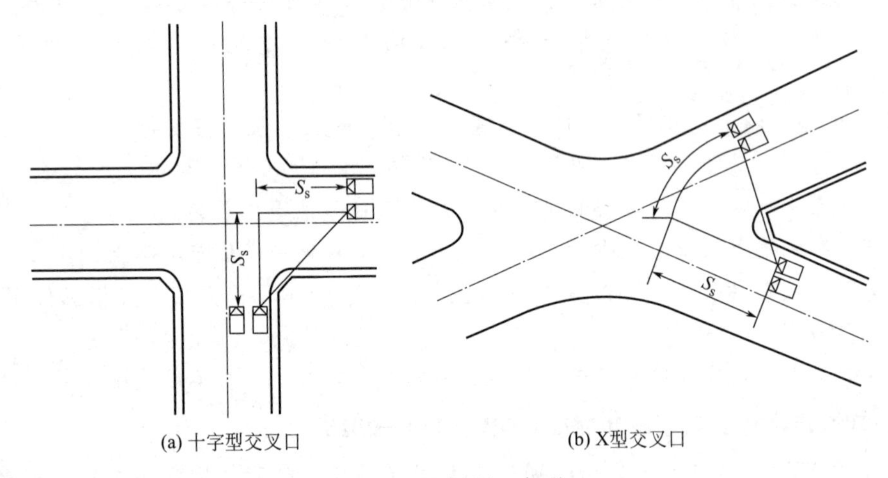

(a) 十字型交叉口 (b) X型交叉口

图 4.3.3 视距三角形

交叉口视距三角形要求的停车视距 表 4.3.3

交叉口直行车设计速度/(km/h)	60	50	45	40	35	30	25	20	15	10
安全停车视距 S_S/m	75	60	50	40	35	30	25	20	15	10

四、道路与建、构筑物间距

（一）《城市居住区规划设计标准》GB 50180—2018

6.0.5 居住区道路边缘至建筑物、构筑物的最小距离，应符合表6.0.5的规定。

居住区道路边缘至建筑物、构筑物最小距离/m 表 6.0.5

与建、构筑物关系		城市道路	附属道路
建筑物面向道路	无出入口	3.0	2.0
	有出入口	5.0	2.5
建筑物山墙面向道路		2.0	1.5
围墙面向道路		1.5	1.5

注：道路边缘对于城市道路是指道路红线；附属道路分两种情况：道路断面设有人行道时，指人行道的外边线；道路断面未设人行道时，指路面边线。

（二）《民用建筑设计统一标准》GB 50352—2019

5.2.3 基地道路与建筑物的关系应符合下列规定：

1. 当道路用作消防车道时，其边缘与建（构）筑物的最小距离应符合现行国家标准《建筑设计防火规范》GB 50016 的相关规定。

2. 基地内不宜设高架车行道路，当设置与建筑平行的高架车行道路时，应采取保护私密性的视距和防噪声的措施。

第三节　道路横断面

道路横断面为沿道路宽度方向，垂直道路中心线剖切所产生的剖面图。

城市道路横断面设计应按道路等级、服务功能、交通特性，结合各种控制条件，在规划红线宽度范围内合理布设。

基地道路在无规划红线时横断面一般包含：机动车道、非机动车道、人行道、绿化带、路肩、地上管线、地下管线、路灯、边沟等要素。合理分析确定各要素的宽度、高度、位置、相互之间的平面、竖向关系，以满足规划、交通、景观及相关技术规定的要求。

一、城市道路分幅

《城市道路工程设计规范》CJJ 37—2012（2016 年版）

5.2.1 横断面可以分为：单幅路、两幅路、三幅路、四幅路及特殊形式的断面（图 5.2.1）。

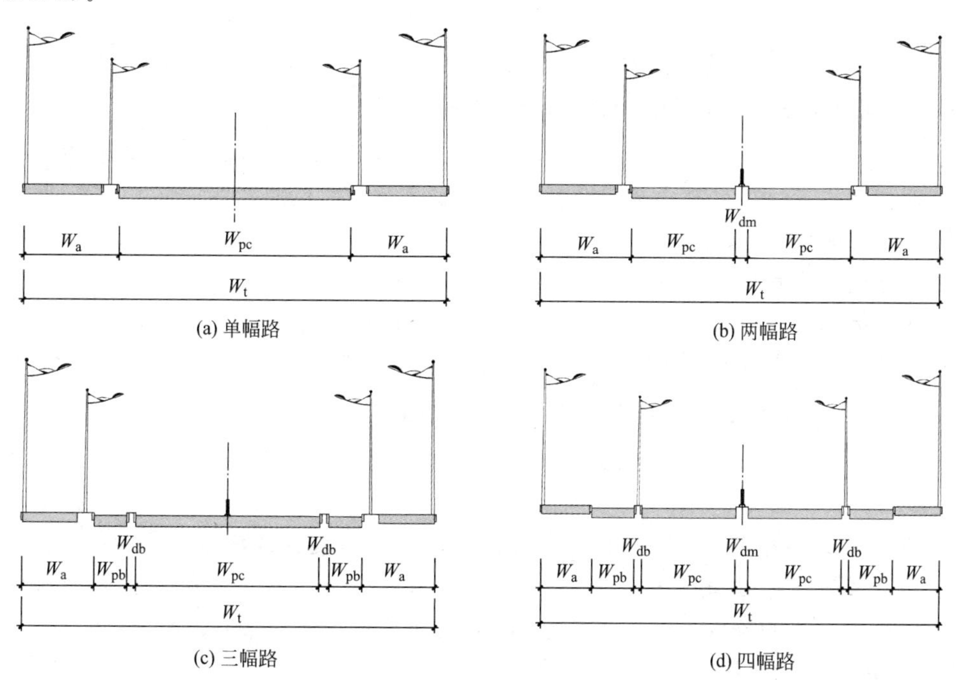

图 5.2.1　横断面形式

二、道路宽度

（一）《城市道路工程设计规范》CJJ 37—2012（2016年版）

5.3.2 机动车道宽度应符合下列规定：

1. 一条机动车道最小宽度应符合表5.3.2的规定。

一条机动车道最小宽度　　表5.3.2

车型及车道类型	设计速度/(km/h)	
	>60	≤60
大型车或混行车道/m	3.75	3.50
小客车专用车道/m	3.50	3.25

2. 机动车道路面宽度应包括车行道宽度及两侧路缘带宽度，单幅路及三幅路采用中间分隔物或双黄线分隔对向交通时，机动车道路面宽度还应包括分隔物或双黄线的宽度。

5.3.3 非机动车道宽度应符合下列规定：

1. 一条非机动车道最小宽度应符合表5.3.3的规定。

一条非机动车道宽度　　表5.3.3

车辆种类	自行车	三轮车
非机动车道宽度/m	1.0	2.0

2. 与机动车道合并设置的非机动车道，车道数单向不应小于2条，宽度不应小于2.5m。

3. 非机动车专用道路面宽度应包括车道宽度及两侧路缘带宽度，单向不宜小于3.5m，双向不宜小于4.5m。

（二）《城市居住区规划设计标准》GB 50180—2018

6.0.3 居住区内各级城市道路应突出居住使用功能特征与要求，并应符合下列规定：

1. 两侧集中布局了配套设施的道路，应形成尺度宜人的生活性街道；道路两侧建筑退线距离，应与街道尺度相协调。

2. 支路的红线宽度，宜为14m～20m；

3. 道路断面形式应满足适宜步行及自行车骑行的要求，人行道宽度不应少于2.5m。

4. 支路应采取交通稳静化措施，适当控制机动车行驶速度。

（三）《民用建筑设计统一标准》GB 50352—2019

4.2.1 建筑基地应与城市道路或镇区道路相邻接，否则应设置连接道路，并应符合下列规定：

1. 当建筑基地内建筑面积小于或等于3000m^{2}时，其连接道路的宽度不应小于4.0m；

2. 当建筑基地内建筑面积大于3000m^2，且只有一条连接道路时，其宽度不应小于7.0m；当有两条或两条以上连接道路时，单条连接道路宽度不应小于4.0m。

5.2.2 基地道路设计应符合下列规定：

1. 单车道路宽不应小于4.0m，双车道路宽住宅区内不应小于6.0m，其他基地道路宽度不应小于7.0m。

2. 当路边设停车位时，应加大道路宽度且不应影响车辆正常行驶。

3. 人行道路宽度不应小于1.5m，人行道在各路口、入口处的设计应符合现行国家标准《无障碍设计规范》GB 50763的相关规定。

4. 道路转弯半径不应小于3.0m，消防车道应满足消防车最小转弯半径要求

5. 尽端式道路长度大于120.0m时，应在尽端设置不小于12.0m×12.0m的回车场。

三、城市道路最小净高

《城市道路交通工程项目规范》GB 55011—2021

3.1.4 道路建筑限界应根据设计车辆确定，道路建筑限界内不得有任何物体侵入，道路建筑限界应符合本规范附录A的规定，并应符合下列规定：

道路最小净高应满足机动车、非机动车和行人的通行要求，并应符合表3.1.4的规定。建设条件受限时，只允许小客车通行的城市地下道路，最少净高不应小于表3.1.4括号内规定值。对需要通行设计车辆以外特殊车辆的道路，最小净高应满足特殊车辆通行的要求。

道路最小净高 **表3.1.4**

道路种类		通行车辆类型、行人	最小净高/m
机动车道	混行车道	小客车、大型客车、铰接客车	4.5
	小客车专用车道	小客车	3.5(3.2)
非机动车道		自行车、三轮车	2.5
人行道		行人	2.5

第四节 道路纵断面

道路纵断面为沿道路中心线方向竖向剖切所产生的剖面图。道路纵断面线形由直线和曲线组成，直观、准确地表达道路坡向、坡长、纵坡度、竖曲线半径、高程等要素。结合现状地面高程线，可反映道路的土（石）方挖、填情况。道路纵坡度、坡长、竖曲线为纵断面设计的重要控制参数。

一、《城市道路工程设计规范》CJJ 37—2012（2016年版）

6.3.1 机动车道最大纵坡应符合表6.3.1的规定，并符合下列规定：

机动车道最大纵坡 **表6.3.1**

设计速度/(km/h)		100	80	60	50	40	30	20
最大纵坡/%	一般值	3	4	5	5.5	6	7	8
	极限值	4	5	6	7	8		

1. 新建道路应采用小于或等于最大纵坡一般值；改建道路、受地形条件或其他特殊情况限制时，可采用最大纵坡极限值。

2. 除快速路外的其他等级道路，受地形条件或其他特殊情况限制时，经技术经济论证后，最大纵坡极限值可增加1.0%。

3. 积雪或冰冻地区的快速路最大纵坡不应大于3.5%，其他等级道路最大纵坡不应大于6.0%。

6.3.2 道路最小纵坡不应小于0.3%；当遇特殊困难纵坡小于0.3%时，应设置锯齿形边沟或采取其他排水设施。

6.3.3 纵坡的最小坡长应符合表6.3.3规定。

最小坡长 表6.3.3

设计速度/(km/h)	100	80	60	50	40	30	20
最小坡长/m	250	200	150	130	110	85	60

6.3.4 当道路纵坡大于本规范表6.3.1所列的一般值时，纵坡最大坡长应符合表6.3.4的规定。道路连续上坡或下坡，应在不大于表6.3.4规定的纵坡长度之间设置纵坡缓和段。缓和段的纵坡不应大于3%，其长度应符合本规范表6.3.3最小坡长的规定。

最大坡长 表6.3.4

设计速度/(km/h)	100	80	60			50			40		
纵坡/%	4	5	6	6.5	7	6	6.5	7	6.5	7	8
最大坡长/m	700	600	400	350	300	350	300	250	300	250	200

6.3.5 非机动车道纵坡宜小于2.5%；当大于或等于2.5%时，纵坡最大坡长应符合表6.3.5的规定。

非机动车道最大坡长 表6.3.5

纵坡/%		3.5	3.0	2.5
最大坡长	自行车	150	200	300
	三轮车	—	100	150

二、《城市居住区规划设计标准》GB 50180—2018

6.0.4-3 道路最小纵坡不应小于0.3%，最大纵坡应符合表6.0.4的规定；机动车与非机动车混行的道路，其纵坡宜按照或分段按照非机动车道要求进行设计。

附属道路最大纵坡控制指标/% 表6.0.4

道路类别及其控制内容	一般地区	积雪或冰冻地区
机动车道	8.0	6.0
非机动车道	3.0	2.0
步行道	8.0	4.0

三、《民用建筑设计统一标准》GB 50352—2019

5.3.2 建筑基地内道路设计坡度应符合下列规定：

1. 基地内机动车道的纵坡不应小于0.3%，且不应大于8%，当采用8%坡度时，其坡长不应大于200.0m。当遇特殊困难纵坡小于0.3%时，应采取有效的排水措施；个别特殊路段，坡度不应大于11%，其坡长不应大于100.0m，在积雪或冰冻地区不应大于6%，其坡长不应大于350.0m；横坡宜为1%～2%。

2. 基地内非机动车道的纵坡不应小于0.2%，最大纵坡不宜大于2.5%；困难时不应大于3.5%，当采用3.5%坡度时，其坡长不应大于150.0m；横坡宜为1%～2%。

3. 基地内步行道的纵坡不应小于0.2%，且不应大于8%，积雪或冰冻地区不应大于4%；横坡应为1%～2%；当大于极限坡度时，应设置为台阶步道。

4. 基地内人流活动的主要地段，应设置无障碍通道。

5. 位于山地和丘陵地区的基地道路设计纵坡可适当放宽，且应符合地方相关标准的规定，或经当地相关管理部门的批准。

第五节 路基、路面

路基、路面为道路工程的主要组成部分。设计时应结合建设区域的地形地质、文水气象及路用材料综合考虑，优先选择技术先进、经济合理、安全可靠、方便施工的路基、路面结构。

《城市道路工程设计规范》CJJ 37—2012（2016年版）

一、路基

12.2.1 道路路基应符合下列规定：

1. 路基必须密实、均匀，应具有足够的强度、稳定性、抗变形能力和耐久性；并应结合当地气候、水文和地质条件，采取防护措施。

2. 路基工程应节约用地、保护环境，减少对自然、生态环境的影响。

3. 路基断面形式应与沿线自然环境和城市环境相协调，不得深挖、高填；同时应因地制宜，合理利用当地材料和工业废料筑路基。

4. 路基工程应包括排水系统、防排水设施和防护设施的设计。

5. 对特殊路基，应查明情况，分析危害，结合当地成功经验，采取相应措施，增强工程可靠性。

二、路面

12.3.1 路面可分为面层、基层和垫层。路面结构层所选材料应满足强度、稳定性和耐久性的要求，并应符合下列规定：

1. 面层应满足结构强度、高温稳定性、低温抗裂性、抗疲劳、抗水损害及耐磨、平整、抗滑、低噪声等表面特性的要求。

2. 基层应满足强度、扩散荷载的能力以及水稳定性和抗冻性的要求。

3. 垫层应满足强度和水稳定性的要求。

12.3.2 路面面层类型的选用应符合表 12.3.2 的规定，并应符合下列规定：

路面面层类型及适用范围　　表 12.3.2

面层类型	适用范围
沥青混凝土	快速路、主干路、次干路、支路、城市广场、停车场
水泥混凝土	快速路、主干路、次干路、支路、城市广场、停车场
贯入式沥青碎石、上拌下贯式沥青碎石、沥青表面处治和稀浆封层	支路、停车场
砌块路面	支路、城市广场、停车场

1. 道路经过景观要求较高的区域或突出显示道路线形的路段，面层宜采用彩色。

2. 综合考虑雨水收集利用的道路，路面结构设计应满足透水性的要求，并应符合现行行业标准《透水砖路面技术规程》CJJ/T 188、《透水沥青路面技术规程》CJJ/T 190 和《透水水泥混凝土路面技术规程》CJJ/T 135 的有关规定。

3. 道路经过噪声敏感区域时，宜采用降噪路面。

4. 对环保要求较高的路段或隧道内的沥青混凝土路面，宜采用温拌沥青混凝土。

第六节　消防道路及消防登高操作场地

消防道路具有交通和灭火救援的双重属性。场地设计时应根据不同的建（构）筑物的特性，依据建筑设计防火规范及相关技术要求、规定，布置合理的消防车道及消防登高操作场地，保证消防车行驶、停靠、作业的及时、方便、安全。

一、《建筑设计防火规范》GB 50016—2014（2018 年版）

（一）消防车道

7.1.1 街区内的道路应考虑消防车的通行，道路中心线间的距离不宜大于 160m。

当建筑物沿街道部分的长度大于 150m 或总长度大于 220m 时，应设置穿过建筑物的消防车道。确有困难时，应设置环形消防车道。

7.1.2 高层民用建筑，超过 3000 个座位的体育馆，超过 2000 个座位的会堂，占地面积大于 3000m² 的商店建筑、展览建筑等单、多层公共建筑应设置环形消防车道，确有困难时，可沿建筑的两个长边设置消防车道；对于高层住宅建筑和山坡地或河道边临空建造的高层民用建筑，可沿建筑的一个长边设置消防车道，但该长边所在建筑立面应为消防车登高操作面。

7.1.3 工厂、仓库区内应设置消防车道。

高层厂房，占地面积大于 3000m² 的甲、乙、丙类厂房和占地面积大于 1500m² 的乙、丙类仓库，应设置环形消防车道，确有困难时，应沿建筑物的两个长边设置消防车道。

7.1.4 有封闭内院或天井的建筑物，当内院或天井的短边长度大于 24m 时，宜设置进入内院或天井的消防车道；当该建筑物沿街时，应设置连通街道和内院的人行通道（可利用楼梯间），其间距不宜大于 80m。

7.1.5 在穿过建筑物或进入建筑物内院的消防车道两侧，不应设置影响消防车通行或人员安全疏散的设施。

7.1.6 可燃材料露天堆场区，液化石油气储罐区，甲、乙、丙类液体储罐区和可燃气体储罐区，应设置消防车道。消防车道的设置应符合下列规定：

1. 储量大于表 7.1.6 规定的堆场、储罐区，宜设置环形消防车道。

堆场或储罐区的储量 **表 7.1.6**

名称	棉、麻、毛、化纤/t	秸秆、芦苇/t	木材/m^3	甲、乙、丙类液体储罐/m^3	液化石油气液体储罐/m^3	可燃气体液体储罐/m^3
储量	1000	5000	5000	1500	500	30000

2. 占地面积大于 30000m^2 的可燃材料堆场，应设置与环形消防车道相通的中间消防车道，消防车道的间距不宜大于 150m，液化石油气储罐区，甲、乙、丙类液体储罐区和可燃气体储罐区内的环形消防车道之间宜设置连通的消防车道。

3. 消防车道的边缘距离可燃材料堆垛不应小于 5m。

7.1.7 供消防车取水的天然水源和消防水池应设置消防车道。消防车道的边缘距离取水点不宜大于 2m。

7.1.8 消防车道应符合下列要求：

1. 车道宽度和净空高度均不应小于 4m；

2. 转弯半径应满足消防车转弯的要求；

（条文说明：普通消防车转弯半径：9m；登高车转弯半径：12m；大型消防车转弯半径：18m；一些特殊车辆的转弯半径：16～20m）；

3. 消防车道与建筑之间不应设置妨碍消防车操作的树木、架空管线等障碍物；

4. 消防车道靠建筑外墙一侧的边缘距离建筑外墙不宜小于 5m；

5. 消防车道的坡度不宜大于 8%。

7.1.9 环形消防车道至少应有两处与其他车道连通。尽头式消防车道应设置回车道或回车场，回车场的面积不应小于 12m×12m；对于高层建筑，不宜小于 15m×15m；供重型消防车使用时，不宜小于 18m×18m。

消防车道的路面、救援操作场地、消防车道和救援操作场地下面的管道和暗沟等，应能承受重型消防车的压力。

消防车道可利用城乡、厂区道路等，但该道路应满足消防车通行、转弯和停靠的要求。

7.1.10 消防车道不宜与铁路正线平交，确需平交时，应设置备用车道，且两车道的间距不应小于一列火车的长度。

（二）救援场地和入口

7.2.1 高层建筑应至少沿一个长边或周边长度的 1/4 且不小于一个长边长度的底边连续布置消防车登高操作场地，该范围内的裙房进深不应大于 4m。

建筑高度不大于 50m 的建筑，连续布置消防车登高操作场地确有困难时，可间隔布置，但间隔距离不宜大于 30m，且消防车登高操作场地的总长度仍应符合上述规定。

7.2.2 消防车登高操作场地应符合下列规定：

1. 场地与厂房、仓库、民用建筑之间不应设置妨碍消防车操作的树木、架空管线等障碍物和车库出入口。

2. 场地的长度和宽度分别不应小于 15m 和 10m。对于建筑高度大于 50m 的建筑，场地的长度和宽度分别不应小于 20m 和 10m。

3. 场地及其下面的建筑结构、管道和暗沟等，应能承受重型消防车的压力。

4. 场地应与消防车道连通，场地靠建筑外墙一侧的边缘距离建筑外墙不宜小于 5m，且不应大于 10m，场地的坡度不宜大于 3%（条文说明：坡地等特殊情况，允许采用 5% 坡度）。

7.2.3 建筑物与消防车登高操作场地相对应的范围内，应设置直通室外的楼梯或直通楼梯间的入口。

7.2.4 厂房、仓库、公共建筑的外墙应在每层的适当位置设置可供消防救援人员进入的窗口。

7.2.5 供消防救援人员进入的窗口的净高度和净宽度均不应小于 1.0m，下沿距室内地面不宜大于 1.2m，间距不宜大于 20m 且每个防火分区不应少于 2 个，设置位置应与消防车登高操作场地相对应。窗口的玻璃应易于破碎，并应设置可在室外易于识别的明显标志。

二、《建筑高度大于 250 米民用建筑防火设计加强性技术要求（试行）的通知》公消〔2018〕57 号

第十条：建筑周围消防车道的净宽度和净空高度均不应小于 4.5m。

消防车道的路面、救援操作场地，消防车道和救援操作场地下面的结构、管道和暗沟等，应能承受不小于 70t 的重型消防车驻停和支腿工作时的压力。严寒地区，应在消防车道附近适当位置增设消防水鹤。

第十一条：建筑高层主体消防车登高操作场地应符合下列规定：

1. 场地的长度不应小于建筑周长的 1/3 且不应小于一个长边的长度，并应至少布置在两个方向上，每个方向上均应连续布置；

2. 在建筑的第一个和第二个避难层的避难区外墙一侧应对应设置消防车登高操作场地；

3. 消防车登高操作场地的长度和宽度分别不应小于 25m 和 15m。

参考、引用资料：

①《公路路线设计规范》JTGD 20—2017
②《城市道路工程设计规范》CJJ 37—2012（2016 年版）
③《厂矿道路设计规范》GBJ 22—87
④《城市公共交通分类标准》GJJ/T 114—2007
⑤《城市居住区规划设计标准》GB 50180—2018
⑥《民用建筑设计统一标准》GB 50352—2019
⑦《车库建筑设计规范》JGJ 100—2015
⑧《城市道路交叉口设计规程》CJJ 52—2010
⑨《城市道路交通工程项目规范》GB 55011—2021

⑩《建筑设计防火规范》GB 50016—2014（2018年版）

⑪《建筑高度大于250米民用建筑防火设计加强性技术要求（试行）》的通知　公消〔2018〕57号

⑫ 张雪花，肖鹏，土木工程专业系列选修课教材编委会．道路工程设计导论．北京：中国建筑工业出版社，2000.

模拟题

1. 某大城市主干道旁，拟建一栋建筑面积 $4000m^2$ 的商业建筑，下列几个地块中，机动车出入口不能满足建设需求的是（　　）。

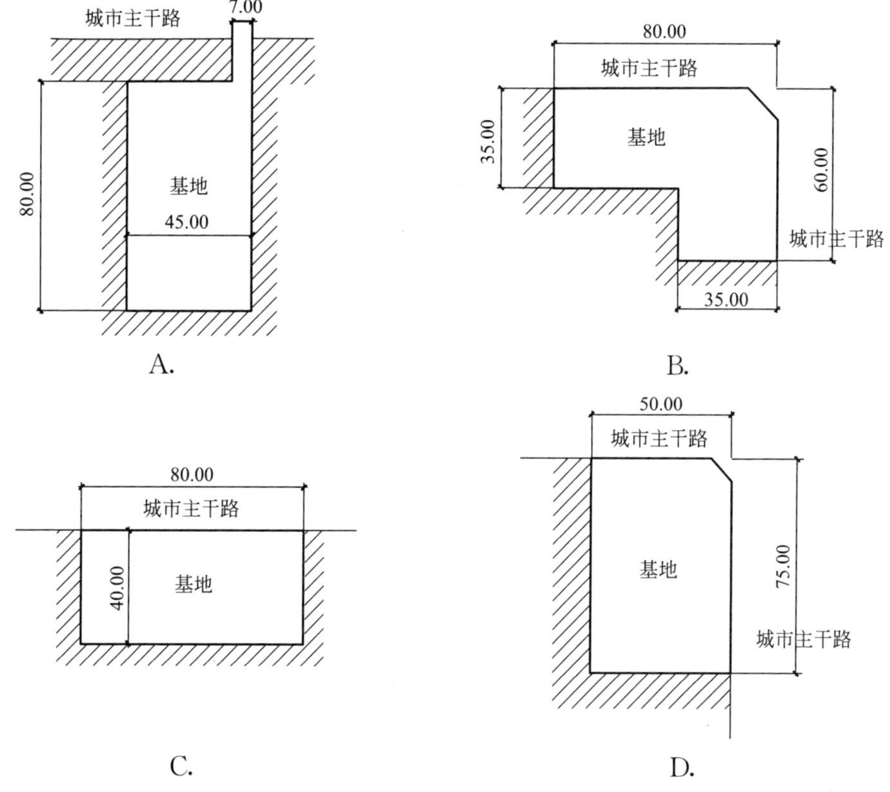

【答案】D

【说明】参见《民用建筑设计统一标准》GB 50352—2019：

4.2.1. 建筑基地应与城市道路或镇区道路相邻接，否则应设置连接道路，并应符合下列规定：

1 当建筑基地内建筑面积小于或等于 $3000m^2$ 时，其连接道路的宽度不应小于 4.0m；

2 当建筑基地内建筑面积大于 $3000m^2$，且只有一条连接道路时，其宽度不应小于 7.0m；当有两条或两条以上连接道路时，单条连接道路宽度不应小于 4.0m。

4.2.4. 建筑基地机动车出入口位置，应符合所在地控制性详细规划，并应符合下列规定：

1 中等城市、大城市的主干路交叉口，自道路红线交叉点起沿线 70.0m 范围内不应设置机动车出入口；

2. 某建筑基地机动车出入口在城市主干路的位置关系如下图所示，不属于必须满足的要求是（　　）。

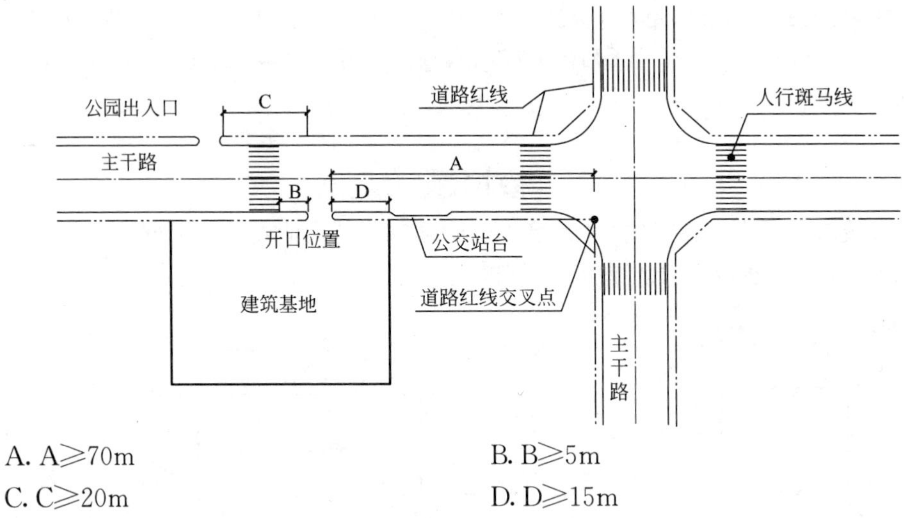

A. A≥70m　　　　B. B≥5m

C. C≥20m　　　　D. D≥15m

【答案】C

【说明】参见《民用建筑设计统一标准》GB 50352—2019：

4.2.4. 建筑基地机动车出入口位置，应符合所在地控制性详细规划，并应符合下列规定：

1 中等城市、大城市的主干路交叉口，自道路红线交叉点起沿线 70.0m 范围内不应设置机动车出入口；

2 距人行横道、人行天桥、人行地道（包括引道、引桥）的最近边缘线不应小于 5.0m；

3 距地铁出入口、公共交通站台边缘不应小于 15.0m；

4 距公园、学校及有儿童、老年人、残疾人使用建筑的入口最近边缘不应小于20.0m。

3. 关于城市道路及其设置要求的说法，错误的是（　　）。

A. 城市道路分为快速路、主干路、次干路和支路四个等级

B. 住宅区和工业区等应通过内部道路与主干路相连

C. 吸引大量人流、车流的公共建筑的出入口不宜设在主干路两侧

D. 次干路与主干路结合组成干路网，应以集散交通的功能为主，兼有服务功能

【答案】B

【说明】参见《城市道路工程设计规范》CJJ 37—2012（2016 年版）：

3.1.1 城市道路应按道路在道路网中的地位、交通功能以及对沿线的服务功能等，分为：快速路、主干路、次干路和支路四个等级。

1. 快速路：应中央分隔、控制出入口间距及形式，应实现交通连续通行，单向设置不应少于两条车道，并应设有配套的交通安全与管理设施。

快速路两侧不应设置吸引大量车流、人流的公共建筑物的出入口。

2. 主干路：应连接城市各主要分区，应以交通功能为主。

主干路两侧不宜设置吸引大量车流、人流的公共建筑物的出入口。

3. 次干路：应与主干路结合组成干路网，应以集散交通的功能为主，兼有服务功能。

4. 支路：宜与次干路和居住区、工业区、交通设施等内部道路相连接，应解决局部

地区交通，以服务功能为主。

4. 城市居住区道路间距，正确的是（　　）。

A. 不超过300m，宜150～200m

B. 不超过500m，宜300～400m

C. 大街区，疏路网

D. 密度小于$8km/km^2$

【答案】A

【说明】参见《城市居住区规划设计标准》GB 50180—2018：

6.0.2 居住区的路网系统应与城市道路交通系统有机衔接，并应符合下列规定：

1. 居住区应采取“小街区、密路网”的交通组织方式，路网密度不应小于$8km/km^2$；城市道路间距不应超过300m，宜为150～250m，并应与居住街坊的布局相结合；

2. 居住区内的步行系统应连续、安全、符合无障碍要求，并应便捷连接公共交通站点；

3. 在适宜自行车骑行的地区，应构建连续的非机动车道；

4. 旧区改建，应保留和利用有历史文化价值的街道、延续原有的城市肌理。

5. 居住区道路边缘至建筑物、构筑物的最小距离，哪个是错误的?（　　）

A. 建筑物面向城市道路无出入口3m

B. 建筑物面向城市道路有出入口5m

C. 建筑物山墙面向城市道路3.5m

D. 建筑物面向附属道路有出入口2.5m

【答案】C

【说明】参见《城市居住区规划设计标准》GB 50180—2018：

6.0.5 居住区道路边缘至建筑物、构筑物的最小距离，应符合表6.0.5的规定。

居住区道路边缘至建筑物、构筑物最小距离/m　　表6.0.5

与建、构筑物关系		城市道路	附属道路
建筑物面向道路	无出入口	3.0	2.0
	有出入口	5.0	2.5
建筑物山墙面向道路		2.0	1.5
围墙面向道路		1.5	1.5

注：道路边缘对于城市道路是指道路红线；附属道路分两种情况：道路断面设有人行道时，指人行道的外边线；道路断面未设人行道时，指路面边线。

6. 居住街坊内附属道路宽度要求，错误的是（　　）。

A. 连接城市道路有两条路的话，其中一条不少于3m

B. 主要附属道路不少于4m

C. 其他附属道路不少于2.5m

D. 双车道6m

【答案】A

【说明】参见《城市居住区规划设计标准》GB 50180—2018：

6.0.4 居住街坊内附属道路的规划设计应满足消防、救护、搬家等车辆的通达要求，并应符合下列规定：

1. 主要附属道路至少应有两个车行出入口连接城市道路，其路面宽度不应小于4.0m；其他附属道路的路面宽度不宜小于2.5m。

7. 关于居住区内部道路设置的说法，错误的是（　　）。

A. 当路边设停车位时，应加大道路宽度且不应影响车辆正常通行

B. 单车道路宽不应小于4.0m，双车道路宽住宅区内不应小于6.0m

C. 人行道路宽度不应小于2.5m

D. 尽端式道路长度大于120.0m时，应在尽端设置不小于12.0m×12.0m的回车场

【答案】C

【说明】参见《民用建筑设计统一标准》GB 50352—2019：

5.2.2 基地道路设计应符合下列规定：

1. 单车道路宽不应小于4.0m，双车道路宽住宅区内不应小于6.0m，其他基地道路宽度不应小于7.0m。

2. 当路边设停车位时，应加大道路宽度且不应影响车辆正常行驶。

3. 人行道路宽度不应小于1.5m，人行道在各路口、入口处的设计应符合现行国家标准《无障碍设计规范》GB 50763的相关规定。

4. 道路转弯半径不应小于3.0m，消防车道应满足消防车最小转弯半径要求。

5. 尽端式道路长度大于120.0m时，应在尽端设置不小12.0m×12.0m的回车场。

8. 关于居住街坊内附属道路纵坡的说法，错误的是（　　）。

A. 最小纵坡0.3%

B. 机动车最大纵坡（一般地区）6.0%

C. 非机动车最大纵坡（一般地区）3.0%

D. 步行道最大纵坡（一般地区）8%

【答案】B

【说明】参见《城市居住区规划设计标准》GB 50180—2018：

6.0.4-3 道路最小纵坡不应小于0.3%，最大纵坡应符合表6.0.4的规定；机动车与非机动车混行的道路，其纵坡宜按照或分段按照非机动车道要求进行设计。

附属道路最大纵坡控制指标/%　　　　表6.0.4

道路类别及其控制内容	一般地区	积雪或冰冻地区
机动车道	8.0	6.0
非机动车道	3.0	2.0
步行道	8.0	4.0

9. 民用建筑基地路面的横向坡度是（　　）。

A. 1%～2%　　　　B. 0.3%～1%

C. 1.5%～3%　　　　D. 2%～4%

【答案】A

【说明】参见《民用建筑设计统一标准》GB 50352—2019：

5.3.2 建筑基地内道路设计坡度应符合下列规定：

1. 基地内机动车道的纵坡不应小于0.3%，且不应大于8%，当采用8%坡度时，其坡长不应大于200.0m。当遇特殊困难纵坡小于0.3%时，应采取有效的排水措施；个别特殊路段，坡度不应大于11%，其坡长不应大于100.0m，在积雪或冰冻地区不应大于6%，其坡长不应大于350.0m；横坡宜为1%～2%。

2. 基地内非机动车道的纵坡不应小于0.2%，最大纵坡不宜大于2.5%；困难时不应大于3.5%，当采用3.5%坡度时，其坡长不应大于150.0m；横坡宜为1%～2%。

3. 基地内步行道的纵坡不应小于0.2%，且不应大于8%，积雪或冰冻地区不应大于4%；横坡应为1%～2%；当大于极限坡度时，应设置为台阶步道。

10. 地下车库出地面的方式正确的是（　　）。

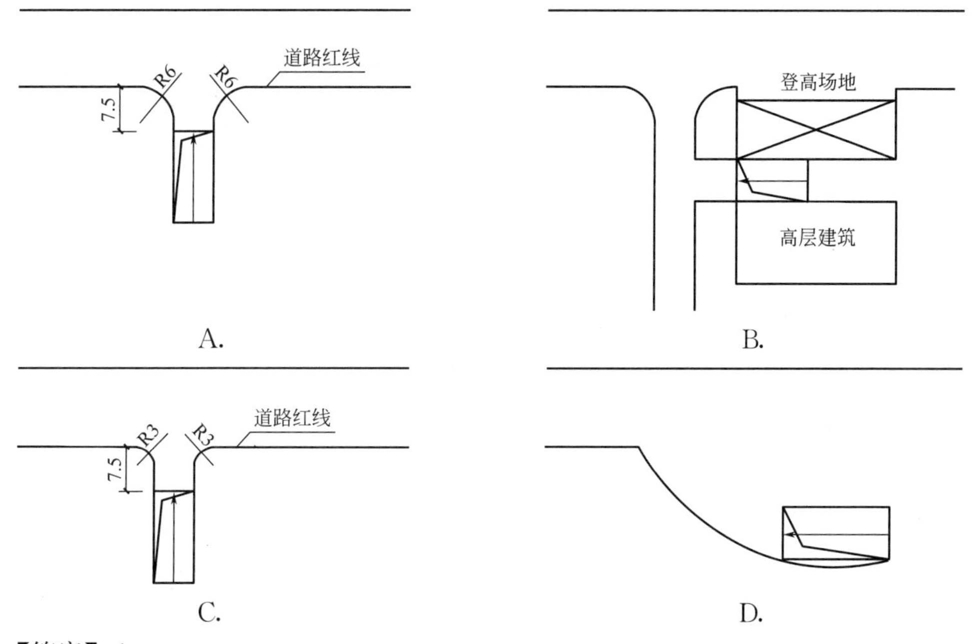

【答案】A

【说明】参见《民用建筑设计统一标准》GB 50352—2019：

建筑基地内地下机动车车库出入口与连接道路间宜设置缓冲段，缓冲段应从车库出入口坡道起坡点算起，并应符合下列规定：

1. 出入口缓冲段与基地内道路连接处的转弯半径不宜小于5.5m；

2. 当出入口与基地道路垂直时，缓冲段长度不应小于5.5m；

3. 当出入口与基地道路平行时，应设不少于5.5m长的缓冲段再汇入基地道路；

4. 当出入口直接连接基地外城市道路时，其缓冲段长度不宜小于7.5m。

11. “道路红线”对的是（　　）。

A. 城市道路（不包括住区道路）的红线　B. 城市道路（包括住区道路）的红线

C. 建设范围的红线　D. 建设范围内不允许凸出的红线

【答案】B

【说明】参见《民用建筑设计统一标准》GB 50352—2019：

道路红线：城市道路（含居住区级道路）用地的边界线。

12. 下列有关消防通道的说法中，错误的是（　　）。

A. 建筑的内院或天井当其短边长度超过 24m 时，宜设有进入内院或天井的消防车道

B. 当多层建筑的总长度超过 220m 时，应在适中位置设置穿过建筑物的消防车道

C. 当多层建筑的沿街长度超过 150m 时，应在适中位置设置穿过建筑物的消防车道

D. 当建筑的周围设环形消防车道时，如建筑的总长度超过 220m，应在适中位置设置穿过建筑物的消防车道

【答案】D

【说明】参见《建筑设计防火规范》GB 50016—2014（2018 版）：

7.1.1 街区内的道路应考虑消防车的通行，道路中心线间的距离不宜大于 160m。

当建筑物沿街道部分的长度大于 150m 或总长度大于 220m 时，应设置穿过建筑物的消防车道。确有困难时，应设置环形消防车道。

7.1.4 有封闭内院或天井的建筑物，当内院或天井的短边长度大于 24m 时，宜设置进入内院或天井的消防车道；当该建筑物沿街时，应设置连通街道和内院的人行通道（可利用楼梯间），其间距不宜大于 80m。

13. 在住宅基地道路交通设计中，宅间小路的路面宽度最小宜为（　　）。

A. 1.5m　　B. 2.0m

C. 2.5m　　D. 3.0m

【答案】C

【说明】参见《城市居住区规划设计标准》GB 50180—2018：

6.0.4 居住街坊内附属道路的规划设计应满足消防、救护、搬家等车辆的通达要求，并应符合下列规定：

1. 主要附属道路至少应有两个车行出入口连接城市道路，其路面宽度不应小于 4.0m；其他附属道路的路面宽度不宜小于 2.5m。

14. 民用建筑基地内关于何时应设置人行道的表述中，下列哪项正确？（　　）

A. 车流量较大时　　B. 人流量较大时

C. 人车混流时　　D. 道路较长时

【答案】A

【说明】参见《民用建筑设计统一标准》GB 50352—2019：

5.2.1-5 基地内宜设人行道路，大型、特大型交通、文化、娱乐、商业、体育、医院等建筑，居住人数大于 5000 人的居住区等车流量较大的场所应设人行道路。

15. 城市居住区中，支路的红线宽度是（　　）。

A. 不宜小于 20m　　B. 14～20m

C. 3～5m　　D. 不宜小于 2.5m

【答案】B

【说明】参见《城市居住区规划设计标准》GB 50180—2018：

6.0.3-2 支路的红线宽度，宜为 14～20m

第七章　停车场（库）设计

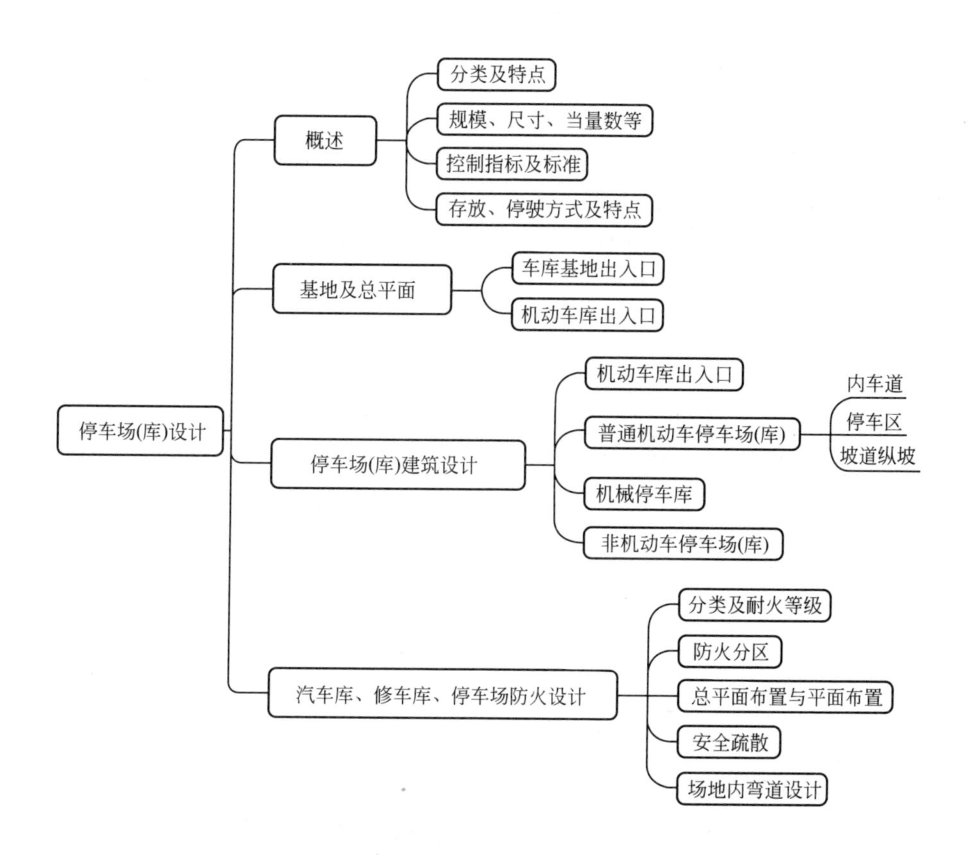

第一节　概述

一、概念与分类

（一）概念

停车场，即专用于停放由内燃机驱动且无轨道的客车、货车、工程车等汽车的露天场地或构筑物。车库为停放机动车、非机动车的建筑物。其中，机动车库尚可分为汽车库与修车库。汽车库为用于停放由内燃机驱动且无轨道的客车、货车、工程车等汽车的建筑物。修车库则是用于保养、修理由内燃机驱动且无轨道的客车、货车、工程车等汽车的建（构）筑物。

（二）分类

停车场（库）有以下几种分类：

1. 按车辆类型：机动车库、非机动车库；

2. 按使用性质：小客车停车场、城市公交车停车场、载重货车的停车场（库）、自行车停车场（库）等、私家车库；

3. 按层数：地面停车场、地下停车场（库）、多层停车场（库）等；

4. 按停车方式：机械式、非机械式；

5. 按出入方式：坡道式、平入式、升降梯式；

6. 按建设方式：单建式、附建式；

7. 按出入方式：平入式、坡道式、升降梯式。

二、车库规模、尺寸及停车当量数

汽车停车库又可以按停车数量分为特大型、大型、中型和小型四类。

《车库建筑设计规范》JGJ 100—2015

4.2.6 机动车库出入口和车道数量应符合表 4.2.6 的规定（除非机动车部分），且当车道数量大于等于 5 且停车当量大于 3000 辆时，机动车出入口数量应经过交通模拟计算确定。

车库规模对应出入口数量 **表 4.2.6**

规模	特大型	大型		中型		小型	
机动车停车当量数	>1000	301～1000		51～300		≤50	
	—	501～1000	301～500	101～300	51～100	25～50	<25
机动车库出入口数量	≥3	≥2		≥2	≥1	≥1	
非居住区建筑出入口车道数量	≥5	≥4	≥3	≥2		≥2	≥1
居住区建筑出入口车道数量	≥3	≥2	≥2	≥2		≥2	≥1
非机动车停车当量数	—	>500		251～500		≤250	

注：机动车换算当量系数：微型车 0.7、小型车 1.0、轻型车 1.5、中型车 2.0、大型车 2.5。

在场地中，每块停车场的面积可按其所包含的停车位的数量来对停车场的面积做粗略估算，以便合理控制其规模。但最终面积值的具体设计阶段的工作，对于地面停车场，一般小汽车的停车面积可按每个停车位 25～30m^2 来计算；地下停车场（库）及地面多层式停车场（库），每个停车位面积可取 30～45m^2。大型汽车可按一定倍数换算成小汽车来计算停车面积，详见表 7.1.1 所列。

各类车辆尺寸、当量换算系数及最小转弯半径 **表 7.1.1**

车辆类型			外廓尺寸/m			车辆换算系数	转弯半径/m
			总长	总宽	总高		
机动车	微型汽车		3.80	1.60	1.80	0.70	4.50
	小型汽车		4.80	1.80	2.00	1.00	6.00
	轻型汽车		7.00	2.25	2.60	1.50	6.00～7.50
	中型汽车	货车	9.00	2.50	3.20	2.00	7.20～9.00
		客车	9.00		4.00		
	大型汽车	货车	11.50	2.50	3.20	2.50	9.00～10.50
		客车	12.00		4.00		

续表

车辆类型	外廓尺寸/m			车辆换算系数	转弯半径/m
	总长	总宽	总高		
自行车	1.93	0.60	1.15	—	—
摩托车	1.60～2.05	0.70～0.74	1.00～1.30	二轮 0.50，三轮 0.70	—

三、居住区配建公共停车场（库）停车位控制指标（车位/百平方米建筑面积）

《城市居住区规划设计标准》GB 50180—2018

5.0.5 居住区相对集中设置且人流较多的配套设施应配建停车场（库），并应符合下列规定：

1 停车场（库）的停车位控制指标，不宜低于表 5.0.5 的规定；

2 商场、街道综合服务中心机动车停车场（库）宜采用地下停车、停车楼或机械式停车设施；

3 配建的机动车停车场（库）应具备公共充电设施安装条件。

表 5.0.5

名称	非机动车	机动车
商场	≥7.5	≥0.45
菜市场	≥7.5	≥0.30
街道综合服务中心	≥7.5	≥0.45
社区卫生服务中心（社区医院）	≥1.5	≥0.45

四、大城市大中型公共建筑及住宅停车位标准（参考）

大城市大中型公共建筑及住宅停车位标准（参考） **表 7.1.2**

建筑类别		计量单位	机动车停车位/个	非机动车停车位/个		备注
				内	外	
宾馆	一类	每套客房	0.6	0.75	——	一级
	二类	每套客房	0.4	0.75	——	二、三级
	三类	每套客房	0.3	0.75	0.25	四级（一般招待所）
餐饮	建筑面积＜1000m^2	每 1000m^2	7.5	0.5	——	——
	建筑面积＞1000m^2		1.2	0.5	0.25	——
办公		每 1000m^2	6.5	1.0	0.75	证券、银行、营业场所
商业	一类（建筑面积＞1 万 m^2）	每 1000m^2	6.5	7.5	12	——
	二类（建筑面积＜1 万 m^2）		4.5	7.5	12	——
购物中心（超市）		每 1000m^2	10	7.5	12	——
医院	市级	每 1000m^2	6.5	——		——
	区级		4.5	——		——

续表

建筑类别		计量单位	机动车停车位/个	非机动车停车位/个		备注
				内	外	
展览馆		每1000m²	7.0	7.5	1.0	图书馆、博物馆参照执行
电影院剧院		100座	3.5	3.5	7.5	——
		100座	10.0	3.5	7.5	——
体育场馆	大型场(≥15000座) 大型馆(≥4000座)	100座	4.2	45		——
	小型场(<15000座) 小型馆(<4000座)	100座	2.0	45		——
娱乐性体育设施		100座	10.0	——		——
住宅	中高档商品住宅	每户	1.0	——		包括公寓
	高档别墅	每户	1.3	——		——
	普通住宅	每户	0.5	——		包括经济适用房等
学校	小学	100学生	0.5	——		有校车停车位
	中学	100学生	0.5	80～100		有校车停车位
	幼儿园	100学生	0.7	——		——

五、常见车辆通停方式及特点（以微型、小型车为例）

车库区域分为停车位和通车道两部分，各种停车方式在设计时都要注意车位与实体墙、柱之间的间距。

《车库建筑设计规范》JGJ 100—2015

4.3.1 停车区域应由停车位和通车道组成。

4.3.2 停车区域的停车方式应排列紧凑、通道短捷、出入迅速、保证安全和与柱网相协调，并应满足一次进出停车位要求。

4.3.3 停车方式可采用平行式、斜列式（倾角30°、45°、60°）和垂直式或混合式。

常见通行及停车方式及特点如下： **表7.1.3**

通停方式	示意图	特点
单侧车道，另一侧停车	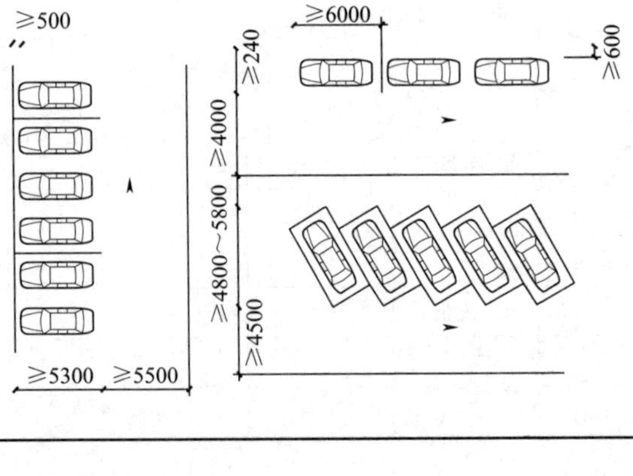 ≥500 ≥5300 ≥5500 ≥6000 ≥240 ≥600 ≥4000 ≥4800～5800 ≥4500	受限于狭窄空间，停车利用率较低

续表

通停方式	示意图	特点
两侧通道，中间停车	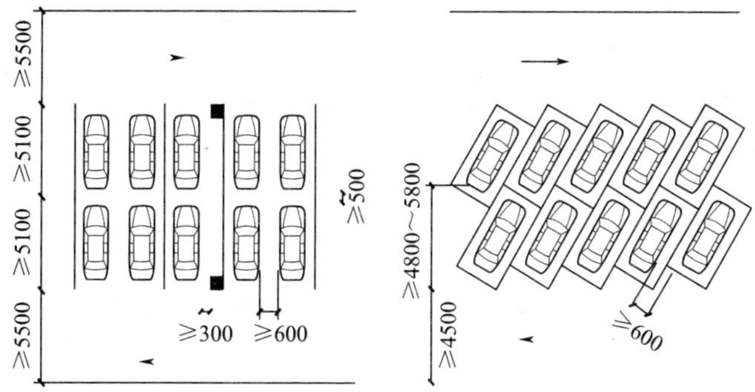 ≥5500 ≥5100 ≥5100 ≥5500 ≥500 ≥300 ≥600 ≥4800～5800 ≥4500 ≥600	受限于狭窄空间，停车利用率较低，但出车迅速、安全
中间车道，两侧停车	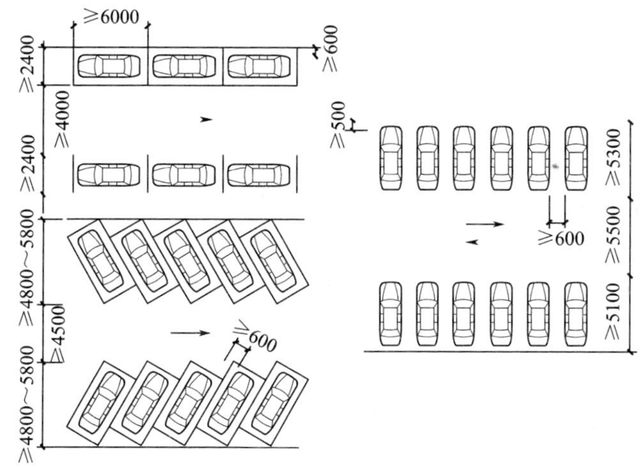 ≥6000 ≥600 ≥2400 ≥4000 ≥2400 ≥4800～5800 ≥4500 ≥4800～5800 ≥600 ≥500 ≥5300 ≥600 ≥5500 ≥5100	常用停车方式，停车利用率较高
环形停车	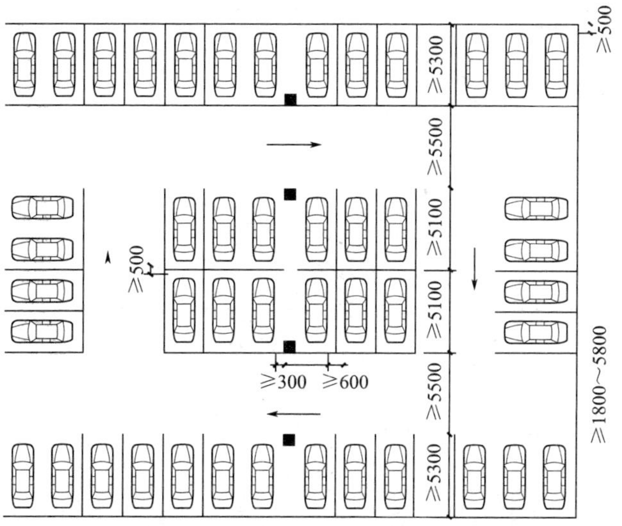 ≥500 ≥5300 ≥5500 ≥5100 ≥500 ≥5100 ≥300 ≥600 ≥5500 ≥1800～5800 ≥5300	车道通畅，车辆调头次数少，停车利用率较高

第二节 基地及总平面

新建或扩建工程应按建筑面积或使用人数，并经城市规划主管部门确认，在建筑物内，或同一基地内，或统筹建设的停车场或停车库内设置停车空间，主要包括汽车停车场与自行车停车场。专用车库基地宜设在单位专用的用地范围内；公共车库基地应选择在停车需求大的位置，并宜与主要服务对象位于城市道路的同侧。机动车库的服务半径不宜大于500m，非机动车库的服务半径不宜大于100m。

一、基地出入口

（一）安全设施：机动车库基地出入口应设置减速安全设施。

（二）位置：

1. 基地出入口不应直接与城市快速路相连接，且不宜直接与城市主干路相连接；
2. 距大、中城市主干道交叉口道路红线交叉点应≥70m；
3. 与人行天桥、人行横道、人行地道（包括引道引桥）的最边线距离应≥5m；
4. 与地铁公交站台边缘应≥15m；
5. 距离公园、学校、儿童及残疾人建筑出入口边缘应≥20m；

（三）宽度：单向行驶的机动车道宽度不应小于4m，双车道路宽住宅区内不应小于6.0m，其他基地道路宽不应小于7.0m，双向行驶的中型车以上车道不应小于7m；单向行驶的非机动车道宽度不应小于1.5m，双向行驶不宜小于3.5m；

（四）间距：大于300辆停车位的停车场，各出入口的间距不应小于15.0m且≥2个出入口道路转弯半径之和；

（五）地面坡度：与城市道路连接的出入口地面坡度不宜大于5%；

（六）转弯半径：机动车库基地出入口处的机动车道路转弯半径不宜小于6m，且应满足基地通行车辆最小转弯半径的要求；小型车应≥3.5m，消防车应按各地要求执行；

（七）候车道：当需在基地出入口办理车辆出入手续时，出入口处应设置≥4m×10m候车道，且不应占用城市道路；非机动车应留有等候空间；且均不占城市道路。

（八）通视条件：在距出入口边线以内2m处作视点，视点的120°范围内至边线外不应有遮挡视线的障碍物（如图7.2.1）

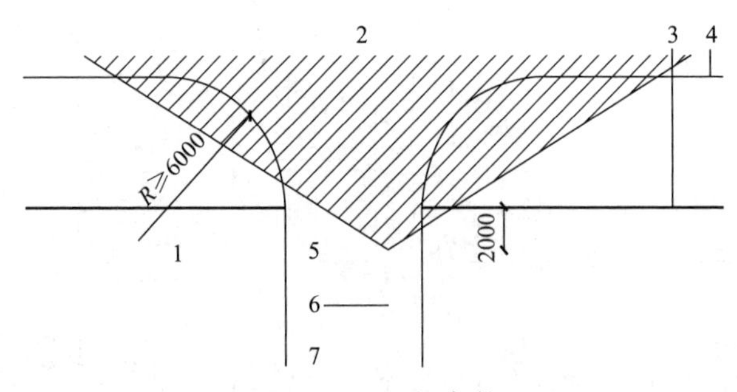

图7.2.1　通视条件

1—基地；2—城市道路；3—基地边线；4—道路缘石线；5—视点位置；6—车道中心线；7—车道边线

二、场地内小型道路满足消防车通行的弯道设计

场地内的小型车通行道路，转弯半径一般较小，当必须满足消防车紧急通行时，可如图7.2.2所示，在小区道路弯道外侧保留一定的空间，其控制范围为弯道处外侧一定宽度

（图中阴影部分），控制范围内不得修建任何地面构筑物，不应布置重要管线、种植灌木和乔木，道路缘石高 $h<120\text{mm}$。

按消防车转弯半径为 12m 计算，转弯最外侧控制半径 $R_0=14.5\text{m}$。

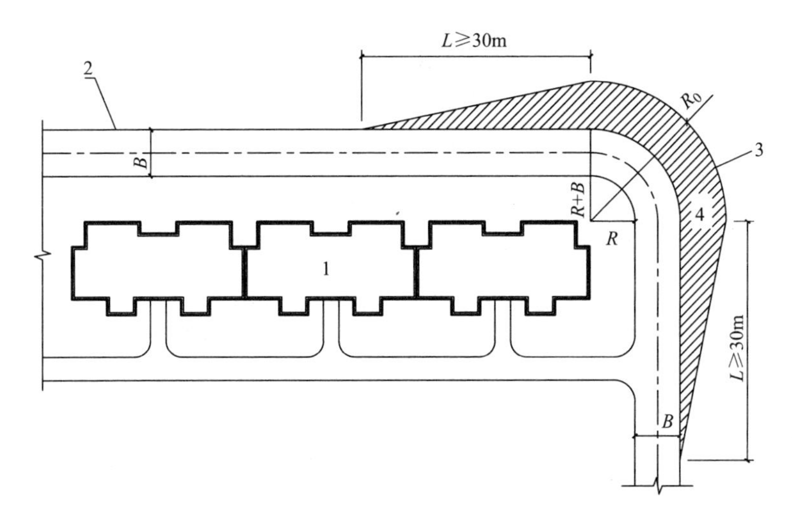

图 7.2.2　满足消防车通行的弯道设计图示

1—建筑轮廓；2—道路缘石线；3—弯道外侧构筑物控制边线；4—控制范围；

B—道路宽度；R—道路转弯半径；R_0—消防车道转弯最外侧控制半径；L—渐变段长度

第三节　停车场（库）建筑设计

一、车库出入口

《车库建筑设计规范》JGJ 100—2015

4.2.8 机动车库的人员出入口与车辆出入口应分开设置，机动车升降梯不得替代乘客电梯作为人员出入口，并应设置标识。

4.2.9 平入式出入口应符合下列规定：

1 平入式出入口室内外地坪高差不应小于 150mm，且不宜大于 300mm；

2 出入口室外坡道起坡点与相连的室外车行道路的最小距离不宜小于 5.0m；

3 出入口的上部宜设有防雨设施；

4 出入口处宜设置遥控启闭的大门。

（一）出入口间距：应≥15m，且≥2 个出入口道路转弯半径之和；

（二）出入口缓冲段：应从车库出入口坡道起坡点算起；

（三）出入口起坡点：距离基地内主要交叉口或高架路起坡点应≥5.5m；

（四）出入口缓冲段与基地内道路连接处的转弯半径宜≥5.5m；

（五）出入口与基地道路平行时，出入口起坡点与主要道路边缘距离应≥5.5m；

（六）出入口直接连接城市道路时，缓冲段长度宜≥7.5m；

（七）出入口宽度单向行驶≥4m，双向行驶≥7m；

二、普通车库坡道要求

出入口可采用直线坡道、曲线坡道和直线与曲线组合坡道。

车库坡道 **表 7.3.1**

	设计内容	设计要求			
车库坡道	最小净高/m	小型车	轻型车	中型客车	大型客车
		2.2	2.95	3.7	
	最小净宽/m	直线单行 3，双行 5.5	直线单行 3.5，双行 7		
		曲线单行 3.8，双行 5.5	曲线单行 5，双行 10		
	纵向坡度	直线坡道≤15%	直线坡道≥13.3%	直线坡道≤12%	直线坡道≤10%
		曲线坡道≤12%	曲线坡道≤10%	曲线坡道≤10%	曲线坡道≤8%
	横坡，缓坡	环道横坡（弯道超高）：2%～6%，斜楼板坡度≤5%			
		当车道纵坡 i>10%时，坡道上、下端应设缓坡，缓坡坡度＝i/2			
		缓坡长度	直线缓坡≥3.6m，曲线缓坡≥2.4m		
	最小环形车道内半径（坡道连续转向角度 α）	α≤90°	90°<α<180°	α≥180°	
		4m	5m	6m	

《车库建筑设计规范》JGJ 100—2015

4.2.10 坡道式出入口应符合下列规定：

4. 当坡道纵向坡度大于10%时，坡道上、下端均应设缓坡坡段，其直线缓坡段的水平长度不应小于3.6m，缓坡坡度应为坡道坡度的1/2；曲线缓坡段的水平长度不应小于2.4m，曲率半径不应小于20m，缓坡段的中心为坡道原起点或止点；大型车的坡道应根据车型确定缓坡的坡度和长度。

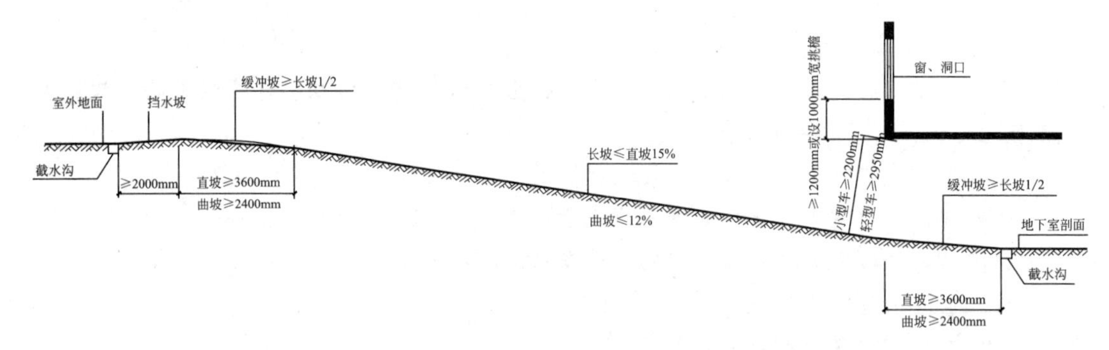

图 7.3.1 地下车库坡道纵坡面设计图示（以小/轻型车为例）

三、车库内通、停车道及停车区域要求

（一）通车道最小宽度：3m 仅通车；

（二）停车区域净高：应≥2.2m；

（三）环道内半径应≥3m；

（四）轮挡：应设，宜设于距停车位端线为汽车前悬或后悬的尺寸减 0.2m 处，高度

宜为 0.15m；

（五）排水：应设置地漏或排水沟，地漏及集水坑中距宜≤40m，地面排水坡向集水坑；

（六）护栏及道牙：入库坡道横向侧无实体墙时应设护栏及道牙。道牙宽×高应≥0.30m×0.15m。

（七）无障碍车位置：

《无障碍设计规范》GB 50763—2012

3.14.1 应将通行方便、行走距离路线最短的停车位设为无障碍机动车停车位。

3.14.2 无障碍机动车停车位的地面应平整、防滑、不积水，地面坡度不应大于 1∶50。

3.14.3 无障碍机动车停车位一侧，应设宽度不小于 1.20m 的通道，供乘轮椅者从轮椅通道直接进入人行道和到达无障碍出入口。

3.14.4 无障碍机动车停车位的地面应涂有停车线、轮椅通道线和无障碍标志。

具体车位及轮椅通道设计详图 7.3.2 无障碍车位设计图示。

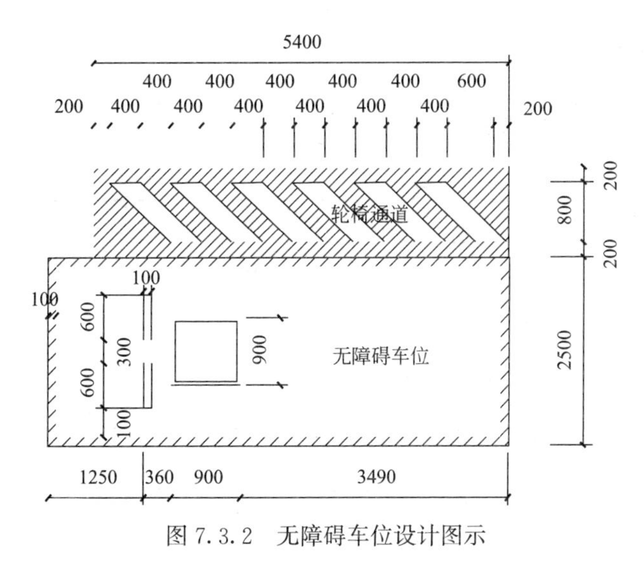

图 7.3.2 无障碍车位设计图示

四、机械式停车库设计

机械式汽车库为采用机械式停车设备存取、停放汽车的停车库。分为：全自动停车库、复式停车库及敞开式机械停车库。机械式车库的停车设备选型应与建筑设计同步进行，须结合停车设备的技术要求等进行合理的柱网关系设计。机械式车库应根据需要设置检修通道，宽度不小于 600mm，净高不小于停车位净高，设检修孔时边长不小于 700mm。

《车库建筑设计规范》JGJ 100—2015

5.1.3 机械式机动车库停放车辆的外廓尺寸及重量可按表 5.1.3 规定采用。

适停车型外廓尺寸及重量 **表 5.1.3**

适停车型	组别代码	长×宽×高/mm×mm×mm	质量/kg
小型车	X	≤4400×1750×1450	≤1300
	Z	≤4700×1800×1450	≤1500

续表

适停车型	组别代码	长×宽×高/mm×mm×mm	质量/kg
轻型车	D	≤5000×1850×1550	≤1700
	T	≤5300×1900×1550	≤2350
	C	≤5600×2050×1550	≤2550
	K	≤5000×1850×2050	≤1850

机械式停车库的基地和总平面设计应按本章第二节设计。

对于复式停车库，其出入口为汽车通道＋载车板形式，尚需满足汽车后进停车时、通道宽度应≥5.8m。对于全自动停车库，出入口为管理/操作室＋回转盘，此时车库出入口应设置不少于2个候车位，当出入口分设时，每个出入口处应设1个候车位；出入口净宽≥设计净宽＋0.5且≥2.50m，净高≥2.0m；管理操作室宜近出入口，室内净宽≥2m，面积≥9m^2，门外开。

五、非机动车停车场（库）设计

（一）通非机动车库设计要求

表7.3.2

车型	非机动车				二轮摩托车
	自行车	三轮车	电动自行车	机动轮椅车	
设计车型长度/m	1.90	2.50	2.00	2.00	2.00
设计车型宽度/m	0.60	1.20	0.80	1.00	1.00
设计车型高度/m	1.20(骑车人骑在车上时,高度＝2.25)				
换算当量系数	1.0	3.0	1.2	1.5	1.5
出入口净宽度/m	≥1.80	≥车宽＋0.6	≥1.80	≥车宽＋0.6	
停车当量数(辆)与出入口数量	停车当量≤500辆时,出入口≥1个			停车当量每增加500辆，出入口数增加1个	
	停车当量＞500辆时,出入口≥2个				
出入口直线形坡道	长度＞6.8m或转向时,应设休息平台,平台长度≥2.00m				
踏步式出入口斜坡	推车坡度≤25%,推车斜坡净宽≥0.35m,出入口总净宽≥1.80m				
坡道式出入口斜坡	坡度≤15%,坡道宽度≥1.80m				
地下车库坡道	在地面出入口处应设置≥0.15m的反坡及截水沟				
车库楼层位置	不宜低于地下二层,室内外地坪高差H＞7m时,应设机械提升装置				
分组停车数/辆	每组当量停车数应≤500				
停车区城净高/m	≥2.00				
出入口安全、通视要求	非机动车库出入口宜与机动车库出入口分开设置,且出地面处的最小距离27.5m。当出入口坡道需与机动车出入口共设时,应设安全分隔设施,且应在地面出入口外7.5m范围内设置不遮挡视线的安全隔离栏杆				

（二）自行车库通停宽度

《车库建筑设计规范》JGJ 100—2015

6.3.3 自行车的停车方式可采取垂直式和斜列式。自行车停车位的宽度、通道宽度应符合 6.3.3 的规定（图 6.3.3）。

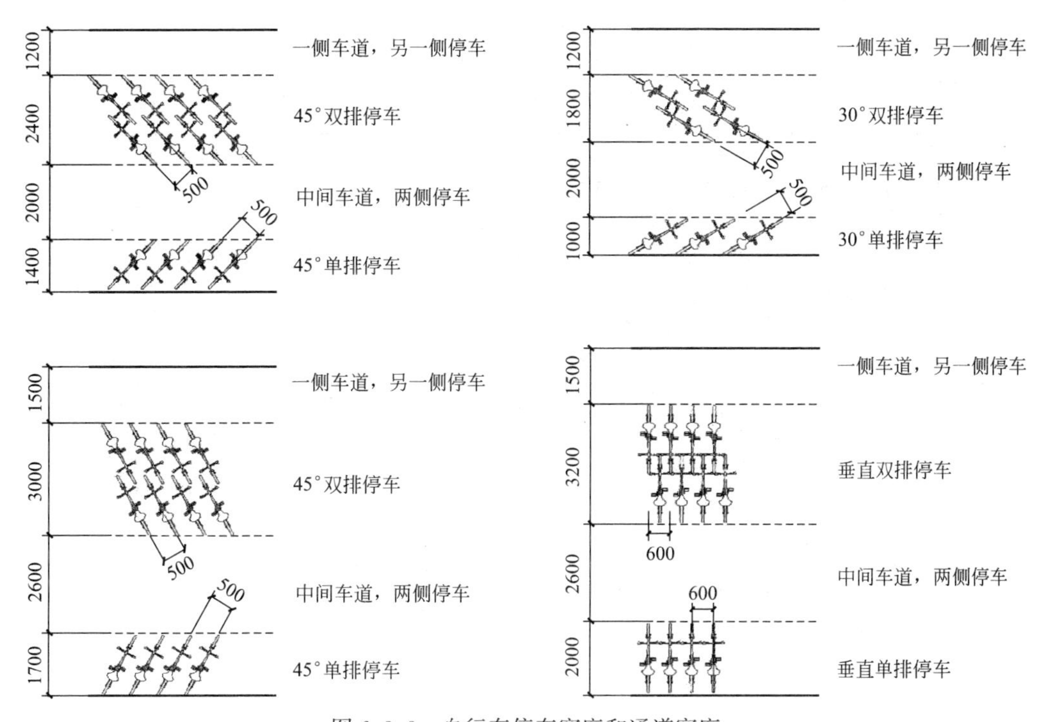

图 6.3.3　自行车停车宽度和通道宽度

第四节　汽车库、修车库、停车场防火设计

一、分类及耐火等级

车库总平面的防火设计应符合现行国家标准《建筑设计防火规范》GB 50016 和《汽车库、修车库、停车场设计防火规范》GB 50067 的规定。

《汽车库、修车库、停车场设计防火规范》GB 50067—2014：

3.0.1 汽车库、修车库、停车场的分类应根据停车（车位）数量和总建筑面积确定，并应符合表 3.0.1 的规定。

汽车库、修车库、停车场的分类及耐火等级　　表 3.0.1

设计内容		设计要求			
分类		Ⅰ	Ⅱ	Ⅲ	Ⅳ
汽车库	停车数量/辆	＞300	150～300	51～150	≤50
	总建筑面积 S/m^2	S＞10000	5000＜S≤10000	2000＜S≤5000	S≤2000

续表

设计内容		设计要求			
修车库	车位数/个	>15	6～15	3～5	≤2
	总建筑面积 S/m^2	S>3000	1000<S≤3000	500<S≤1000	S≤500
停车场	停车数量/辆	>400	251～400	101～250	≤100
耐火等级		一级	不低于二级		不低于三级
		地下、半地下和高层汽车库；甲乙类物品运输车的汽车库和修车库等均应一级			

注：1 当屋面露天停车场与下部汽车库共用汽车坡道时，其停车数量应计算在汽车库的车辆总数内。

2 室外坡道、屋面露天停车场的建筑面积可不计入汽车库的建筑面积之内。

3 公交汽车库的建筑面积可按本表的规定值增加 2.0 倍。

二、防火分区

汽车库防火分区详下表　　表 7.4.1

防火分区	面积(m^2)/设自动灭火系统时的面积(m^2)	全地下车库、地上高层车库	坡道式			2000/4000
			有人有车道机械式			1300/2600
			敞开、错层、斜楼板式			4000/8000
		半地下车库、地上多层车库	坡道式			2500/5000
			有人有车道机械式			1625/3250
			敞开、错层、斜楼板式			5000/10000
		地上单层车库	坡道式			3000/6000
			有人有车道机械式			1950/3900
			敞开、错层、斜楼板式			6000/12000
			甲、乙类物品运输车			500/500
		无人无车道机械式车库	每 100 辆设一个防火分区或每 300 辆设一个防火分区，但必须采用防火措施 分隔出停车数<3 辆的停车单元			
		电动汽车充电停车区	国标规定	新建汽车库内配建的分散充电设施在同一防火分区内应集中布置		
				应设在一、二级耐火等级的汽车库 1F～3F，设在地下室时宜－1F～3F		
				不应低于－3F		
				每分区内应设独立的防火单元(m^2)	单层汽车库	1500/1500
					多层汽车库	1250/1250
					地下汽车库或高层汽车库	100/1000

三、总平面布置与平面布置

（一）一般规定

汽车库、修车库、停车场的选址和总平面设计，应根据城市规划要求，合理确定汽车库、修车库、停车场的位置、防火间距、消防车道和消防水源等。

《汽车库、修车库、停车场设计防火规范》GB 50067—2014

4.1.3 汽车库不应与火灾危险性为甲、乙类的厂房、仓库贴邻或组合建造。

4.1.4 汽车库不应与托儿所、幼儿园，老年人建筑，中小学校的教学楼，病房楼等组合建造。当符合下列要求时，汽车库可设置在托儿所、幼儿园，老年人建筑，中小学校的教学楼，病房楼等的地下部分：

1 汽车库与托儿所、幼儿园，老年人建筑，中小学校的教学楼，病房楼等建筑之间，应采用耐火极限不低于2.00h的楼板完全分隔；

2 汽车库与托儿所、幼儿园，老年人建筑，中小学校的教学楼，病房楼等的安全出口和疏散楼梯应分别独立设置。

4.1.5 甲、乙类物品运输车的汽车库、修车库应为单层建筑，且应独立建造。当停车数量不大于3辆时，可与一、二级耐火等级的Ⅳ类汽车库贴邻，但应采用防火墙隔开。

4.1.6 Ⅰ类修车库应单独建造；Ⅱ、Ⅲ、Ⅳ类修车库可设置在一、二级耐火等级建筑的首层或与其贴邻，但不得与甲、乙类厂房、仓库，明火作业的车间或托儿所、幼儿园、中小学校的教学楼，老年人建筑，病房楼及人员密集场所组合建造或贴邻。

4.1.7 为汽车库、修车库服务的下列附属建筑，可与汽车库、修车库贴邻，但应采用防火墙隔开，并应设置直通室外的安全出口：

1 贮存量不大于1.0t的甲类物品库房；

2 总安装容量不大于5.0m^3/h的乙炔发生器间和贮存量不超过5个标准钢瓶的乙炔气瓶库；

3 1个车位的非封闭喷漆间或不大于2个车位的封闭喷漆间；

4 建筑面积不大于200m^2的充电间和其他甲类生产场所。

（二）防火间距

《汽车库、修车库、停车场设计防火规范》GB 50067—2014

4.2.1 除本规范另有规定外，汽车库、修车库、停车场之间及汽车库、修车库、停车场与除甲类物品仓库外的其他建筑物的防火间距，不应小于表4.2.1的规定。其中，高层汽车库与其他建筑物，汽车库、修车库与高层建筑的防火间距应按表4.2.1的规定值增加3m；汽车库、修车库与甲类厂房的防火间距应按表4.2.1的规定值增加2m。

汽车库、修车库、停车场之间及汽车库、修车库、停车场与除甲类物品仓库外的其他建筑物的防火间距/m　　表4.2.1

名称和耐火等级	汽车库、修车库		厂房、仓库、民用建筑		
	一、二级	三级	一、二级	三级	四级
一、二级汽车库、修车库	10	12	10	12	14
三级汽车库、修车库	12	14	12	14	16
停车场	6	8	6	8	

注：1 防火间距应按相邻建筑物外墙的最近距离算起，如外墙有凸出的可燃物构件时，则应从其凸出部分外缘算起，停车场从靠近建筑物的最近停车位置边缘算起。

2 厂房、仓库的火灾危险性分类应符合现行国家标准《建筑设计防火规范》GB 50016的有关规定。

（三）消防车道

消防车道是保证火灾时消防车靠近建筑物施以灭火救援的通道，因此要求汽车库及修车库应设置消防通道。

《汽车库、修车库、停车场设计防火规范》GB 50067—2014

4.3.1 汽车库、修车库周围应设置消防车道。

4.3.2 消防车道的设置应符合下列要求：

1 除Ⅳ类汽车库和修车库以外，消防车道应为环形，当设置环形车道有困难时，可沿建筑物的一个长边和另一边设置；

2 尽头式消防车道应设置回车道或回车场，回车场的面积不应小于12m×12m；

3 消防车道的宽度不应小于4m。

4.3.3 穿过汽车库、修车库、停车场的消防车道，其净空高度和净宽度均不应小于4m；当消防车道上空遇有障碍物时，路面与障碍物之间的净空高度不应小于4m。

四、安全疏散

车库不论平时还是火灾时，都应做到人车分流，各行其道，发生火灾时不得影响人员安全疏散。

《汽车库、修车库、停车场设计防火规范》GB 50067—2014

6.0.1 汽车库、修车库的人员安全出口和汽车疏散出口应分开设置。设置在工业与民用建筑内的汽车库，其车辆疏散出口应与其他场所的人员安全出口分开设置。

6.0.2 除室内无车道且无人员停留的机械式汽车库外，汽车库、修车库内每个防火分区的人员安全出口不应少于2个，Ⅳ类汽车库和Ⅲ、Ⅳ类修车库可设置1个。

6.0.3 汽车库、修车库的疏散楼梯应符合下列规定：

1 建筑高度大于32m的高层汽车库、室内地面与室外出入口地坪的高差大于10m的地下汽车库应采用防烟楼梯间，其他汽车库、修车库应采用封闭楼梯间；

2 楼梯间和前室的门应采用乙级防火门，并应向疏散方向开启；

3 疏散楼梯的宽度不应小于1.1m。

6.0.4 除室内无车道且无人员停留的机械式汽车库外，建筑高度大于32m的汽车库应设置消防电梯。

6.0.5 室外疏散楼梯可采用金属楼梯，并应符合下列规定：

1 倾斜角度不应大于45°，栏杆扶手的高度不应小于1.1m；

2 每层楼梯平台应采用耐火极限不低于1.00h的不燃材料制作；

3 在室外楼梯周围2m范围内的墙面上，不应开设除疏散门外的其他门、窗、洞口；

4 通向室外楼梯的门应采用乙级防火门。

6.0.6 汽车库室内任一点至最近人员安全出口的疏散距离不应大于45m，当设置自动灭火系统时，其距离不应大于60m。对于单层或设置在建筑首层的汽车库，室内任一点至室外最近出口的疏散距离不应大于60m。6.0.9 除本规范另有规定外，汽车库、修车库的汽车疏散出口总数不应少于2个，且应分散布置。

6.0.14 除室内无车道且无人员停留的机械式汽车库外，相邻两个汽车疏散出口之间的水平距离不应小于10m；毗邻设置的两个汽车坡道应采用防火隔墙分隔。

参考、引用资料：

①《民用建筑设计统一标准》GB 50352—2019（中国建筑工业出版社）
②《建筑设计防火规范》GB 50016—2014（2018年版）（中国计划出版社）
③《汽车库、修车库、停车场设计防火规范》GB 50067—2014（中国计划出版社）
④《车库建筑设计规范》JGJ 100—2015（中国建筑工业出版社）
⑤《无障碍设计规范》GB 50763—2012（中国建筑工业出版社）
⑥《城市居住区规划设计标准》GB 50180—2018
⑦《注册建筑师设计手册》（第二版）（中国建筑工业出版社）

模拟题

1. 280辆车的停车场出入口数量至少应设置几个出入口（　　）。

A. 1　　B. 3　　C. 2　　D. 4

【答案】C

【说明】参见《车库建筑设计规范》JGJ 100—2015

4.2.6 机动车库出入口和车道数量应符合表4.2.6（参见表7.1.2-1）的规定，且当车道数量大于等于5且停车当量大于3000辆时，机动车出入口数量应经过交通模拟计算确定。

2. 有关机动车停车库车辆出入口通向城市道路的叙述，错误的是（　　）。

A. 在出入口边线与车道中心线交点作视点的120°范围内至边线外7.5m以上不应有遮挡视线的障碍物

B. 出入口距离桥隧坡道起止线应大于50m

C. 大中型停车库应不少于两个车辆出入口

D. 单向行驶时出入口宽度不应小于5m

【答案】D

【说明】参见《车库建筑设计规范》JGJ 100—2015。

4.2.4 车辆出入口宽度，双向行驶时不应小于7m，单向行驶时不应小于4m

2. 参见《城市道路交通规划设计规范》GB 50220—1995

8.1.8 机动车公共停车场出入口的设置应符合下列规定

8.1.8.1 出入口应符合行车视距的要求，并应右转出入车道；

8.1.8.2 出入应距离交叉口、桥隧坡道起止线50m以远。

3. 在总体布局时，关于汽车库的设置，下列说法中哪项不妥？（　　）

A. 汽车库不应与甲、乙类库房组合建造

B. 汽车库不应与托儿所、幼儿园、养老院组合建造

C. 当病房楼与汽车库有完全的防火分隔时，病房楼的地下室可设置汽车库

D. 地下汽车库内可设有少量修理车位

【答案】D

【说明】参见《汽车库、修车库、停车场设计防火规范》GB 5007—2014。

4.1.3 汽车库不应与火灾危险性为甲、乙类的厂房、仓库贴邻或组合建造。

4.1.4 汽车库不应与托儿所、幼儿园，老年人建筑，中小学校的教学楼，病房楼等组合建造。当符合下列要求时，汽车库可设置在托儿所、幼儿园，老年人建筑，中小学校的教学楼，病房楼等的地下部分：

1. 汽车库与托儿所、幼儿园，老年人建筑，中小学校的教学楼，病房楼等建筑之间，应采用耐火极限不低于2.00h的楼板完全分隔；

2. 汽车库与托儿所、幼儿园，老年人建筑，中小学校的教学楼，病房楼等的安全出口和疏散楼梯应分别独立设置。

4.1.8 地下、半地下汽车库内不应设置修理车位、喷漆间、充电间、乙炔间和甲、乙类物品库房。

4. 停车场的汽车宜分组停放，每组停车的数量不宜超过50辆，组与组之间的防火间距不应小于（　　）。

A. 6m　　B. 7m　　C. 9m　　D. 13m

【答案】A

【说明】参见《汽车库、修车库 停车场设计防火规范》GB 50067—2014。

4.2.10 停车场的汽车宜分组停放，每组停车的数量不宜大于50辆，组之间的防火间距不应小于6m。

5. 停车场与一、二级民用建筑的最小防火间距是（　　）。

A. 13m　　B. 9m　　C. 6m　　D. 4m

【答案】C

【说明】参见《汽车库、修车库、停车场设计防火规范》GB 50067—2014。

4.2.1 除本规范另有规定外，汽车库、修车库、停车场之间及汽车库、修车库、停车场与除甲类物品仓库外的其他建筑物的防火间距，不应小于表4.2.1的规定。其中，高层汽车库与其他建筑物，汽车库、修车库与高层建筑的防火间距应按表4.2.1的规定值增加3m；汽车库、修车库与甲类厂房的防火间距应按表4.2.1的规定值增加2m。

汽车库、修车库、停车场之间及汽车库、修车库、停车场与除甲类物品仓库外的其他建筑物的防火间距（m）　　**表4.2.1**

名称和耐火等级	汽车库、修车库		厂房、仓库、民用建筑		
	一、二级	三级	一、二级	三级	四级
一、二级汽车库、修车库	10	12	10	12	14
三级汽车库、修车库	12	14	12	14	16
停车场	6	8	6	8	

注：1 防火间距应按相邻建筑物外墙的最近距离算起，如外墙有凸出的可燃物构件时，则应从其凸出部分外缘算起，停车场从靠近建筑物的最近停车位置边缘算起。

2 厂房、仓库的火灾危险性分类应符合现行国家标准《建筑设计防火规范》GB 50016的有关规定。

6. 下述关于车流量较多的基地（包括出租汽车站、车场等）的出入口道路连接城市道路的位置，哪项规定是正确的？（　　）

A. 距大中城市主干道交叉口的距离，自道路红线交叉点量起不应小于60m

B. 距非道路交叉口的过街人行道（包括引道、引桥和地铁出入口）最边缘线不应小

于4m

C. 距公共交通站台边缘不应小于10m

D. 距公园、学校、儿童及残疾人等建筑的出入口不应小于20m

【答案】D

【说明】参见《民用建筑设计统一标准》GB 50352—2019。

4.2.4 建筑基地机动车出入口位置，应符合所在地控制性详细规划，并应符合下列规定：

1 中等城市、大城市的主干路交叉口，自道路红线交叉点起沿线70.0m范围内不应设置机动车出入口；

2 距人行横道、人行天桥、人行地道（包括引道、引桥）的最近边缘线不应小于5.0m；

3 距地铁出入口、公共交通站台边缘不应小于15.0m；

4 距公园、学校及有儿童、老年人、残疾人使用建筑的出入口最近边缘不应小于20.0m。

7. 下列有关停车场车位面积的叙述，错误的是（ ）。

A. 地面小汽车停车场，每个停车位宜为25～30m^2

B. 小汽车停车楼的地下小汽车停车库，每个停车位宜为30～35m^2

C. 摩托车停车场，每个停车位宜为30～35m^2

D. 自行车公共停车场，每个停车位宜为15～18m^2

【答案】C

【说明】机动车公共停车场用地面积，宜按当量小汽车停车位数计算。地面停车场用地面积，每个停车位宜为25～30m^2；停车楼和地下停车库的建筑面积，每个停车位宜为30～35m^2。摩托车停车场用地面积，每个停车位宜为25～27m^2。自行车公共停车场用地面积，每个停车位宜为15～18m^2。

8. 自行车采用垂直式停放时，下列有关停车带和通道宽度的叙述错误的是（ ）。

A. 垂直单排停车，停车带宽度为2.0m　B. 垂直双排停车，停车带宽度为3.2m

C. 垂直两侧停车时通道宽度为2.6m　D. 垂直一侧停车时通道宽度为2.0m

【答案】D

【说明】《车库建筑设计规范》JGJ 100—2015

6.3.3 自行车的停车方式可采取垂直式和斜列式。自行车停车位的宽度、通道宽度应符合以下规定：

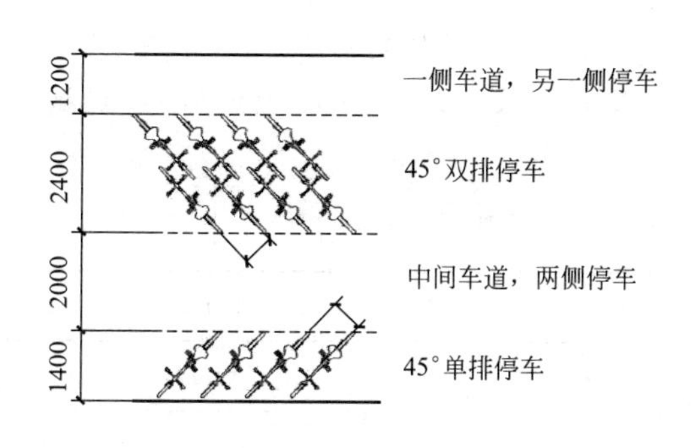

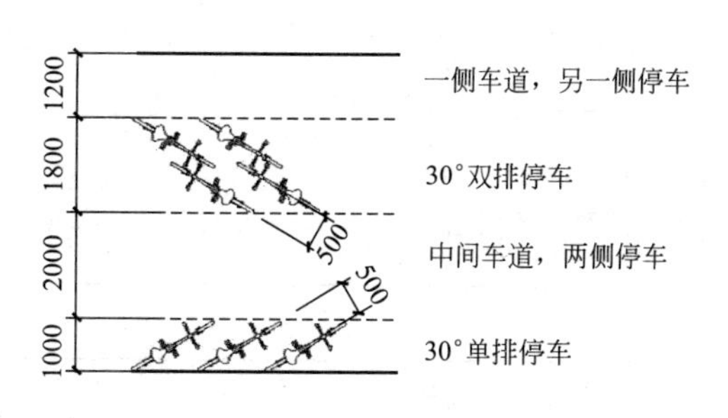

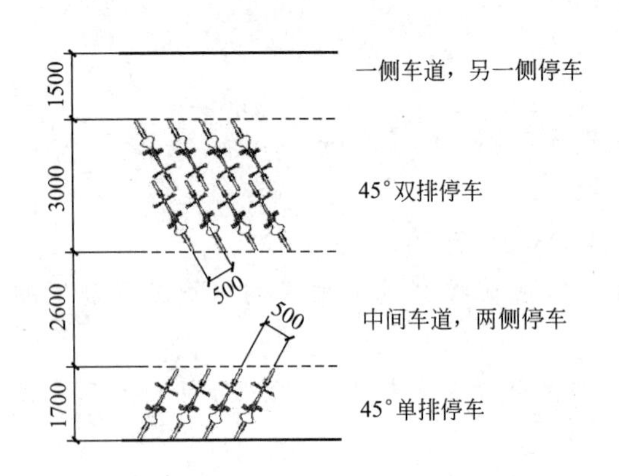

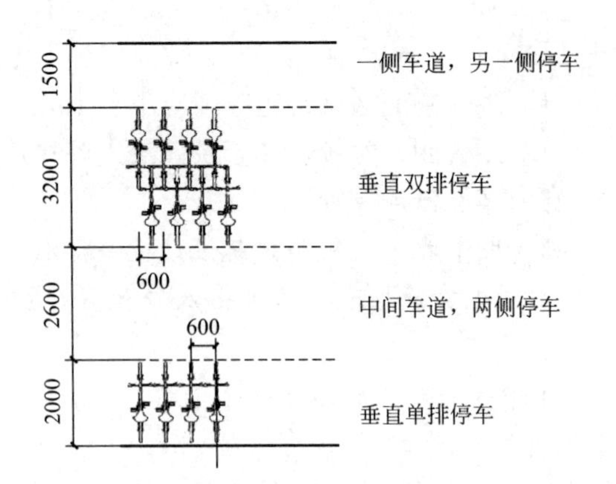

9. 一般小型车汽车库以每车位计所需的建筑面积（包括坡道面积），大致在以下哪个范围内？（　　）

A. 20～45m²　　B. 27～35m²

C. 35～45m²　　D. 45～50m²

【答案】B

【说明】小型车汽车库所需的建筑面积，国内外实例中已有比较接近的指标，大约每车位从 27～35m²（包括坡道面积）不等。

10. 下列有关无障碍停车位的叙述，错误的是（　　）。

A. 距建筑入口及车库最近的停车位置应划为无障碍停车位

B. 无障碍停车位的一侧应设宽度不小于 1.2m 的轮椅通道并与人行通道相连接

C. 轮椅通道与人行通道地面有高差时应设宽度不小于 0.9m 的坡道相连接

D. 无障碍停车位的地面应涂有停车线、轮椅通道线和无障碍标志等

【答案】C

【说明】无障碍机动车停车位的地面应平整、防滑、不积水，地面坡度不应大于 1∶50。

11. 居住区内公共活动中心需配建自行车停车场，其每 100m² 建筑面积所需的车位数，下列哪个是正确的？（　　）

A. 3　　B. 4.5

C. 5　　D. 7.5

【答案】D

【说明】参见《城市居住区规划设计标准》GB 50180—2018。

5.0.5 居住区相对集中设置且人流较多的配套设施应配建停车场（库），并应符合下列规定：

1. 停车场（库）的停车位控制指标，不宜低于表 5.0.5 的规定；

2. 商场、街道综合服务中心机动车停车场（库）宜采用地下停车、停车楼或机械式停车设施；

3. 配建的机动车停车场（库）应具备公共充电设施安装条件。

名 称	非机动车	机动车
商场	≥7.5	≥0.45

续表

名 称	非机动车	机动车
菜市场	≥7.5	≥0.30
街道综合服务中心	≥7.5	≥0.45
社区卫生服务中心(社区医院)	≥1.5	≥0.45

12. 下列关于机动车基地出入口的描述，哪一个不正确？（　　）

A. 单向行驶的非机动车道宽度不应小于 1.5m，双向行驶不宜小于 3.5m

B. 大于 300 辆停车位的停车场，各出入口的间距不应小于 15.0m

C. 与城市道路连接的出入口地面坡度不宜大于 8%

D. 非机动车应留有等候空间，且均不占城市道路

【答案】C

【说明】与城市道路连接的出入口地面坡度不宜大于 5%。

13. 下列关于机动车库出入口的描述，哪一个不正确？（　　）

A. 机动车库的人员出入口与车辆出入口应分开设置，机动车升降梯不得替代乘客电梯作为人员出入口，并应设置标识

B. 出入口与基地道路平行时，出入口起坡点与主要道路边缘距离应≥5.5m

C. 出入口缓冲段与基地内道路连接处的转弯半径宜≥5.5m

D. 出入口室外坡道起坡点与相连的室外车行道路的最小距离不宜小于 5.5m

【答案】D

【说明】出入口室外坡道起坡点与相连的室外车行道路的最小距离不宜小于 5.0m。

14. 坡道式出入口应符合（　　）。

A. 当坡道纵向坡度大于或等于 10%时，坡道上、下端均应设缓坡坡段

B. 直线缓坡段的水平长度不应小于 3.6m，缓坡坡度应为坡道坡度的 1/2 ；曲线缓坡段的水平长度不应小于 2.4m

C. 小型车坡道净高不小于 2300mm

D. 坡道上部门窗洞口需设置不小于 1000mm 的窗坎墙

【答案】B

【说明】坡道式出入口相关设置详下图（以小/轻型车为例）：

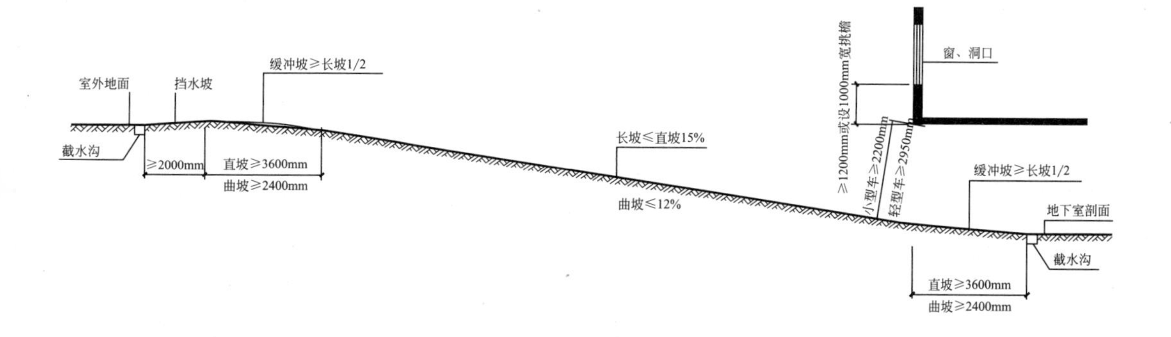

15. 车库内通、停车道及停车区域要求不正确的是（　　）。

A. 通车道最小宽度为 4m（仅通车）

B. 环道内半径应不小于 3m

C. 停车区域净高应不小于 2.2m

D. 应设置地漏或排水沟，地漏及集水坑中距宜≤40m，地面排水坡向集水坑

【答案】A

【说明】根据《车库建筑设计规范》JGJ 100—2015：

4.3.4 机动车最小停车位、通（停）车道宽度可通过计算或作图法求得，且库内通车道宽度大于或等于 3.0m。

第八章　室外活动与运动场地

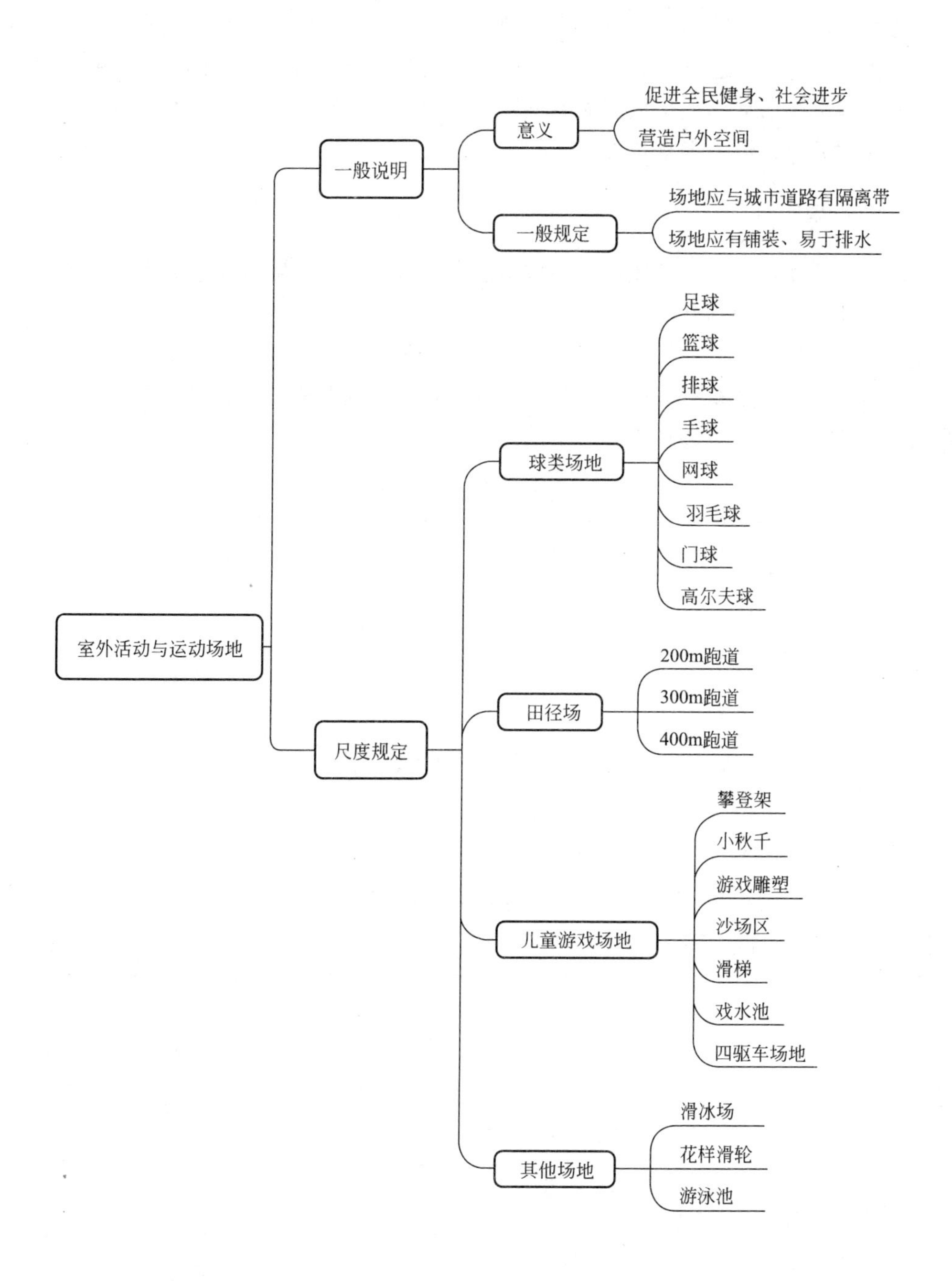

第一节　一般说明

一、意义

室外活动，是居民健康生活不可或缺的内容，在居民一定活动半径内布置一定规模的室外活动场地有助于促进全民健身、强健体魄，同时随着城市公共空间的发展，这部分空间也逐渐成为重要活动场地。从侧面促进社会发展和人民健康水平的提高。同时，活动场地也已经成为城市建设中丰富户外空间的重要因素。

二、一般规定

（1）室外活动场地和运动场地应与城市道路有 5～10m 的隔离带，并为居民日常体育锻炼提供方便，且应便利到达。

（2）室外活动场地，应做好竖向规划设计，便于场地排水，避免积水隐患。

（3）室外运动场地布置方向（以长轴为准）基本为南北向，根据地理纬度和主导风向可略偏离南北向，但不宜超过表 8.1.1 的规定。

运动场地长轴允许偏角　　表 8.1.1

北纬	16°～25°	26°～35°	36°～45°	46°～55°
北偏东	0°	0°	5°	10°
北偏西	15°	15°	10°	5°

第二节　尺度规定

各类室外运动场地占地面积见表 8.2.1 规定。

各类室外运动场地占地面积　　表 8.2.1

类别	长度/m	宽度/m	占地面积/m^2	备注
球类				
足球	120 90	90 45	10800 4050	拥挤地区可建 75m×50m 场地
篮球	28	16	448	球场界线外 2m 不得有障碍物
排球	24	15	360	
手球	40	20	800	
网球	40 36	20 18	800 648	向阳避风、排水良好、不得离公路过近
羽毛球	15	8	120	

续表

类别	长度/m	宽度/m	占地面积/m²	备注
门球	20～25	15～20	300～500	场地避风朝向好、安全，略带砂性土壤，坡度0.5%～1%，中心向四周坡
高尔夫球	—	—	600000	18洞
田径				
200m跑道	93.14 88.10	50.64 50.40	—	6条跑道，两墙圆弧半径18m 4条跑道
300m跑道	137.14 136.04	66.02 63.04	—	8条跑道 6条跑道
400m跑道	175.136 170.436	95.136 90.436	—	8条跑道 6条跑道
其他				
滑冰场	65	36	2340	如需作冰球场，四角圆弧半径7～8m
花样滑轮	50	25	1250	
游泳池	50	25	1250	水深大于1.5m
儿童游戏场				
攀登架	—	—	3×7.5	游戏空间
小秋千	—	—	4.8×9.7	四个秋千架
游戏雕塑	—	—	3×3	
沙场区	—	—	4.5×4.5	
滑梯	—	—	3×7.6	
戏水池	—	—	—	尺寸随意，水深不大于0.4m
四驱车场地	—	—	4×4	场地单独设置，四周设有参观场地

参考、引用资料：

住房和程序建设部执业资格注册中心网．设计前期与场地设计．北京：中国建筑工业出版社.

模拟题

1. 室外运动场地方位以长轴为准。某市（地处北纬26°～35°）拟建体育中心，下列哪个足球场长轴方位是符合标准的？（　　）

A. 北偏东10°　　B. 北偏东5°

C. 北偏西10°　　D. 北偏西20°

【答案】C

【说明】参见《体育建筑设计规范》JGJ 31—2003。

室外运动场地布置方向（以长轴为准）应为南北向，当不能满足要求时，根据地理纬度和主导风向可略偏南北向，但不宜超过本规范表4.2.7的规定。

运动场地长轴允许偏角 **表4.2.7**

北纬	16°～25°	25°～35°	36°～45°	46°～55°
北偏东	0°	0°	5°	10°
北偏西	15°	15°	10°	5°

2. 室外运动场地布置方向（以长轴为准）应为南北向，当不能满足要求时，可略偏南北向，其方位的确定需根据下列因素综合确定，以下哪项是错误的？（　　）

A. 太阳高度角　　B. 场地尺寸

C. 与邻近建筑的关系　　D. 常年风向和风力

【答案】B

【说明】参见《体育建筑设计规范》JGJ 31—2003。

5.1.2 体育场标准方位应符合本规范表5.1.2和本规范第4.2.7条的规定。

体育场标准方位 **表5.1.2**

名称	标准方位
运动场地	纵向轴平行南北方向，也可北偏东或北偏西

注：1 标准方位指位于北半球地区我国的体育场。

2 体育场的方位选址，主要为了避免太阳高度角较低时，对运动员和观众炫目，同时要考虑当地风力和风向对运动成绩的影响。见本规范第4.2.7条的规定。

3 观众的看台最好位于西面，即观众面向东方。

3. 关于中小学设施布局的说法，错误的是（　　）。

A. 教室的外窗与室外运动场地边缘的间距不应小于25m

B. 教室的外窗与相对的教学用房间距不应小于25m

C. 运动场地的长轴宜南北向布置

D. 应有半数以上的普通教室满足日照标准要求

【答案】D

【说明】参见《中小学校设计规范》GB 50099—2011。

4.3.3 普通教室冬至日满窗日照不应少于2h

4.3.6 中小学校体育用地的设置应符合

1 各类运动场地应平整，在其周边的同一高程上应有相应的安全防护空间。

2 室外田径场及足球、篮球、排球等各种球类场地的长轴宜南北向布置。长轴南偏东宜小于20°，南偏西宜小于10°。

4.3.7 各类教室的外窗与相对的教学用房或室外运动场地边缘间的距离不应小于25m。

4. 在进行中小学校建筑总平面布局时，下列原则中哪项不妥？（　　）

A. 风雨操场应离开教学区，靠近室外运动场地布置

B. 学校的校门宜开向城市主干道，以利于疏散

C. 南向的普通教室冬至日底层满窗日常不应小于2h

D. 两排教室长边相对时，其间距不应小于 25m

【答案】B

【说明】GB 50099—2011《中小学校设计规范》规定：

4.1.6 学校教学区的声环境质量应符合现行国家标准《民用建筑隔声设计规范》GB 50118 的有关规定。学校主要教学用房设置窗户的外墙与铁路路轨的距离不应小于 300m，与高速路、地上轨道交通线或城市主干道的距离不应小于 80m。当距离不足时，应采取有效的隔声措施。

4.3.3 普通教室冬至日满窗日照不应少于 2h。

4.3.7 各类教室的外窗与相对的教学用房或室外运动场地边缘间的距离不应小于 25m。

5. 选用下列哪种材料进行场地铺装时，渗入地下的雨水量最大？（　　）

A. 沥青路面　　　　B. 大块石铺砌路面

C. 碎石路面　　　　D. 混凝土路面

【答案】C

【说明】参见《室外排水设计规范》GB 50014—2006（2011 年版）表 3.2.2-1，碎石路面渗入地下的雨水量最大。

6. 常见校园布局的 4 种类型中，受土地形状限制的是（　　）

A. 辐射型　　　　B. 分区型

C. 分子型　　　　D. 线型

【答案】D

【说明】常见校园布局的四种形式：

1. 辐射型：教学区位于校园几何中心，其他各区成环状围绕教学区布置，呈辐射状向外发展。

特点：布局集中紧凑；教学区发展受限制。

2. 分区型：教学区位于校园一侧，其他各区相对独立，又与教学区联系。

特点：各区均可独立形成；便于发展；教学区偏于一隅。

3. 分子型：设多中心教学区，其他设施分散于教学区周围。

特点：教学与相关设施联系密切；各中心区之间交往减弱。

4. 线型：教学中心区成带状布置，沿主轴向两端发展，教学区两侧平行设置辅助设施。

特点：教学区与其他各区平行发展。

7. 室内运动场内某场地平面尺寸为 18m×9m，其应为何种球类运动的场地？（　　）

A. 篮球　　　　B. 网球

C. 羽毛球　　　　D. 排球

【答案】D

【说明】篮球运动的场地要求：球场是一个长方形的坚实平面，无障碍物。对于国际篮联主要的正式比赛，球场尺寸为：长 28m，宽 15m，球场的丈量是从界线的内沿量起。

网球场设计要求：

（1）网球场应设计成长方形。

（2）单打场地的长度为 23.77m，宽度为 8.23m。

（3）双打场地的长度为 23.33m，宽度为 19.97m。

（4）球场正中心设网球网，将整个球分成两个面积的半场。

羽毛球场地及净空高度：羽毛球场地呈长方形，长 13.4m，单打场地宽 5.18m，双打场地宽 6.10m。排球运动的场地要求：排球比赛球场是一个 18m×9m 的长方形场地，四周设有相互对称且至少 3m 宽的长方形无障碍区域。场内自地面向上至少 7m 的空间必须无任何障碍。

第九章　绿化设计

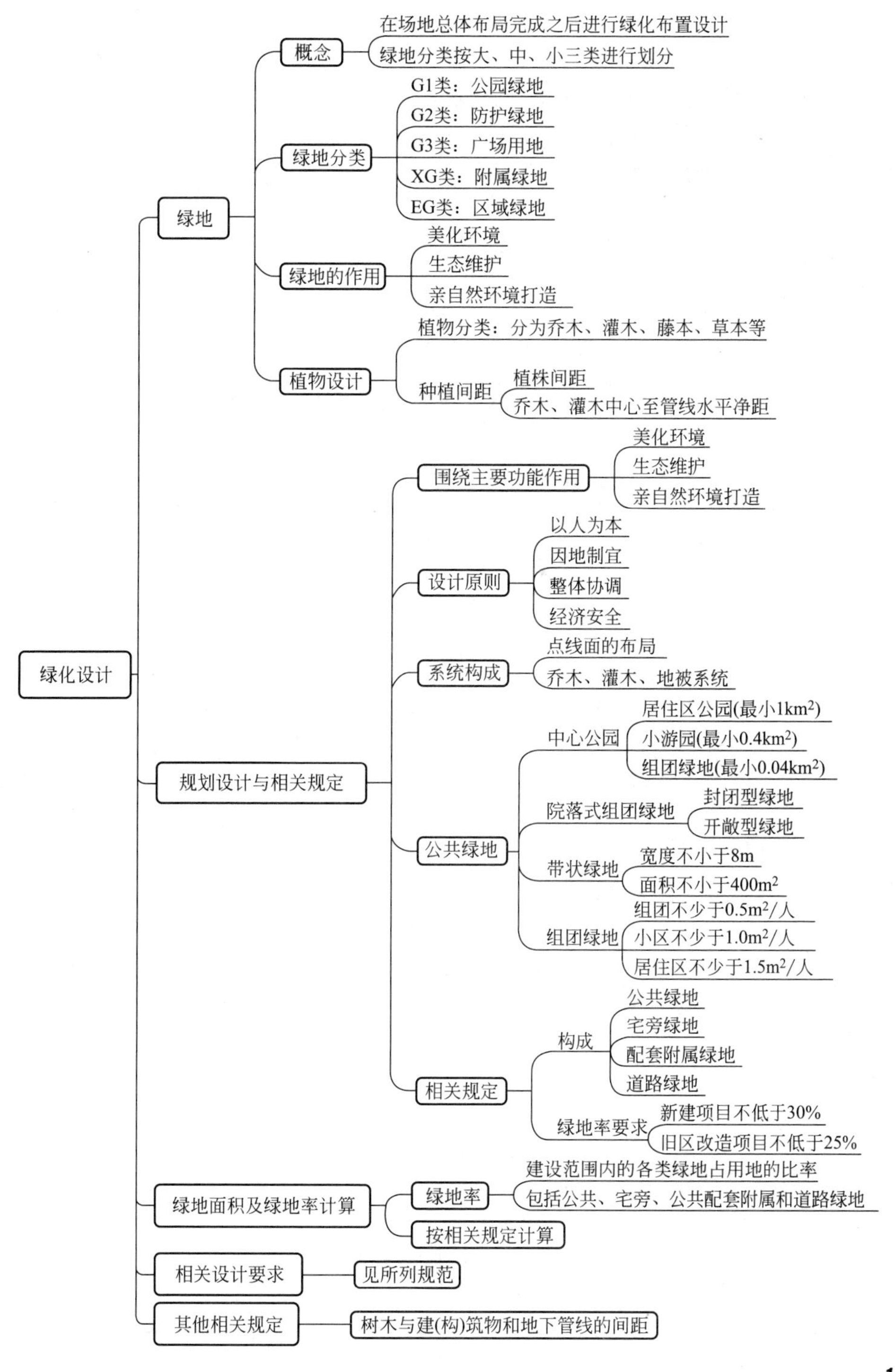

绿化设计
绿地
概念
在场地总体布局完成之后进行绿化布置设计
绿地分类按大、中、小三类进行划分
绿地分类
G1类：公园绿地
G2类：防护绿地
G3类：广场用地
XG类：附属绿地
EG类：区域绿地
绿地的作用
美化环境
生态维护
亲自然环境打造
植物设计
植物分类：分为乔木、灌木、藤本、草本等
种植间距
植株间距
乔木、灌木中心至管线水平净距
规划设计与相关规定
围绕主要功能作用
美化环境
生态维护
亲自然环境打造
设计原则
以人为本
因地制宜
整体协调
经济安全
系统构成
点线面的布局
乔木、灌木、地被系统
公共绿地
中心公园
居住区公园(最小1km²)
小游园(最小0.4km²)
组团绿地(最小0.04km²)
院落式组团绿地
封闭型绿地
开敞型绿地
带状绿地
宽度不小于8m
面积不小于400m²
组团绿地
组团不少于0.5m²/人
小区不少于1.0m²/人
居住区不少于1.5m²/人
相关规定
构成
公共绿地
宅旁绿地
配套附属绿地
道路绿地
绿地率要求
新建项目不低于30%
旧区改造项目不低于25%
绿地面积及绿地率计算
绿地率
建设范围内的各类绿地占用地的比率
包括公共、宅旁、公共配套附属和道路绿地
按相关规定计算
相关设计要求
见所列规范
其他相关规定
树木与建(构)筑物和地下管线的间距

第一节 绿地

一、概念与分类

1. 概念

场地绿化设计是在完成场地总体规划布局后，按照一定的规划指标以及相关要求，对场地绿化及相关设施进行设计，包括绿化布置、种植设计、植物选择等。一般绿地设计不仅要考虑绿地本身，还需要考虑其观赏性、实用性以及生态系统的打造。

根据《城市绿地分类标准》CJJ/T 85—2017 中绿地的分类采用大类、中类、小类三个类别。

2. 绿地分类

通常在开展项目设计时，会根据《城市绿地分类标准》CJJ/T 85—2017 的相关要求，对场地绿化设计展开研究，常见的绿地分类见表 9.1.1。

城市建设用地内的绿地分类和代码 **表 9.1.1**

类别代码			类别名称	内容	备注
大类	中类	小类			
G1			公园绿地	向公众开发，以游憩为主要功能，兼具生态、景观、文教和应急避险等功能，有一定游憩和服务设施的绿地	
	G11		综合公园	内容丰富，适合开展各类户外活动，具有完善的游憩和配套管理服务设施的用地	规模宜大于 $10hm^2$
	G12		社区公园	用地独立，具有基本的游憩和配套服务设施，主要为一定社区范围内的居民，就近开展日常休闲活动服务的绿地	规模宜大于 $1hm^2$
	G13		专类公园	具有特定内容和形式，有相应的游憩和服务设施的绿地	
		G131	动物园	在人工饲养推荐下，移地保护野生动物，进行动物饲养、繁殖等科学研究，并提供科普、游憩、观赏等活动，具有良好设施和解说标识系统的绿地	
		G132	植物园	进行植物科学研究、引种驯化、植物保护，并供观赏，游憩及科普等活动，具有良好设施和解说标识系统的绿地	
		G133	历史公园	体现一定历史时期代表性的造园艺术，需要特别保护的园林	
		G134	遗址公园	以重要遗址及其背景环境为主形成的，在遗址保护和展示等方面具有文化、游憩等功能的绿地	

续表

类别代码			类别名称	内容	备注
大类	中类	小类			
G1	G13	G135	游乐公园	单独设置，具有大型游乐设施，生态环境较好的绿地	
		G139	其他专类公园	除以上各种专类公园外，具有特定主题内容的绿地、主要包括儿童公园、体育健身公园、滨水公园、纪念性公园、雕塑公园以及位于城市建设用地内的风景名胜公园，城市湿地公园和森林公园等	绿化占地比例大于或等于65%
	G14		游园	除以上各种公园绿地外，用地独立，规模较小或形状多样，方便居民就近进入，具有一定游憩功能的绿地	带状游园的宽度宜大于12m，绿化占地比例应大于或等于65%
G2			防护绿地	用地独立，具有卫生、隔离、安全、生态防护，游人不宜进入的绿地。主要包括卫生隔离防护绿地、道路级铁路防护绿地、高压走廊防护绿地、公用设施防护绿地等	
G3			广场用地	以游憩、纪念、集会和避险等功能为主的城市公共活动场地	绿化占地比例宜大于或等于35%，绿化占地比例大于或等于65%的广场用地计入公园绿地
XG			附属绿地	附属于各类城市建设用地（除绿地与广场用地）的绿化用地。包括居住用地、公共管理与公共服务设施用地、商业服务设施用地、工业用地、物流仓储用地、道路与交通设施用地、公用设施用地等地中的绿地	不再重复参与城市建设用地平衡
	RG		居住用地附属绿地	居住用地内的配建绿地	
	AG		公共管理与公共服务用地附属绿地	公共管理与公共服务用地内的绿地	
	BG		商业服务业设施用地附属绿地	商业服务业设施用地内的绿地	
	MG		工业用地附属绿地	工业用地内的绿地	
	WG		物流仓储用地附属绿地	物流仓储用地内的绿地	
	SG		道路与交通设施用地附属绿地	道路与交通设施用地内的绿地	
	UG		公用设施用地附属绿地	公用设施用地内的绿地	

续表

类别代码			类别名称	内容	备注
大类	中类	小类			
EG			区域绿地	位于城市建设用地之外，具有城乡生态环境级自然资源和文化资源保护、游憩健身、安全防护隔离、物种保护、园林苗木生产等功能的绿地	不参与建设用地汇总，不包括耕地
	EG1		风景游憩绿地	自然环境良好，向公众开放，以休闲游憩、旅游观光、娱乐健身、科学考察等为主要功能，具备游憩和服务设施的绿地	
		EG11	风景名胜区	经相关主管部门批准设立，具有观赏、文化或者科学价值，自然景观、人文景观比较集中，环境优美，可供人们游览或者进行科学、文化活动的区域	
		EG12	森林公园	具有一定规模且自然风景优美的森林地域，可供人们进行游憩或科学、文化、教育活动的绿地	
		EG13	湿地公园	以良好的湿地生态环境和多样化的湿地景观资源为基础，具有生态休闲等多种功能，具备游憩和服务设施的绿地	
		EG14	郊野公园	位于城区边缘，有一定规模，以郊野自然景观为主，具有亲近自然、游憩休闲、科普教育等功能，具备必要服务设施的绿地	
		EG19	其他风景游憩绿地	除以上的风景游憩绿地，主要包括野生动植物园、遗址公园、地质公园等	
	EG2		生态保育绿地	为保障城乡生态安全，改善景观质量而进行保护、回复和资源培育的绿色空间。主要包括自然保护区、水源保护区、湿地保护区、公益林、水体防护林、生态修复地、生物物种栖息地等各类以生态保育功能为主的绿地	
	EG3		区域设施防护绿地	区域交通设施、区域公用设施等周边具有安全、防护、卫生、隔离作用的绿地。主要包括各级公路、铁路、输变电设施、环卫设施等周边的防护隔离绿化用地	区域设施指城市建设用地外的设施
	EG4		生产绿地	为城乡绿化美化生产、培育、引种试验各类苗木、花草、种子的苗圃、花圃、草圃等用地	

二、绿地的作用

随着国家双碳战略的提出，绿化在吸收二氧化碳、促进碳中和进程中有举足轻重的作用，是继降低碳排放之后，最有效的减碳途径——生物固碳技术。

中国已经经历了相当一段时间的城市化发展，人们对居住环境和生活品质的要求也在逐步提升，绿地景观已成为城市空间、居住环境不可或缺的组成部分。绿地的作用主要体现在以下几方面：

美化环境：以专业的设计手法为城市、建筑空间提供景观空间，通过绿化布置、植物选择、季相规划等专业设计手法，为人们带来视觉、味觉等感官体验。

生态维护：一定规模的绿化体系，能够起到调节小气候、净化空气、吸收二氧化碳等作用，对于维持生物多样性、涵养水源等方面具有重要作用。

亲自然环境：绿化是链接城市、建筑与自然的桥梁、纽带，为生活提供回归自然的场所。

三、植物设计

1. 植物依其外部形态分为乔木、灌木、藤本植物、草本植物、竹类和花卉。观赏树木又分为林木、花木、果木、叶木、荫木、蔓木。植物的配置组合有孤植、对植、行植、丛植、群植、树林、植篱、花坛、花境、草坪。

2. 种植间距，如行道树定植株距，应以其树种壮年期冠幅为准，最小种植株距应为4m，行道树树干中心至路缘石外侧最小距离宜为0.75m，绿化带最小宽度一般不小于1.5m。

地下管线不宜横穿公共绿地和庭院绿地，与绿化树种间的最小水平净距，宜符合表9.1.2的规定。

管线、其他设施与绿化树种间的最小水平净距/m　　表9.1.2

管线名称	最小水平净距	
	至乔木中心	至灌木中心
给水管、闸井	1.5	1.5
污水管、雨水管、探井	1.5	1.5
燃气管、探井	1.2	1.2
电力电缆、电信电缆	1.0	1.0
电信管道	1.5	1.0
热力管	1.5	1.5
地上杆柱(中心)	2.0	2.0
消防龙头	1.5	1.2
道路侧石边缘	0.5	0.5

一般情况下，树木与架空电力线路导线（1～10kV）的最下垂直距离不小于1.5m。

儿童游乐园等幼儿活动场所严禁配置有毒、有刺等易对儿童造成伤害的植物。

未经处理或处理未达标的生活污水和生产废水不得排入绿地水体。

第二节　规划设计与相关规定

一、规划设计

绿地景观设计要围绕美化环境、生态维护、亲自然环境三大功能为目标，结合场地条件，因地制宜地开展设计。

居住环境由社区、室外环境构成，而室外环境的功能则根据居民的自然环境需求、休闲需求、领域需求和邻里交往需求决定。绿化设计规模及面积应符合相关标准要求，采取乔、灌、草、绿地等多种绿化形式。

绿化的设计原则应“以人为本，因地制宜，整体协调，经济安全”。绿地的基本形态有点、线、面三种，包括规则式、自由式和混合式三种形式。

根据规划布局形式、环境特点及用地的具体条件，采用集中与分散相结合，点、线、面相结合的绿地构成。并宜保留和利用建设范围内的已有树木和绿地。

绿化是环境保护的重要组成部分，有利于创造良好的生产和生活环境。绿化设计的同时，不能影响地上交通和地上、下管线的埋设、运行和维修。

二、相关规定

绿地一般包括公共绿地、宅旁绿地、配套公建所属绿地和道路绿地。

新区绿地率不应低于 30%，旧区改建不宜低于 25%。

三、公共绿地

公共绿地，应根据不同的规划布局形式设置相应的中心绿地，以及老年人、儿童活动场地和其他的块状、带状公共绿地，并应符合下列规定：

(1) 中心绿地的设置应符合下列规定：

a. 符合表 9.2.1 的规定，表内“设置内容”可视具体条件选用；

各级中心绿地设置规定 **表 9.2.1**

中心绿地名称	设置内容	要求	最小规模(hm^2)
居住区公园	花木草坪、花坛水面、凉亭雕塑、小卖茶座、老幼设施、停车场地和铺装地面等	园内布局应有明确的功能划分	1.00
小游园	花木草坪、花坛水面、雕塑、儿童设施和铺装地面等	园内布局应有一定的功能划分	0.40
组团绿地	花木草坪、桌椅、简易儿童设施等	灵活布局	0.04

b. 至少应有一个与相应级别的道路相邻；

c. 绿化面积（含水面）不宜小于 70%；

d. 便于居民休憩、散步和交往之用，宜采用开敞式，以绿篱或其他通透式院墙栏杆作分隔；

e. 组团绿地的设置应满足有不少于 1/3 的绿地面积在标准的建筑日照阴影线范围之外的要求，并便于设置儿童游戏设施和适于成人游憩活动。其中院落式组团绿地的设置还应同时满足表 9.2.2 中的各项要求：

院落式组团绿地设置规定 **表 9.2.2**

封闭型绿地		开敞型绿地	
南侧多层楼	南侧高层楼	南侧多层楼	南侧高层楼
$L \geqslant 1.5L_2$ $L \geqslant 30m$	$L \geqslant 1.5L_2$ $L \geqslant 50m$	$L \geqslant 1.5L_2$ $L \geqslant 30m$	$L \geqslant 1.5L_2$ $L \geqslant 50m$

续表

封闭型绿地		开敞型绿地	
南侧多层楼	南侧高层楼	南侧多层楼	南侧高层楼
$S_1 \geqslant 800m^2$	$S_1 \geqslant 1800m^2$	$S_1 \geqslant 500m^2$	$S_1 \geqslant 1200m^2$
$S_2 \geqslant 1000m^2$	$S_2 \geqslant 2000m^2$	$S_2 \geqslant 600m^2$	$S_2 \geqslant 1400m^2$

注：L—南北两楼正面间距，m；
L_2—当地住宅的标准日照间距，m；
S_1—北侧为多层楼的组团绿地面积，m^2；
S_2—北侧为高层楼的组团绿地面积，m^2。

（2）公共绿地应同时满足宽度不小于8m、面积不小于$400m^2$和上款b、c、d项及第e项中的日照环境要求。

（3）公共绿地的位置和规模，应根据规划用地周围的城市级公共绿地的布局综合确定。

第三节　绿地面积及绿地率计算

一、绿地率

绿地率是用地范围内各类绿地面积的总和占用地面积的比率（%）。

二、绿地面积计算规定

（1）宅旁（宅间）绿地面积计算的起止界应符合规定：绿地边界对宅间路、组团路和小区路算到路边，当小区路设有人行便道时算到便道边，沿居住区路、城市道路则算到红线；距房屋墙脚1.5m；对其他围墙、院墙算到墙脚。

（2）道路绿地面积计算，以道路红线内规划的绿地面积为准进行计算。

（3）院落式组团绿地面积计算起止界应符合规定：绿地边界距宅间路、组团路和小区路路边1.0m；当小区路有人行便道时，算到人行便道边；距房屋墙脚1.5m。

（4）开敞型院落组团绿地，应符合要求：至少有一个面面向小区路，或向建筑控制线宽度不小于10m的组团级主路敞开，并向其开设绿地的主要出入口。

（5）其他块状、带状公共绿地面积计算的起止界同院落式组团绿地。沿居住区（级）道路、城市道路的公共绿地算到红线。

第四节　相关设计要求

1.《民用建筑设计统一标准》GB 50352—2019第5.4.1条：

1 绿地指标要符合当地控制性详细规划及城市绿地管理的有关规定。

2 应充分利用实土布置绿地，植物配置应根据当地气候、土壤和环境等条件确定。

3 绿化与建（构）筑物、道路和管线之间的距离，应符合有关标准的规定。

4 应保护自然生态环境，并应对古树名木采取保护措施。

2.《民用建筑设计统一标准》GB 50352—2019 第 5.4.2 条：

1 地下建筑顶板上的覆土层宜采取局部开发式，开放边应与地下室外部自然土层相接；并应根据地下建筑顶板的覆土厚度，选择适合生长的植物。

2 地下建筑顶板设计应满足种植覆土、综合管线及景观和植物生长的荷载要求。

3 应采用防根穿刺的建筑防水构造。

3.《城市道路工程设计规范》CJJ 37—2012（2016 年版）第 16.2.2 条：

1 道路绿化设计应选择种植位置、种植形式、种植规模，采用适当的树种、草皮、花卉。绿化布置应将乔木、灌木与花卉相结合，层次鲜明。

2 道路绿化应选择能适应当地自然条件和城市复杂环境的地方性树种，应避免不适合植物生长的异地移植。设置雨水调蓄设施的道路绿化用地内植物宜根据水分条件、径流雨水水质等进行选择，宜选择耐淹、耐污等能力较强的植物。

3 对宽度小于 1.5m 分隔带，不宜种植乔木。对快速路的中间分隔带上，不宜种植乔木。

4 主、次干路中间分车绿带和交通岛绿地不应布置成开放式绿地。

5 被人行横道或道路出入口断开的分车绿带，其端部应满足停车视距要求。

4.《城市道路工程设计规范》CJJ 37—2012（2016 年版）第 16.2.3 条：

广场绿化应根据广场性质、规模及功能进行设计。结合交通导流设施，可采用封闭式种植。对休憩绿地，可采用开敞式种植，并可相应布置建筑小品、座椅、水池和林荫小路等。

5.《城市道路工程设计规范》CJJ 37—2012（2016 年版）第 16.2.4 条：

停车场绿化应有利于汽车集散、人车分隔、保证安全、不影响夜间照明，并应改善环境，为车辆遮阳。

6.《民用建筑绿色设计规范》JGJ/T 229—2010 第 5.4.6 条：

场地景观应符合下列要求：

1 场地水景的设计应结合雨洪控制设计，并宜进行生态化设计；

2 场地绿化宜保持连续性；

3 当场地栽植土壤影响植物正常生长时，应进行土壤改良；

4 种植设计应符合场地使用功能、绿化安全间距、绿化效果及绿化养护的要求；

5 应选择适应当地气候条件和场地种植条件、易养护的乡土植物，不应选择易产生飞絮、有异味、有毒、有刺等对人体健康不利的植物；

6 宜根据场地环境进行复层种植设计。

7.《公园设计规范》GB 51192—2016：

1）第 4.1.7 条：公园内古树名木严禁砍伐或移植，并应采取保护措施；

2）第 7.1.13 条：游人通行及活动范围内的树木，其枝下净空应大于 2.2m。

3）第 7.2.4 条：游人正常活动范围内不应选用危及游人生命安全的有毒植物。

4）第 7.2.5 条：游人正常活动范围内不应选用枝叶有硬刺和枝叶形状呈尖硬剑状或刺状的植物。

8.《托儿所、幼儿园建筑设计规范》JGJ 39—2016 第 3.2.4 条：

托儿所、幼儿园场地内绿地率不应小于30%，宜设置集中绿化用地。绿地内不应种植有毒、带刺、有飞絮、病虫害多、有刺激性的植物。

9.《园林绿化工程施工及验收规范》CJJ 82—2012 第 6.5 条：

园林植物生长所必需的最小种植厚度应大于植物根系主要根系分布深度。

园林植物主要根系分布深度　　表 9.4.1

园林植物主要根系分布深度/cm						
植被类型	草本花卉	地被植物	小灌木	大灌木	浅根乔木	深根乔木
分布深度	30	35	45	60	90	900

10.《种植屋面工程技术规程》JGJ 155—2013 第 5.2.17 条：

地下建筑顶板种植应符合下列规定：

1 地下建筑顶板种植土与周界地面相连时，视边界条件可不设排水层；

2 地下建筑顶板高于周界用地时，应设找坡层和排水层；

3 地下建筑顶板做下沉种植时，应设置排水系统；

4 地下建筑顶板绿化宜为永久性绿化。

11.《住宅建筑规范》GB 50368—2005 第 4.4.3 条规定：

人工景观水体的补充水严禁使用自来水。无护栏水体的近岸 2m 范围内容及园桥、汀步附近 2m 范围内，水深应不大于 0.5m。

12.《城市居住区规划设计标准》GB 50180—2018 第 4.0.7 条：

居住街坊内集中绿地的规划建设，应符合下列规定：

1 新区建设不应低于 $0.5m^2$/人，旧区改建不应低于 $0.35m^2$/人；

2 宽度不应小于 8m；

3 在标准的建筑日照阴影线范围之外的绿地面积不应少于 1/3，其中应设置老年人、儿童活动场地。

13.《城市居住区规划设计标准》GB 50180—2018 第 A.0.2 条：

居住街坊内绿地面积的计算方法应符合下列规定：

1）满足当地植物绿化覆土要求的屋顶绿地也可计入绿地。绿地面积计算方法应符合所在城市绿地管理的有关规定。

2）当绿地边界与城市道路临接时，应算至道路红线；当与居住街坊附属道路临接时，应算至道路边缘；当与建筑物临接时，应算至距房屋墙角 1.0m 处；当与围墙、院墙临接时，应算至墙脚。

3）当集中绿地与城市道路临接时，应算至道路红线；当与居住街坊附属道路临接时，应算至距路面边缘 1.0m 处；当与建筑物临接时，应算至距房屋墙角 1.5m 处。

14.《无障碍设计规范》GB 50763—2012 第 7.2.3 条：

居住绿地内的游步道应为无障碍通道，轮椅园路纵坡不应大于 4%；轮椅专用道不应大于 8%。

第五节　其他相关规定

树木与建筑物和地下管线的间距见表 9.5.1 所列。

树木与建、构筑物和地下管线的间距　　**表 9.5.1**

名称		最小间距/m	
		至乔木中心	至灌木中心
建筑物	楼房外墙	5.0	1.5
	平房外墙	2.0	—
挡土墙顶内和墙角外		1.0	0.5
高 2.0m 以上的围墙		1.0	0.75
道路路面边缘		0.5	0.5
人行道边缘		0.5	0.5
排水明沟边缘		1.0	0.5
给水管、排水管		1.5	1.5
燃气管		1.2	1.2
热力管(沟)		1.5	1.5
电缆(沟)		1.0	1.0

参考、引用资料：

① 住房和城乡建设部执业资格注册中心网．设计前期与场地设计．北京：中国建筑工业出版社
②《民用建筑设计统一标准》GB 50352
③《城市道路工程设计规范》CJJ 37
④《民用建筑绿色设计规范》JGJ/T 229
⑤《公园设计规范》GB 51192
⑥《托儿所、幼儿园建筑设计规范》JGJ 39
⑦《园林绿化工程施工及验收规范》CJJ 82
⑧《住宅建筑规范》GB 50368
⑨《城市居住区规划设计标准》GB 50180
⑩《无障碍设计规范》GB 50763
⑪《城市绿地分类标准》CJJ/T 85
⑫《建筑设计资料集 1》

模拟题

1. 建筑工程项目应包括绿化工程，哪项不符合其设计要求？（　　）

A. 绿化的配置和布置方式应根据城市气候、土壤和环境功能等条件确定

B. 应保护自然生态环境，并应对古树名木采取保护措施

C. 不包括对垂直绿化和屋顶绿化的安排

D. 应防止树木根系对地下管线缠绕及对地下建筑防水层的破坏

【答案】C

【说明】参见《民用建筑设计统一标准》GB 50352—2019。

5.4.1 绿化设计应符合下列规定：

1 绿地指标应符合当地控制性详细规划及城市绿地管理的有关规定。

2 应充分利用实土布置绿地，植物配置应根据当地气候、土壤和环境等条件确定。

3 绿化与建（构）筑物、道路和管线之间的距离，应符合有关标准的规定。

4 应保护自然生态环境，并应对古树名木采取保护措施。

5.4.2 地下建筑顶板上的绿化工程应符合下列规定：

1 地下建筑顶板上的覆土层宜采取局部开放式，开放边应与地下室外部自然土层相接；并应根据地下建筑顶板的覆土厚度，选择适合生长的植物。

2 地下建筑顶板设计应满足种植覆土、综合管线及景观和植物生长的荷载要求。

3 应采用防根穿刺的建筑防水构造。

2. 关于民用建筑绿色设计中场地设计的说法，正确的是（　　）。

A. 居住区地面停车场地属于道路用地，无需进行绿化

B. 地面停车场应尽量选用低矮灌木类或草皮绿化，以免影响行车安全

C. 停车场的分车带种植乔木时，其宽度不宜小于 1.5m

D. 室外露天活动场地不应种植高大乔木影响使用

【答案】C

【说明】参见《民用建筑绿色设计规范》JGJ/T 229—2010。

5.4.6 条文说明：种植设计应满足场地使用功能的要求。如，室外活动场地宜选用高大乔木，枝下净空不低于 2.2m，且夏季乔木蔽荫面积宜大于活动范围的 50%；停车场宜选用高大乔木蔽荫，树木种植间距应满足车位、通道、转弯、回车半径的要求，场地内种植池宽度应大于 1.5m，并应设置保护措施。

3. 关于住宅绿化的说法，正确的是（　　）。

A. 居住区地面停车场绿化后可作为绿地面积

B. 地面停车场尽量选低矮灌木或草皮，以免影响行车安全

C. 车道中间绿带宽度小于 1.5m 时，宜种植灌木、地被植物

D. 集中绿化区的局部硬质活动广场无需遮阳绿化

【答案】A

【说明】室外停车场宜采用树荫式停车场（位）设计。在满足以下规定的前提下，可将室外停车场用地面积按以下指标计入绿地率。

（1）停车场（位）用地全部为植草砖铺地，按 30%计入绿地率；

（2）停车场（位）用地全部为植草砖铺设内平均一至两个车位一棵树（乔木胸径不小于 10cm）；按 50%计入绿地率；

（3）停车场（位）的车位尺寸符合国家有关规范的规定。

注：室外停车场换算绿地率指标各地略有不同。

其余参见上题。

4. 关于公园的绿化布置设计原则，下列哪项正确？（　　）

A. 方便残疾人使用的路面范围内，乔、灌木枝下净空不得低于 2m

B. 游人集中场所，在游人活动范围内不宜选用大规格苗木

C. 国内的古树名木严禁砍伐，但可以移植

D. 公园的绿化用地应全部用绿色植物覆盖

【答案】D

【说明】参见《公园设计规范》GB 51192—2016。

4.1.7 公园内古树名木严禁砍伐或移植，并应采取保护措施。

7.1.13 游人通行及活动范围内的树木，其枝下净空应大于 2.2m。

7.2.4 游人正常活动范围内不应选用危及游人生命安全的有毒植物。

7.2.5 游人正常活动范围内不应选用枝叶有硬刺和枝叶形状呈尖硬剑状或刺状的植物。

5. 幼儿园内集中绿地进行树种选择时，下列哪种组合方式不应采用？（　　）

Ⅰ. 玫瑰　Ⅱ. 紫竹　Ⅲ. 蜡梅　Ⅳ. 紫荆

A. Ⅰ、Ⅱ　　B. Ⅲ、Ⅳ

C. Ⅱ、Ⅳ　　D. Ⅱ、Ⅲ

【答案】A

【说明】参见《托儿所、幼儿园建筑设计规范》JGJ 39—2016。

4.2.4 幼儿园内应设绿化用地，其绿地率不应小于 30%，严禁种植有毒、带刺、有飞絮、病虫害多、有刺激性的植物。

6. 改建建筑物屋顶上进行绿化设计，由于结构荷载的限制，除防护层要求外，土层厚度为 600mm。下列哪组绿化植物适合于种植上述土层？（　　）

A. 小灌木＋草坪地被＋草本花卉

B. 小灌木＋草坪地被＋草本花卉＋浅根乔木

C. 小灌木＋深根乔木＋草本花卉

D. 小灌木＋草坪地被＋大灌木＋浅根乔木

【答案】A

【说明】参见《园林绿化工程施工及验收规范》CJJ 82—2012。

6.5 园林植物生长所必需的最小种植土层厚度应大于植物主要根系分布深度，见表 6.5。

园林植物主要根系分布深度/cm　　表 6.5

植被类型	草本花卉	地被植物	小灌木	大灌木	浅根乔木	深根乔木
分布深度	30	35	45	60	90	200

7. 不符合地下建筑顶板上做种植设计要求的是（　　）。

A. 覆土厚度大于 800mm 时，可不设保温层

B. 做下沉式种植时，应设自流排水系统

C. 高于周界地面时，可不设排水系统

D. 绿化宜为永久性绿化

【答案】C

【说明】参见《种植屋面工程技术规程》JGJ 155—2013。

5.2.17 地下建筑顶板种植设计应符合下列规定：

1 地下建筑顶板种植土与周界地面相连时，视边界条件可不设排水层；

2 地下建筑顶板高于周界地面时，应设找坡层和排水层；

3 地下建筑顶板做下沉式种植时，应设自流排水系统；

4 地下建筑顶板绿化宜为永久性绿化。

8. 一建筑物的外围需设计以行列式密植低矮的植物组成边界，要求地上植物的高度为1.2～1.6m，下列哪种类型最符合要求？（　　）

A. 树墙　　B. 高绿篱

C. 中绿篱　　D. 矮绿篱

【答案】B

【说明】参见下表的规定。

各类单行绿篱空间尺度/m

类型	地上空间高度	地上空间宽度
树墙	>1.60	>1.50
高绿篱	1.20～1.60	1.20～2.00
中绿篱	0.50～1.20	0.80～1.50
矮绿篱	0.50	0.30～0.50

9. 居住区无护栏水体的近岸2m范围内及园桥、汀步附近2m范围内，水深不应大于（　　）。

A. 0.5m　　B. 0.8m

C. 1.2m　　D. 1.5m

【答案】A

【说明】《住宅建筑规范》GB 50368—2005 第4.4.3条规定，人工景观水体的补充水严禁使用自来水。无护栏水体的近岸2m范围内及园桥、汀步附近2m范围内，水深不应大于0.5m。

10. 居住区人工景观水体（人造水景的湖、小溪、瀑布及喷泉等）的补充水体严禁使用（　　）。

A. 中水　　B. 雨水

C. 自来水　　D. 邻近自然河道水

【答案】C

【说明】《住宅建筑规范》GB 50368—2005 第4.4.3条规定，人工景观水体的补充水严禁使用自来水。

11. 小区道路上的雨水口宜每隔一定距离设置一个，下面哪组数据是正确的？（　　）

A. 10～25m　　B. 25～40m

C. 35～50m　　D. 40～55m

【答案】B

【说明】《居住小区给水排水设计规范》CECS 57—1994 第4.5.8条规定，雨水口沿街道布置间距宜为20～40m。雨水口连接管长度不宜超过25m。

12. 所示图例在总图中示意哪种树木？（　　）

A. 落叶阔叶灌木　　B. 常绿针叶乔木

C. 落叶针叶树　　D. 常绿阔叶灌木

【答案】B

【说明】参见《总图制图标准》GB/T 50103—2010 表3.0.4。

13. 有关居住区内绿地的表述中，错误的是（　　）

A. 宅旁绿地、配套公建所属绿地和道路绿地应计入居住区内绿地

B. 满足当地植树绿化覆土要求、方便居民出入的地下建筑或半地下建筑的屋顶绿地面应计入居住区绿地

C. 居住区的公共绿地包括中心绿地，以及老年人、儿童活动场地和其他的块状、带状公共绿地等

D. 达不到1/3的绿地面积在标准的建筑日照阴影线范围之外时，该绿地不能计入居住区内绿地

【答案】D

【说明】参见《城市居住区规划设计标准》GB 50180—2018。

4.0.7 居住街坊内集中绿地的规划建设，应符合下列规定：

1 新区建设不应低于0.50m^2/人，旧区改建不应低于0.35m^2/人；

2 宽度不应小于8m；

3 在标准的建筑日照阴影线范围之外的绿地面积不应少于1/3，其中应设置老年人、儿童活动场地。

下面第14题～第18题的答案说明参见本题。

14. 关于居住区绿地采用调蓄、传输雨水等的做法，错误的是（　　）

A. 利用场地原有沟渠、水面设计景观水体

B. 采用下凹绿地

C. 小区道路作为其两侧绿化排除积水的通道

D. 小游园、小广场等采用透水砖铺装

【答案】C

15. 某居住区内的绿地具备下列四项条件（　　）

（1）一二侧紧邻居住区道路并设有主要出入口

（2）南北侧均为高层住宅，间距大于1.5倍标准日照间距且间距在50m以上

（3）面积1000m^2

（4）不少于1/3的绿地面积在标准的建筑日照阴影线范围之外

则该绿地属于（　　）。

A. 块状带状公共绿地　　B. 开敞型院落式组团绿地

C. 封闭型院落式组团绿地　　D. 居住区小游园

【答案】A

16. 有关开敞型和封闭型院落式组团绿地的下列描述，错误的是（　　）

A. 均应有不少于1/3的绿地面积在当地标准的建筑日照阴影线范围之外

B. 均要便于设置儿童游乐设施和适于老人、成人游憩活动而不干扰居民生活

C. 在建筑围合部分条件相同的前提下，开敞型院落式组团绿地比封闭型院落式组团绿地要求的最小面积要大

D. 开敞型院落式组团绿地至少有一个面，面向小区路或建筑控制线不小于宽 10m 的组团路

【答案】C

17. 有关居住区块状带状公共绿地应同时满足的条件，错误的是（　　）。

A. 用地宽度不小于 8m，便于居民休憩、散步和交往

B. 面积不小于 $800m^2$，绿化面积（含水面）不宜小于 70%

C. 至少应有一个边与相应级别的道路相邻

D. 不少于 1/3 的绿地面积在标准的建筑日照阴影线范围之外

【答案】B

18. 下列有关居住区块状、带状公共绿地的表述，错误的是（　　）

A. 用地宽度不小于 8m，便于居民休憩、散步和交往

B. 面积不小于 $400m^2$，绿化面积（含水面）不宜小于 70%

C. 对宅间路、组团路的小区路，其起止界应算到路边

D. 不少于 1/3 的绿地面积在标准建筑日照阴影线范围之外

【答案】C

19. 关于居住区中满足无障碍要求的居住绿地的说法，错误的是（　　）。

A. 居住绿地的游步道应为无障碍通道

B. 轮椅园路纵坡不应大于 8%

C. 轮椅专用道纵坡不应大于 8%

D. 有三个以上出入口时，无障碍出入口不应少于 2 个

【答案】B

【说明】参见《无障碍设计规范》GB 50763—2012。

7.2.2 出入口应符合下列规定：

1 居住绿地的主要出入口应设置为无障碍出入口；有 3 个以上出入口时，无障碍出入口不应少于 2 个。

2 居住绿地内主要活动广场与相接的地面或路面高差小于 300mm 时，所有出入口均应为无障碍出入口；高差大于 300mm 时，当出入口少于 3 个，所有出入口应为无障碍出入口；当出入口为 3 个或 3 个以上，应至少设置 2 个无障碍出入口。

7.2.3 游步道及休憩设施应符合下列规定：

1 居住绿地内的游步道应为无障碍通道，轮椅园路纵坡不应大于 4%；轮椅专用道不应大于 8%。

20. 公共绿地部分处于标准日照阴影范围内时，其不在日照阴影范围中的面积应不小于绿地面积的（　　）。[2005-35]

A. 1/4　　　　B. 1/3

C. 1/2　　　　D. 3/4

【答案】B

【说明】参见《城市居住区规划设计标准》GB 50180—2018。

4.0.7 居住街坊内集中绿地的规划建设，应符合下列规定：

1. 新区建设不应低于 0.50m^2/人，旧区改建不应低于 0.35m^2/人；

2. 宽度不应小于 8m；

3. 在标准的建筑日照阴影线范围之外的绿地面积不应少于 1/3，其中应设置老年人、儿童活动场地。

第十章　管线综合

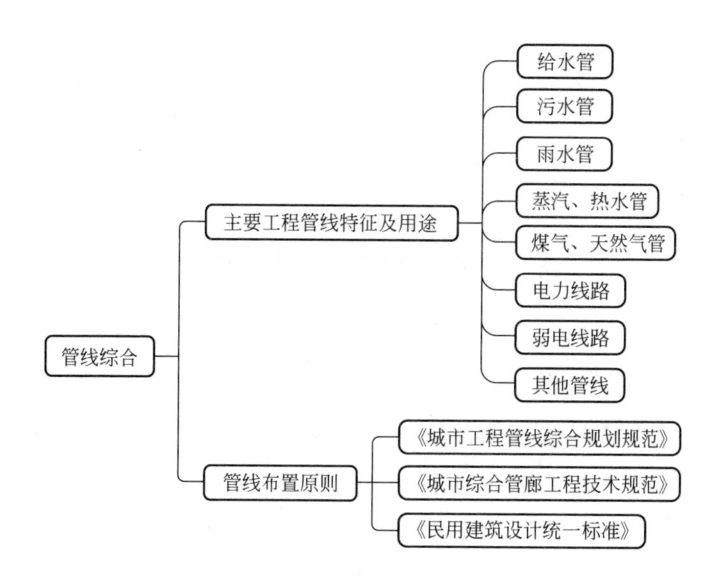

第一节　主要工程管线特性及用途

一、主要工程管线特性及用途

（一）给水管网

给水工程中向用户输水和配水的管道系统，采用钢、铸铁、水泥管、钢塑复合管、PE管，多埋于地下。一般生活和消防用水可合用管道，生活和生产用水分开设置。

（二）污水管

用户的污、废水经管道排入污水净化设施。污水一般进入化粪池净化后排入市政污水管网，公共餐饮污水经隔油器处理后进入市政管网。污水经提升污水站至大污水处理厂统一处置，最后经净化处理后的污水再排入河道。污水管一般用钢筋混凝土管、HDPE管等。

（三）雨水管

一般应独立成系统，经管网排至河道。个别小城镇有雨污水合流的做法。污水管一般用钢筋混凝土管、HDPE管等。

（四）蒸汽、热水管

又称热力管，热源经钢管保温管道系统埋入地下或做管沟，再由架空管线送至用户。

（五）煤气、天然气管

又称燃气管，系由城市分配站或调压站调整压力后，将燃气输送给用户的管道。敷设方式在生活区一般是埋地，在厂区也有架空的设置。燃气管一般用PE管。

（六）电力线路

指发电厂或变电所的电能输送到用户的线路。外网220kV、110kV和35kV；内网指建设厂建设厂区内10kV和4kV电压，电力线要绝缘，有架空和埋地两种敷线方式，电力线距建筑有严格的距离要求。

（七）弱电线路

一般指电话、广播、电视线路，可用多芯、光纤及铜轴等电缆。一般要远离电力网线。

（八）其他管线

应根据生产、生活需要而定，如氧气、乙炔、压缩空气、输油及化工管线等。

第二节 管线布置原则

一、管线布置原则的规范

关于管线布置及管线综合规划主要有三本规范：《城市工程管线综合规划规范》GB 50289—2016、《城市综合管廊工程技术规范》GB 50838—2015和《民用建筑设计统一标准》GB 50352—2019，前二本规范与最后一本规范条文内容有重复，可以以前二本规范为主。

二、《城市工程管线综合规划规范》规定

《城市工程管线综合规划规范》GB 50289—2016对管线布置有如下规定。

1. 第3.0.1条：城市工程管线综合规划的主要内容应包括：协调各工程管线布局；确定工程管线的敷设方式；确定工程管线敷设的排列顺序和位置，确定相邻工程管线的水平间距、交叉工程管线的垂直间距；确定地下敷设的工程管线控制高程和覆土深度等。

2. 第3.0.3条：城市工程管线宜地下敷设，当架空敷设可能危及人身财产安全或对城市景观造成严重影响时应采取直埋、保护管、管沟或综合管廊等方式地下敷设。

3. 第3.0.4条：工程管线的平面位置和竖向位置均应采用城市统一的坐标系统和高程系统。

4. 第3.0.5条：工程管线综合规划应符合下列规定：

1 工程管线应按城市规划道路网布置；

2 各工程管线应结合用地规划优化布局；

3 工程管线综合规划应充分利用现状管线及线位；

4 工程管线应避开地震断裂带、沉陷区以及滑坡危险地带等不良地质条件区。

5. 第3.0.7条：编制工程管线综合规划时，应减少管线在道路交叉口处交叉。当工程管线竖向位置发生矛盾时，宜按下列规定处理：

1 压力管线宜避让重力流管线；

2 易弯曲管线宜避让不易弯曲管线；

3 分支管线宜避让主干管线；

4 小管径管线宜避让大管径管线；

5 临时管线宜避让永久管线。

6. 第 4.1.1 条：严寒或寒冷地区给水、排水、再生水、直埋电力及湿燃气等工程管线应根据土壤冰冻深度确定管线覆土深度；非直埋电力、通信、热力及干燃气等工程管线以及严寒或寒冷地区以外地区的工程管线应根据土壤性质和地面承受荷载的大小确定管线的覆土深度。

工程管线的最小覆土深度应符合表 4.1.1 的规定。当受条件限制不能满足要求时，可采取安全措施减少其最小覆土深度。

工程管线的最小覆土深度/m **表 4.1.1**

管线名称		给水管线	排水管线	再生水管线	电力管线		通信管线		直埋热力管线	燃气管线	管沟
					直埋	保护管	直埋及塑料、混凝土保护管	钢保护管			
最小覆土深度	非机动车道（含人行道）	0.60	0.60	0.60	0.70	0.50	0.60	0.50	0.70	0.60	—
	机动车道	0.70	0.70	0.70	1.00	0.50	0.90	0.60	1.00	0.90	0.50

注：聚乙烯给水管线机动车道下的覆土深度不宜小于 1.00m。

7. 第 4.1.2 条：工程管线应根据道路的规划横断面布置在人行道或非机动车道下面。位置受限制时，可布置在机动车道或绿化带下面。

8. 第 4.1.4 条：工程管线在庭院内由建筑线向外方向平行布置的顺序，应根据工程管线的性质和埋设深度确定，其布置次序宜为：电力、通信、污水、雨水、给水、燃气、热力、再生水。

9. 第 4.1.5 条：沿城市道路规划的工程管线应与道路中心线平行，其主干线应靠近分支管线多的一侧。工程管线不宜从道路一侧转到另一侧。

道路红线宽度超过 40m 的城市干道宜两侧布置配水、配气、通信、电力和排水管线。

10. 第 4.1.7 条：沿铁路、公路敷设的工程管线应与铁路、公路线路平行。工程管线与铁路、公路交叉时宜采用垂直交叉方式布置；受条件限制时，其交叉角宜大于 60°。

11. 第 4.1.8 条：河底敷设的工程管线应选择在稳定河段，管线高程应按不妨碍河道的整治和管线安全的原则确定，并应符合下列规定：

1 在Ⅰ级～Ⅴ级航道下面敷设，其顶部高程应在远期规划航道底标高 2.0m 以下；

2 在Ⅵ级、Ⅶ级航道下面敷设，其顶部高程应在远期规划航道底标高 1.0m 以下；

3 在其他河道下面敷设，其顶部高程应在河道底设计高程 0.5m 以下。

12. 第 4.1.9 条工程管线之间及其与建（构）筑物之间的最小水平净距应符合本规范表 4.1.9 的规定。当受道路宽度、断面以及现状工程管线位置等因素限制难以满足要求时，应根据实际情况采取安全措施后减少其最小水平净距。大于 1.6MPa 的燃气管线与其他管线的水平净距应按现行国家标准《城镇燃气设计规范》GB 50028 执行。

工程管线之间及其与建（构）筑物之间的最小水平净距/m **表 4.1.9**

序号	管线及建(构)筑物名称	1	2		3	4	5					6	7		8		9	10	11	12			13	14	15
		建(构)筑物	给水管线		污水、雨水管线	再生水管线	燃气管线					直埋留线直埋热力	电力管线		通信管线		管沟	乔木		地上杆柱			道路侧石边缘	有轨电车钢轨	铁路钢轨(或坡脚)
			$d\leqslant$ 200mm	$d>$ 200mm			低压	中压		次高压				保护管	直埋	管道、通道				通信及 $<$ 10kV	高压铁塔基础边				
								B	A	B	A										$\leqslant$ 35kV	$>$ 35kV			
1	建(构)筑物	—	1.0	3.0	2.5	1.0	0.7	1.0	1.5	5.0	13.5	3.0	0.6		1.0	1.5	0.5								
2	给水管线 $d\leqslant$200mm	1.0			1.0	0.5	0.5			1.0	1.5	1.5	0.5		1.0		1.5	1.5	1.0	0.5	3.0		1.5	2.0	5.0
	给水管线 $d>$200mm	3.0			1.5																				
3	污水、雨水管线	2.5	1.0	1.5		0.5	1.0	1.2		1.5	2.0	1.5	0.5		1.0		1.5	1.5	1.0	0.5	1.5		1.5	2.0	5.0
4	再生水管线	1.0	0.5		0.5		0.5			1.0	1.5	1.0	0.5		1.0		1.5	1.0		0.5	3.0		1.5	2.0	5.0
5	燃气管线 低压 $P<0.01$MPa	0.7	0.5		1.0	0.5	$DN\leqslant300$mm0.4 $DN>300$mm0.5					1.0	0.5	1.0	0.5	1.0	1.0	0.75		1.0	1.0	2.0	1.5	2.0	5.0
	燃气管线 中压 B $0.01\text{MPa}\leqslant P\leqslant0.2\text{MPa}$	1.0			1.2												1.5								
	燃气管线 中压 A $0.2\text{MPa}<P\leqslant0.4\text{MPa}$	1.5																							
	燃气管线 闲群穿 B $0.4\text{MPa}<P\leqslant0.8\text{MPa}$	5.0	1.0		1.5	1.0						1.5	1.0		1.0		2.0	1.2				5.0	2.5		
	燃气管线 闲群穿 A $0.8\text{MPa}<P\leqslant1.6\text{MPa}$	13.5	1.5		2.0	1.5						2.0	1.5		1.5		4.0								

续表

序号	管线及建(构)筑物名称		1	2		3	4	5					6	7		8		9	10	11	12			13	14	15
			建(构)筑物	给水管线		污水、雨水管线	再生水管线	燃气管线					直埋留线直埋热力	电力管线		通信管线		管沟	乔木		地上杆柱			道路侧石边缘	有轨电车钢轨	铁路钢轨(或坡脚)
				$d\leqslant$ 200mm	$d>$ 200mm			低压	中压		次高压				保护管	直埋	管道、通道				通信及<10kV	高压铁塔基础边				
									B	A	B	A										≤35kV	>35kV			
6	直埋热力管线		3.0	1.5		1.5	1.0	1.0			1.5	2.0	—	2.0		1.0		1.5	1.5		1.0	(3.0>330kV 5.0)		1.5	2.0	5.0
7	电力管线	直埋	0.6	0.5		0.5	0.5	0.5			1.0	1.5	2.0	0.25	0.1	<35kV 0.5 ≥35kV 2.0		1.0	0.7		1.0	2.0		1.5	2.0	10.0(非电气化3.0)
		保护管						1.0						0.1	0.1											
8	通信管线	直埋	1.0	1.0		1.0	1.0	0.5			1.0	1.5	1.0	<35kV 0.5 ≥35kV 2.0		0.5		1.0	1.5	1.0	0.5	0.5	2.5	1.5	2.0	2.0
		管道、通道	1.5					1.0																		
9	管沟		0.5	1.5		1.5	1.5	1.0	1.5		2.0	4.0	1.5	1.0		1.0		—	1.5	1.0	1.0	3.0		1.5	2.0	5.0
10	乔木		—	1.5		1.5	1.0	0.75			1.2		1.5	0.7		1.5		1.5	—		—	—		0.5	—	—
11	灌木			1.0		1.0										1.0		1.0								
12	地上杆柱	通信照明及<10kV	—	0.5		0.5	0.5	1.0					1.0	1.0		0.5		1.0	—		—			0.5	—	—
		高压塔基础边 ≤35kV		3.0		1.5	3.0	1.0					3.0(>330kV 5.0)	2.0		0.5		3.0	—							
		高压塔基础边 >35kV						2.0			5.0					2.5										
13	道路侧石边缘		—	1.5		1.5	1.5	1.5			2.5		1.5	1.5		1.5		1.5	0.5		0.5			—	—	—
14	有轨电车钢轨		—	2.0		2.0	2.0	2.0					2.0	2.0		2.0		2.0	—		—			—	—	—
15	铁路钢轨(或坡脚)		—	5.0		5.0	5.0	5.0					5.0	10.0(非电气化3.0)		2.0		3.0	—		—			—	—	—

注：1 地上杆柱与建（构）筑物最小水平净距应符合本规范表5.0.8的规定；
2 管线距建筑物距离，除次高压燃气管道为其至外墙面外均为其至建筑物基础，当次高压燃气管道采取有效的安全防护措施或增加管壁厚度时，管道距建筑物外墙面不应小于3.0m；
3 地下燃气管线与铁塔基础边的水平净距，还应符合现行国家标准《城镇燃气设计规范》GB 50028地下燃气管线和交流电力线接地体净距的规定；
4 燃气管线采用聚乙烯管材时，燃气管线与热力管线的最小水平净距应按现行行业标准《聚乙烯燃气管道工程技术规程》CJJ 63执行；
5 直埋蒸汽管道与乔木最小水平间距为2.0m。

13. 第 4.1.10 条：工程管线与综合管廊最小水平净距应按现行国家标准《城市综合管廊工程技术规范》GB 50838 执行。

14. 第 4.1.11 条：对于埋深大于建（构）筑物基础的工程管线，其与建（构）筑物之间的最小水平距离，应按下式计算，并折算成水平净距后与表 4.1.9 的数值比较，采用较大值。

$$L=\frac{(H-h)}{\tan\alpha}+\frac{B}{2} \tag{4.1.11}$$

式中 L——管线中心至建（构）筑物基础边水平距离，m；

H——管线敷设深度，m；

h——建（构）筑物基础底砌置深度，m；

B——沟槽开挖宽度，m；

α——土壤内摩擦角，°。

15. 第 4.1.12 条：当工程管线交叉敷设时，管线自地表面向下的排列顺序宜为：通信、电力、燃气、热力、给水、再生水、雨水、污水。给水、再生水和排水管线应按自上而下的顺序敷设。

16. 第 4.1.13 条：工程管线交叉点高程应根据排水等重力流管线的高程确定。

17. 第 4.1.14 条：工程管线交叉时的最小垂直净距，应符合本规范表 4.1.14 的规定。当受现状工程管线等因素限制难以满足要求时，应根据实际情况采取安全措施后减少其最小垂直净距。

工程管线交叉时的最小垂直净距/m **表 4.1.14**

序号	管线名称		给水管线	污水、雨水管线	热力管线	燃气管线	通信管线		电力管线		再生水管线
							直埋	保护管及通道	直埋	保护管	
1	给水管线		0.15								
2	污水、雨水管线		0.40	0.15							
3	热力管线		0.15	0.15	0.15						
4	燃气管线		0.15	0.15	0.15	0.15					
5	通信管线	直埋	0.50	0.50	0.25	0.50	0.25	0.25			
		保护管、通道	0.15	0.15	0.25	0.15	0.25	0.25			
6	电力管线	直埋	0.50*	0.50	0.50*	0.50*	0.50*	0.50*	0.50*	0.25	
		保护管	0.25	0.25	0.25	0.15	0.25	0.25	0.25	0.25	
7	再生水管线		0.50	0.40	0.15	0.15	0.15	0.15	0.50*	0.25	0.15
8	管沟		0.15	0.15	0.15	0.15	0.25	0.25	0.50*	0.25	0.15
9	涵洞(基底)		0.15	0.15	0.15	0.15	0.25	0.25	0.50*	0.25	0.15
10	电车(轨底)		1.00	1.00	1.00	1.00	1.00	1.00	1.00	1.00	1.00
11	铁路(轨底)		1.00	1.20	1.20	1.20	1.50	1.50	1.00	1.00	1.00

注：1 * 用隔板分隔时不得小于 0.25m；

2 燃气管线采用聚乙烯管材时，燃气管线与热力管线的最小垂直净距应按现行行业标准《聚乙烯燃气管道工程技术规程》CJJ 63 执行；

3 铁路为时速大于等于 200km/h 客运专线时，铁路（轨底）与其他管线最小垂直净距为 1.50m。

18. 第4.2.1条：当遇下列情况之一时，工程管线宜采用综合管廊敷设。

1 交通流量大或地下管线密集的城市道路以及配合地铁、地下道路、城市地下综合体等工程建设地段；

2 高强度集中开发区域、重要的公共空间；

3 道路宽度难以满足直埋或架空敷设多种管线的路段；

4 道路与铁路或河流的交叉处或管线复杂的道路交叉口；

5 不宜开挖路面的地段。

19. 第4.2.2条：综合管廊内可敷设电力、通信、给水、热力、再生水、天然气、污水、雨水管线等城市工程管线。

20. 第4.2.3条：干线综合管廊宜设置在机动车道、道路绿化带下，支线综合管廊宜设置在绿化带、人行道或非机动车道下。综合管廊覆土深度应根据道路施工、行车荷载、其他地下管线、绿化种植以及设计冰冻深度等因素综合确定。

21. 第5.0.3条：架空线线杆宜设置在人行道上距路缘石不大于1.0m的位置，有分隔带的道路，架空线线杆可布置在分隔带内，并应满足道路建筑限界要求。

22. 第5.0.4条：架空电力线与架空通信线宜分别架设在道路两侧。

23. 第5.0.6条：架空金属管线与架空输电线、电气化铁路的馈电线交叉时，应采取接地保护措施。

24. 第5.0.7条：工程管线跨越河流时，宜采用管道桥或利用交通桥梁进行架设，并应符合下列规定：

1 利用交通桥梁跨越河流的燃气管线压力不应大于0.4MPa；

2 工程管线利用桥梁跨越河流时，其规划设计应与桥梁设计相结合。

25. 第5.0.8条：架空管线之间及其与建（构）筑物之间的最小水平净距应符合表5.0.8的规定。

架空管线之间及其与建（构）筑物之间的最小水平净距/m　　表5.0.8

名称		建(构)筑物(凸出部分)	通信线	电力线	燃气管道	其他管道
电力线	3kV以下边导线	1.0	1.0	2.5	1.5	1.5
	3kV～10kV边导线	1.5	2.0	2.5	2.0	2.0
	35kV～66kV边导线	3.0	4.0	5.0	4.0	4.0
	110kV边导线	4.0	4.0	5.0	4.0	4.0
	220kV边导线	5.0	5.0	7.0	5.0	5.0
	330kV边导线	6.0	6.0	9.0	6.0	6.0
	500kV边导线	8.5	8.0	13.0	7.5	6.5
	750kV边导线	11.0	10.0	16.0	9.5	9.5
通信线		2.0				

注：架空电力线与其他管线及建（构）筑物的最小水平净距为最大计算风偏情况下的净距。

26. 第5.0.9条：架空管线之间及其与建（构）筑物之间的最小垂直净距应符合表5.0.9的规定。

架空管线之间及其与建（构）筑物之间的最小垂直净距/m　　　　表 5.0.9

名称		建(构)筑物	地面	公路	电车道(路面)	铁路(轨顶)		通信线	燃气管道 P<1.6MPa	其他管道
						标准轨	电气轨			
电力线	3kV 以下	3.0	6.0	6.0	9.0	7.5	11.5	1.0	1.5	1.5
	3kV～10kV	3.0	6.5	7.0	9.0	7.5	11.5	2.0	3.0	2.0
	35kV	4.0	7.0	7.0	10.0	7.5	11.5	3.0	4.0	3.0
	66kV	5.0	7.0	7.0	10.0	7.5	11.5	3.0	4.0	3.0
	110kV	5.0	7.0	7.0	10.0	7.5	11.5	3.0	4.0	3.0
	220kV	6.0	7.5	8.0	11.0	8.5	12.5	4.0	5.0	4.0
	330kV	7.0	8.5	9.0	12.0	9.5	13.5	5.0	6.0	5.0
	500kV	9.0	14.0	14.0	16.0	14.0	16.0	8.5	7.5	6.5
	750kV	11.5	19.5	19.5	21.5	19.5	21.5	12.0	9.5	8.5
通信线		1.5	(4.5) 5.5	(3.0) 5.5	9.0	7.5	11.5	0.6	1.5	1.0
燃气管道 P<1.6MPa		0.6	5.5	5.5	9.0	6.0	10.5	1.5	0.3	0.3
其他管道		0.6	4.5	4.5	9.0	6.0	10.5	1.0	0.3	0.25

注：1 架空电力线及架空通信线与建（构）物及其他管线的最小垂直净距为最大计算弧垂情况下的净距；

2 括号内为特指与道路平行，但不跨越道路时的高度。

27. 第 5.0.10 条：高压架空电力线路规划走廊宽度可按表 5.0.10 确定。

高压架空电力线路规划走廊宽度（单杆单回或单杆多回）　　　　表 5.0.10

线路电压等级/kV	走廊宽度/m
1000(750)	90～110
500	60～75
330	35～45
220	30～40
66,110	15～25
35	15～20

三、《城市综合管廊工程技术规范》规定

《城市综合管廊工程技术规范》GB 50383—2015 对管线布置有如下规定。

1. 第 1.0.1 条：为集约利用城市建设用地，提高城市工程管线建设安全与标准，统筹安排城市工程管线在综合管廊内的敷设，保证城市综合管廊工程建设做到安全适用、经济合理、技术先进、便于施工和维护，制定本规范。

2. 第 1.0.3 条：综合管廊工程建设应遵循“规划先行、适度超前、因地制宜、统筹兼顾”的原则，充分发挥综合管廊的综合效益。

3. 第 3.0.1 条：给水、雨水、污水、再生水、天然气、热力、电力、通信等城市工程管线可纳入综合管廊。

4. 第 3.0.2 条：综合管廊工程建设应以综合管廊工程规划为依据。

5. 第 3.0.3 条：综合管廊工程应结合新区建设、旧城改造、道路新（扩、改）建，在城市重要地段和管线密集区规划建设。

6. 第 3.0.6 条：综合管廊应统一规划、设计、施工和维护，并应满足管线的使用和运营维护要求。

7. 第 3.0.7 条：综合管廊应同步建设消防、供电、照明、监控与报警、通风、排水、标识等设施。

8. 第 3.0.9 条：综合管廊工程设计应包含总体设计、结构设计、附属设施设计等，纳入综合管廊的管线应进行专项管线设计。

9. 第 4.2.5 条：当遇到下列情况之一时，宜采用综合管廊：

1 交通运输繁忙或地下管线较多的城市主干道以及配合轨道交通、地下道路、城市地下综合体等建设工程地段；

2 城市核心区、中央商务区、地下空间高强度成片集中开发区、重要广场、主要道路的交叉口、道路与铁路或河流的交叉处、过江隧道等；

3 道路宽度难以满足直埋敷设多种管线的路段；

4 重要的公共空间；

5 不宜开挖路面的路段。

10. 第 4.3.4 条：**天然气管道应在独立舱室内敷设。**

11. 第 4.3.5 条：**热力管道采用蒸汽介质时应在独立舱室内敷设。**

12. 第 4.3.6 条：**热力管道不应与电力电缆同舱敷设。**

13. 第 4.3.7 条：110kV 及以上电力电缆，不应与通信电缆同侧布置。

14. 第 4.3.8 条：给水管道与热力管道同侧布置时，给水管道宜布置在热力管道下方。

15. 第 4.3.9 条：进入综合管廊的排水管道应采用分流制，雨水纳入综合管廊可利用结构本体或采用管道方式。

16. 第 4.3.10 条：污水纳入综合管廊应采用管道排水方式，污水管道宜设置在综合管廊的底部。

17. 第 4.4.2 条：干线综合管廊宜设置在机动车道、道路绿化带下。

18. 第 4.4.3 条：支线综合管廊宜设置在道路绿化带、人行道或非机动车道下。

19. 第 4.4.4 条：缆线管廊宜设置在人行道下。

20. 第 4.4.5 条：综合管廊的覆土深度应根据地下设施竖向规划、行车荷载、绿化种植及设计冻深等因素综合确定。

21. 第 5.1.7 条：压力管道进出综合管廊时，应在综合管廊外部设置阀门。

22. 第 5.1.10 条：综合管廊顶板处，应设置供管道及附件安装用的吊钩、拉环或导轨。吊钩、拉环相邻间距不宜大于 10m。

23. 第 5.1.11 条：天然气管道舱室地面应采用撞击时不产生火花的材料。

24. 第 5.2.1 条：综合管廊穿越河道时应选择在河床稳定的河段，最小覆土深度应满足河道整治和综合管廊安全运行的要求，并应符合下列规定：

1 在Ⅰ～Ⅴ级航道下面敷设时，顶部高程应在远期规划航道底高程 2.0m 以下；

2 在Ⅵ、Ⅶ级航道下面敷设时，顶部高程应在远期规划航道底高程 1.0m 以下；

3 在其他河道下面敷设时，顶部高程应在河道底设计高程 1.0m 以下。

25. 第 5.2.2 条：综合管廊与相邻地下管线及地下构筑物的最小净距应根据地质条件和相邻构筑物性质确定，且不得小于表 5.2.2 的规定。

综合管廊与相邻地下构筑物的最小净距 **表 5.2.2**

施工方法 相邻情况	明挖施工	顶管、盾构施工
综合管廊与地下构筑物水平净距	1.0m	综合管廊外径
综合管廊与地下管线水平净距	1.0m	综合管廊外径
综合管廊与地下管线交叉垂直净距	0.5m	1.0m

断面设计

26. 第 5.3.1 条：综合管廊标准断面内部净高应根据容纳管线的种类、规格、数量、安装要求等综合确定，不宜小于 2.4m。

27. 第 5.3.3 条：综合管廊通道净宽，应满足管道、配件及设备运输的要求，并应符合下列规定：

1 综合管廊内两侧设置支架或管道时，检修通道净宽不宜小于 1.0m；单侧设置支架或管道时，检修通道净宽不宜小于 0.9m。

2 配备检修车的综合管廊检修通道宽度不宜小于 2.2m。

28. 第 5.3.6 条：综合管廊的管道安装净距（图 5.3.6）不宜小于表 5.3.6 的规定。

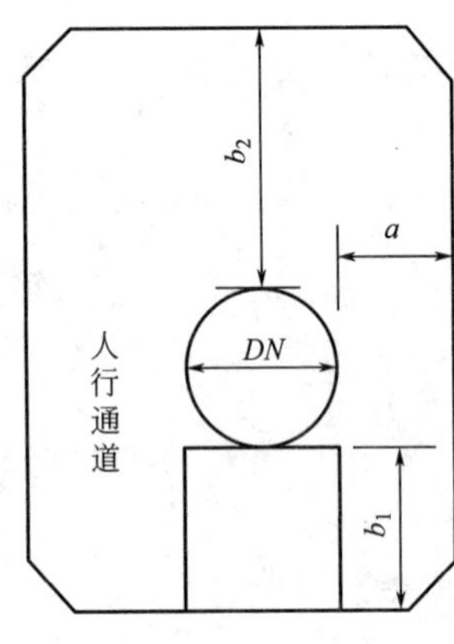

图 5.3.6　管道安装净距

综合管廊的管道安装净距 **表 5.3.6**

DN	综合管廊的管道安装净距(mm)					
	铸铁管、螺栓连接钢管			焊接钢管、塑料管		
	a	b_1	b_2	a	b_1	b_2
DN<400	400	400		500	500	
400<DN<800	500	500				
800<DN<1000			800			800
1000<DN<1500	600	600		600	600	
DN>1500	700	700		700	700	

29. 第 5.4.2 条：综合管廊的人员出入口、逃生口、吊装口、进风口、排风口等露出地面的构筑物应满足城市防洪要求，并应采取防止地面水倒灌及小动物进入的措施。

30. 第 5.4.3 条：综合管廊人员出入口宜与逃生口、吊装口、进风口结合设置，且不应少于 2 个。

31. 第 5.4.4 条：综合管廊逃生口的设置应符合下列规定：

1 敷设电力电缆的舱室，逃生口间距不宜大于 200m。

2 敷设天然气管道的舱室，逃生口间距不宜大于 200m。

3 敷设热力管道的舱室，逃生口间距不应大于400m。当热力管道采用蒸汽介质时，逃生口间距不应大于100m。

4 敷设其他管道的舱室，逃生口间距不宜大于400m。

5 逃生口尺寸不应小于1m×1m，当为圆形时，内径不应小于1m。

32. 第5.4.5条：综合管廊吊装口的最大间距不宜超过400m。吊装口净尺寸应满足管线、设备、人员进出的最小允许限界要求。

33. 第5.4.6条：综合管廊进、排风口的净尺寸应满足通风设备进出的最小尺寸要求。

34. 第5.4.7条：天然气管道舱室的排风口与其他舱室排风口、进风口、人员出入口以及周边建（构）筑物口部距离不应小于10m。天然气管道舱室的各类孔口不得与其他舱室连通，并应设置明显的安全警示标识。

35. 第5.4.8条：露出地面的各类孔口盖板应设置在内部使用时易于人力开启，且在外部使用时非专业人员难以开启的安全装置。

36. 第6.4.6条：天然气调压装置不应设置在综合管廊内。

37. 第6.5.5条：当热力管道采用蒸汽介质时，排气管应引至综合管廊外部安全空间，并应与周边环境相协调。

38. 第6.6.2条：应对综合管廊内的电力电缆设置电气火灾监控系统。在电缆接头处应设置自动灭火装置。

四、《民用建筑设计统一标准》规定

《民用建筑设计统一标准》GB 50352—2019 对管线布置有如下规定。

1. 第5.5.1条：工程管线宜在地下敷设；在地上架空敷设的工程管线及工程管线在地上设置的设施，必须满足消防车辆通行及扑救的要求，不得妨碍普通车辆、行人的正常活动，并应避免对建筑物、景观的影响。

2. 第5.5.2条：与市政管网衔接的工程管线，其平面位置和竖向标高均应采用城市统一的坐标系统和高程系统。

3. 第5.5.3条：工程管线的敷设不应影响建筑物的安全，并应防止工程管线受腐蚀、沉陷、振动、外部荷载等影响而损坏。

4. 第5.5.4条：在管线密集的地段，应根据其不同特性和要求综合布置，宜采用综合管廊布置方式。对安全、卫生、防干扰等有影响的工程管线不应共沟或靠近敷设。互有干扰的管线应设置在综合管廊的不同沟（室）内。

5. 第5.5.5条：地下工程管线的走向宜与道路或建筑主体相平行或垂直。工程管线应从建筑物向道路方向由浅至深敷设。干管宜布置在主要用户或支管较多的一侧，工程管线布置应短捷、转弯少，减少与道路、铁路、河道、沟渠及其他管线的交叉，困难条件下其交角不应小于45°。

6. 第5.5.6条：与道路平行的工程管线不宜设于车行道下；当确有需要时，可将埋深较大、翻修较少的工程管线布置在车行道下。

7. 第5.5.7条：工程管线之间的水平、垂直净距及埋深，工程管线与建（构）筑物、绿化树种之间的水平净距应符合国家现行有关标准的规定。当受规划、现状制约，难以满足要求时，可根据实际情况采取安全措施后减少其最小水平净距。

8. 第5.5.8条：抗震设防烈度7度及以上地震区、多年冻土区、严寒地区、湿陷性黄土地区及膨胀土地区的室外工程管线，应符合国家现行有关标准的规定。

9. 第5.5.9条：各种工程管线不应在平行方向重叠直埋敷设。

10. 第5.5.10条：工程管线的检查井井盖宜有锁闭装置。

11. 第5.5.11条：当基地进行分期建设时，应对工程管线做整体规划。前期的工程管线敷设不得影响后期的工程建设。

12. 第5.5.12条：与基地无关的可燃易爆的市政工程管线不得穿越基地。当基地内已有此类管线时，基地内建筑和人员密集场所应与此类管线保持安全距离。

13. 第5.5.13条：当室外消防水池设有消防车取水口（井）时，应设置消防车到达取水口（井）的消防车道和消防车回车场地。

参考、引用资料：

①《城市工程管线综合规划规范》GB 50289—2016

②《城市综合管廊工程技术规范》GB 50383—2015

③《民用建筑设计统一标准》GB 50352—2019

④《设计前期与场地设计（第七版）》（住房和城乡建设部执业资格注册中心编，中国建筑工业出版社）

模拟题

1. 工程管线的敷设一般宜采用哪种敷设方式？（　　）

A. 地上敷设　　B. 地上架空敷设

C. 地上、地下相结合敷设　　D. 地下敷设

【答案】D

【说明】参见《城市工程管线综合规划规范》GB 50289—2016。

第3.0.3条：城市工程管线宜地下敷设，当架空敷设可能危及人身财产安全或对城市景观造成严重影响时应采取直埋、保护管、管沟或综合管廊等方式地下敷设。

2. 工程管线的平面位置和竖向位置均应采用（　　）。

A. 城市统一的坐标系统和高程系统

B. 全省统一的坐标系统和高程系统

C. 全国统一的坐标系统和高程系统

D. 根据工程要求确定的坐标系统和高程系统

【答案】A

【说明】参见《城市工程管线综合规划规范》GB 50289—2016。

第3.0.4条：工程管线的平面位置和竖向位置均应采用城市统一的坐标系统和高程系统。

3. 下述城市工程管线综合布置原则，哪项正确？（　　）

A. 应减少管线与铁路的交叉，管线与道路及其他干管的交叉不受限制

B. 不应利用现状管线

C. 管线带的布置应与道路及主体建筑平行

D. 电信线路与供电线路可合杆架设

【答案】C

【说明】参见《城市工程管线综合规划规范》GB 50289—2016

第 3.0.5 条：工程管线综合规划应符合下列规定：

1 工程管线应按城市规划道路网布置；

2 各工程管线应结合用地规划优化布局；

3 工程管线综合规划应充分利用现状管线及线位；

4 工程管线应避开地震断裂带、沉陷区以及滑坡危险地带等不良地质条件区。

第 4.1.5 条：沿城市道路规划的工程管线应与道路中心线平行，其主干线应靠近分支管线多的一侧。工程管线不宜从道路一侧转到另一侧。

第 5.0.4 条：架空电力线与架空通信线宜分别架设在道路两侧。

4. 管线敷设时，管线之间遇到矛盾应遵循一定的原则处理，下列原则中哪项不妥？（　　）

A. 临时管线避让永久管线　　B. 小管线避让大管线

C. 易弯曲管线宜避让不易弯曲管线　　D. 重力流管线避让压力管线

【答案】D

【说明】参见《城市工程管线综合规划规范》GB 50289—2016

第 3.0.7 条：编制工程管线综合规划时，应减少管线在道路交叉口处交叉。当工程管线竖向位置发生矛盾时，宜按下列规定处理：

1 压力管线宜避让重力流管线；

2 易弯曲管线宜避让不易弯曲管线；

3 分支管线宜避让主干管线；

4 小管径管线宜避让大管径管线；

5 临时管线宜避让永久管线。

5. 各种管线的埋设顺序离建筑物的水平排序，由近及远宜为下列哪项？（　　）

A. 电信管线、燃气管、排水管、给水管

B. 燃气管、电信管线、给水管、排水管

C. 给水管、排水管、电信管线、燃气管

D. 电信管线、排水管、给水管、燃气管

【答案】D

【说明】参见《城市工程管线综合规划规范》GB 50289—2016

第 4.1.4 条：工程管线在庭院内由建筑线向外方向平行布置的顺序，应根据工程管线的性质和埋设深度确定，其布置次序宜为：电力、通信、污水、雨水、给水、燃气、热力、再生水。

6. 各类管线的垂直顺序，由浅入深宜为下列哪项？（　　）

A. 电力电缆、热力管、给水管、污水管

B. 热力管、电力电缆、污水管、给水管

C. 热力管、电力电缆、给水管、污水管

D. 污水管、给水管、电力电缆、热力管

【答案】A

【说明】参见《城市工程管线综合规划规范》GB 50289—2016

第 4.1.12 条：当工程管线交叉敷设时，管线自地表面向下的排列顺序宜为：通信、电力、燃气、热力、给水、再生水、雨水、污水。给水、再生水和排水管线应按自上而下的顺序敷设。

7. 有关工程管线布置时相互之间最小距离的叙述，错误的是（　　）

A. 电力电缆与给水管之间的最小水平净距比电信电缆与给水管之间的水平净距小

B. 各类管线与明沟沟底的最小垂直净距相同

C. 居住区给水管与排水管当管径大于 200mm 时，其间的最小水平净距应大于等于 1.5m

D. 水平净距均指外壁的净距，垂直净距指下面管线的外顶与上面管线的基础底或外壁之间的净距

【答案】C

【说明】参见《城市工程管线综合规划规范》GB 50289—2016。

第 4.1.9 条工程管线之间及其与建（构）筑物之间的最小水平净距应符合本规范表 4.1.9 的规定。当受道路宽度、断面以及现状工程管线位置等因素限制难以满足要求时，应根据实际情况采取安全措施后减少其最小水平净距。大于 1.6MPa 的燃气管线与其他管线的水平净距应按现行国家标准《城镇燃气设计规范》GB 50028 执行。

8. 适宜采用综合管廊敷设的说法，错误的是（　　）。

A. 适于开挖路面的地段

B. 交通流量大的城市道路

C. 道路与铁路或河流的交叉处

D. 道路宽度难以满足直埋敷设多种管线的路段

【答案】A

【说明】参见《城市工程管线综合规划规范》GB 50289—2016。

第 4.2.1 条：当遇下列情况之一时，工程管线宜采用综合管廊敷设。

1 交通流量大或地下管线密集的城市道路以及配合地铁、地下道路、城市地下综合体等工程建设地段；

2 高强度集中开发区域、重要的公共空间；

3 道路宽度难以满足直埋或架空敷设多种管线的路段；

4 道路与铁路或河流的交叉处或管线复杂的道路交叉口；

5 不宜开挖路面的地段。

参见《城市综合管廊工程技术规范》GB 50838—2015

第 4.2.5 条：当遇到下列情况之一时，宜采用综合管廊：

1 交通运输繁忙或地下管线较多的城市主干道以及配合轨道交通、地下道路、城市地下综合体等建设工程地段；

2 城市核心区、中央商务区、地下空间高强度成片集中开发区、重要广场、主要道路的交叉口、道路与铁路或河流的交叉处、过江隧道等；

3 道路宽度难以满足直埋敷设多种管线的路段；

4 重要的公共空间；

5 不宜开挖路面的路段。

9. 不允许纳入综合管廊的是（　　）。

A. 污水管　　B. 液化石油气

C. 热力管　　D. 雨水管

【答案】B

【说明】参见《城市综合管廊工程技术规范》GB 50838—2015。

第 3.0.1 条：给水、雨水、污水、再生水、天然气、热力、电力、通信等城市工程管线可纳入综合管廊。

10. 关于综合管廊管线布设错误的是（　　）。[2017-76]

A. 污水纳入综合管廊应采用管道排水方式

B. 热力管道不应与电力电缆同舱铺设

C. 人工煤气管道应在独立舱室内敷设

D. 雨水纳入综合管廊可利用结构本体排水方式

【答案】C

【说明】参见《城市综合管廊工程技术规范》GB 50838—2015。

第 4.3.4 条：天然气管道应在独立舱室内敷设。

第 4.3.5 条：热力管道采用蒸汽介质时应在独立舱室内敷设。

第 4.3.6 条：热力管道不应与电力电缆同舱敷设。

第 4.3.7 条：110kV 及以上电力电缆，不应与通信电缆同侧布置。

第 4.3.8 条：给水管道与热力管道同侧布置时，给水管道宜布置在热力管道下方。

第 4.3.9 条：进入综合管廊的排水管道应采用分流制，雨水纳入综合管廊可利用结构本体或采用管道方式。

第 4.3.10 条：污水纳入综合管廊应采用管道排水方式，污水管道宜设置在综合管廊的底部。

11. 下列综合管廊位置设置的原则，正确的是（　　）。[2019-77]

A. 支线综合管廊不宜布置在人行道的下面

B. 干线综合管廊宜布置在机动车道的下面

C. 支线综合管廊宜布置在机动车道的下面

D. 支线综合管廊不宜布置在机动车道的下面

【答案】B

【说明】参见《城市综合管廊工程技术规范》GB 50838—2015。

第 4.4.2 条：干线综合管廊宜设置在机动车道、道路绿化带下。

第 4.4.3 条：支线综合管廊宜设置在道路绿化带、人行道或非机动车道下。

第 4.4.4 条：缆线管廊宜设置在人行道下。

12. 综合管廊内两侧设置支架或管道时，检修通道净宽不宜小于（　　）。

A. 1.0m　　B. 0.9m

C. 1.1m　　D. 1.2m

【答案】A

【说明】参见《城市综合管廊工程技术规范》GB 50838—2015。

第 5.3.3 条：综合管廊通道净宽，应满足管道、配件及设备运输的要求，并应符合下列规定：

1 综合管廊内两侧设置支架或管道时，检修通道净宽不宜小于 1.0m；单侧设置支架或管道时，检修通道净宽不宜小于 0.9m。

2 配备检修车的综合管廊检修通道宽度不宜小于 2.2m。

13. 下列关于地下工程管线敷设的说法中哪项不妥？（　　）［2010-69，2009-77，2008-79］

A. 地下工程管线的走向宜与道路或建筑主体相平行或垂直

B. 工程管线应从建筑物向道路方向由浅至深敷设

C. 工程管线布置应短捷，重力自流管不应转弯

D. 管线与管线，管线与道路应减少交叉

【答案】C

【说明】参见《民用建筑设计统一标准》GB 50352—2019。

第 5.5.5 条：地下工程管线的走向宜与道路或建筑主体相平行或垂直。工程管线应从建筑物向道路方向由浅至深敷设。干管宜布置在主要用户或支管较多的一侧，工程管线布置应短捷、转弯少，减少与道路、铁路、河道、沟渠及其他管线的交叉，困难条件下其交角不应小于 45°。

14. 在管线布置中，除满足一般规定外，还应按专门规范或标准设计，哪种地区情况不属此类？（　　）［2003-75］

A. 7 度以上地震区　　B. 严寒地区

C. 塌陷性黄土地区　　D. 炎热地区

【答案】D

【说明】参见《民用建筑设计统一标准》GB 50352—2019。

第 5.5.8 条：抗震设防烈度 7 度及以上地震区、多年冻土区、严寒地区、湿陷性黄土地区及膨胀土地区的室外工程管线，应符合国家现行有关标准的规定。

15. 下列说法错误的是（　　）。

A. 各种工程管线不应在平行方向重叠直埋敷设

B. 工程管线的检查井井盖宜有锁闭装置

C. 前期的工程管线敷设可以影响后期的工程建设。

D. 当室外消防水池设有消防车取水口（井）时，应设置消防车到达取水口（井）的消防车道和消防车回车场地。

【答案】C

【说明】参见《民用建筑设计统一标准》GB 50352—2019。

第 5.5.9 条：各种工程管线不应在平行方向重叠直埋敷设。

第 5.5.10 条：工程管线的检查井井盖宜有锁闭装置。

第 5.5.11 条：当基地进行分期建设时，应对工程管线做整体规划。前期的工程管线敷设不得影响后期的工程建设。

第 5.5.12 条：与基地无关的可燃易爆的市政工程管线不得穿越基地。当基地内已有此类管线时，基地内建筑和人员密集场所应与此类管线保持安全距离。

第 5.5.13 条：当室外消防水池设有消防车取水口（井）时，应设置消防车到达取水口（井）的消防车道和消防车回车场地。

第十一章　建设用地标准及场地设计指标控制

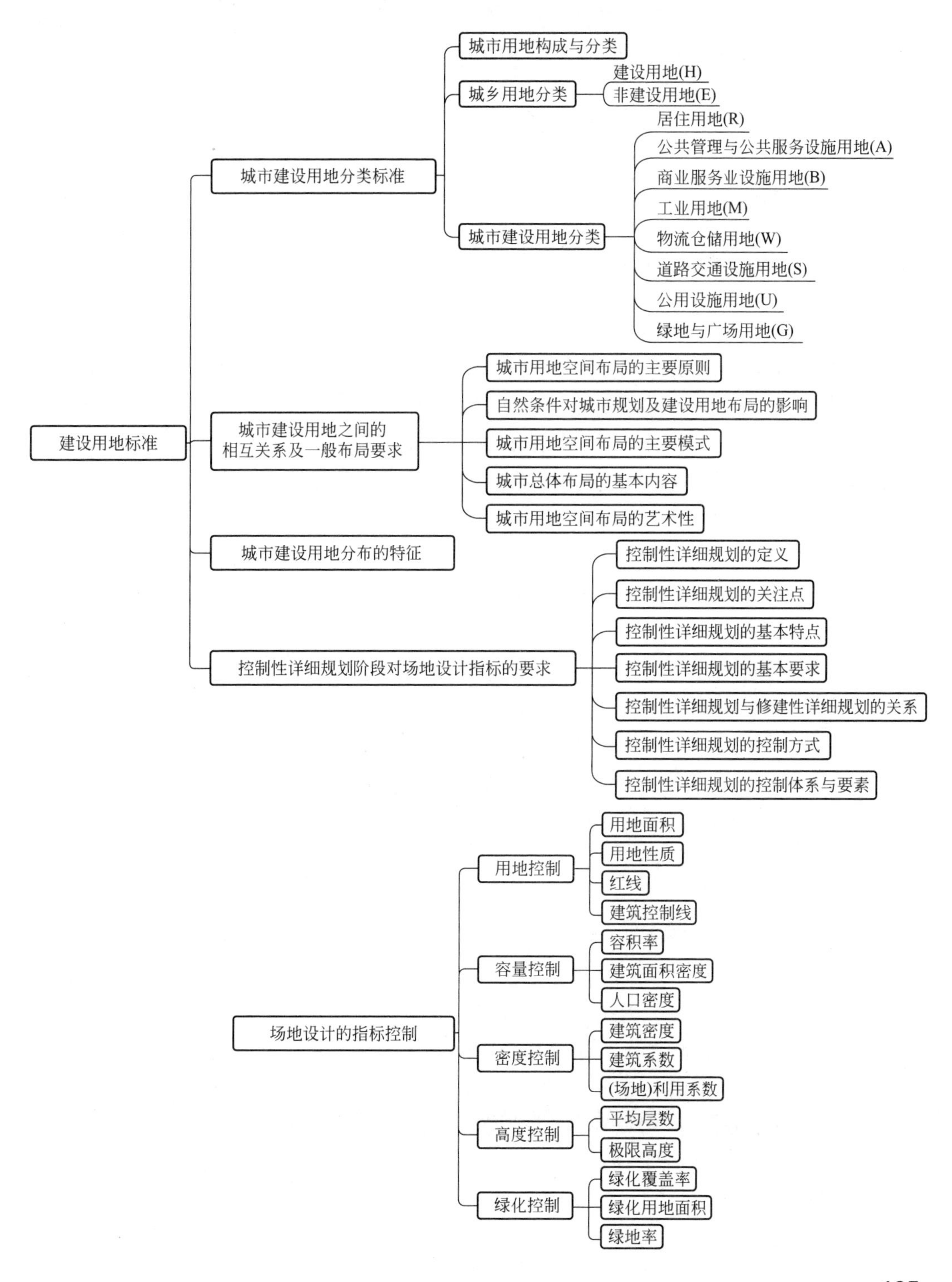

概况：本章内容与规划知识衔接紧密，相当一部分内容是平时建筑师接触较少的，如：建设用地对应城市规划中不同级别的分类，不同场地根据规划要求，形成不同的使用功能等。本章着重结合注册建筑师考试中关于场地设计中的建设用地标准及场地设计指标控制的相关内容进行归纳总结，并通过对城市建设用地之间的相互关系及一般布局要求、城市建设用地分布的特征、控制性详细规划阶段对场地设计指标的要求等对建设用地标准进行多方面的分解，便于考生充分理解相关的考点内容。另外，本章也通过列举场地设计指标控制中的五项控制标准，加强考生对相关场地设计指标的印象，充分理解相关控制指标的具体含义等。

第一节　建设用地标准

一、城市建设用地分类标准

（一）城市用地构成与分类

国家标准《城市用地分类与规划建设用地标准》GB 50137—2011适用于城市、县人民政府所在地镇和其他具备条件的镇的总体规划和控制性详细规划的编制、用地统计和用地管理。按照该标准，用地分为城乡用地和城市用地两部分。

1. 城乡用地是指市（县）域范围内所有土地，包括建设用地与非建设用地。建设用地包括城乡居民点建设用地、区域交通设施用地、区域公用设施用地、特殊用地、采矿用地以及其他建设用地等。非建设用地包括水域、农林用地以及其他非建设用地等。城乡用地按大类、中类和小类三级进行划分，以满足不同层次规划的要求。城乡用地共分为2大类、9中类、14小类。

2. 城市建设用地是指城市和县人民政府所在地镇内的居住用地、公共管理与公共服务用地、商业服务业设施用地、工业用地、物流仓储用地、交通设施用地、公用设施用地、绿地。城市建设用地按大类、中类和小类三级进行划分，以满足不同层次规划的要求。城市用地共分为8大类、35中类和42小类。

城乡用地和城市建设用地详细的标准及分类的全部内容可查阅国家标准《城市用地分类与规划建设用地标准》GB 50137—2011中的相关规定。

（二）城乡用地分类

城乡用地按大类、中类和小类三级划分，具体如下：

（1）**建设用地（H）**，包括城乡居民点建设用地、区域交通设施用地、区域公用设施用地、特殊用地、采矿用地及其他建设用地等。

1）城乡居民点用地建设用地（H1），分为城市建设用地（H11）、镇建设用地（H12）、乡建设用地（H13）、村庄建设用地（H14）；

2）区域交通设施用地（H2），分为铁路用地（H21）、公路用地（H22）、港口用地（H23）、机场用地（H24）、管道运输用地（H25）；

3）区域公用设施用地（H3）；

4）特殊用地（H4），分为军事用地（H41）、安保用地（H42）；

5）采矿用地（H5）；

6）其他建设用地（H9），除以上之外的建设用地。

（2）非建设用地（E），包括水域、农用地及其他非建设用地等。

1）水域（E1），分为自然水域（E11）、水库（E12）、坑塘沟渠（E13）；

2）农林用地（E2），包括耕地、园地、林地、牧草地、农业设施用地、田坎、农村道路等用地；

3）其他非建设用地（E3），包括空闲地、盐碱地、沼泽地、沙地、裸地、不用于畜牧业的草地。

（三）城市建设用地分类

城市建设用地按大类、中类和小类三级进行划分，共分为8大类、35中类和42小类。一般而言，城市总体规划阶段以达到大类为主，中类为辅；分区规划阶段以中类为主，小类为辅；在详细规划阶段，应达到小类深度。

（1）居住用地（R），指居住和相应服务设施的用地，分为以下三类：

1）一类居住用地（R1）是指公用设施、交通设施和公共服务设施齐全、布局完整、环境良好的低层住区用地，分为住宅用地（R11）、服务设施用地（R12）；

2）二类居住用地（R2）是指公用设施、交通设施和公共服务设施较齐全、布局较完整、环境良好的多、中、高层住区用地，分为住宅用地（R21）、服务设施用地（R22）

3）三类居住用地（R3）是指公用设施、交通设施不齐全，公共服务设施较欠缺，环境较差，需要加以改造的简陋住区用地，包括危房、棚户区、临时住宅等用地，分为住宅用地（R31）、服务设施用地（R32）；

（2）公共管理与公共服务设施用地（A），指行政、文化、教育、体育、卫生等机构和设施的用地，不包括居住用地中的服务设施用地，共分为九类。

1）行政办公用地（A1），指党政机关、社会团体、事业单位等的办公机构及相关设施；

2）文化设施用地（A2），分为图书展览用地（A21）、文化活动用地（A22）；

3）教育科研用地（A3），分为高等院校用地（A31）、中等专业学校用地（A32）、中小学用地（A33）、特殊教育用地（A34）、科研用地（A35）；

4）体育用地（A4），分为体育场馆用地（A41）、体育训练用地（A42）；

5）医疗卫生用地（A5），分为医院用地（A51）、卫生防疫用地（A52）、特殊医疗用地（A53）、其他医疗卫生用地（A59）；

6）社会福利用地（A6），包括福利院、养老院、孤儿院等用地；

7）文物古迹用地（A7），具有保护价值的古遗址、古墓葬、古建筑、石窟寺、近代代表性建筑、革命纪念建筑等用地；

8）外事用地（A8），包括外国驻华使馆、领事馆、国际机构及其生活设施等用地；

9）宗教用地（A9），是宗教活动的场所。

（3）商业服务业设施用地（B），包括商业、商务、娱乐康体等设施用地。

1）商业用地（B1），分为零售商业（B11）、批发市场（B12）、餐饮用地（B13）、旅馆用地（B14）；

2）商务用地（B2），分为金融保险用地（B21）、艺术传媒用地（B22）、其他商务用地（B29）；

3）娱乐康体用地（B3），分为娱乐用地（B31）、康体用地（B32）；

4）公用设施营业网点用地（B4），分为加油加气站用地（B41）、其他公用设施营业网点用地（B49）；

5）其他服务设施用地（B9），包括业余学校、民营培训机构、私人诊所、殡葬、宠物医院、汽车维修站等其他服务设施用地。

（4）工业用地（M），指工矿企业的生产车间、库房及其附属设施等用地，包括专用铁路、码头和附属道路、停车场等用地，不包括露天矿用地。按照对居住和公共环境的干扰、污染和安全隐患程度分为三类。

1）一类工业用地（M1），是指对居住和公共环境基本无干扰、污染和安全隐患的工业用地；

2）二类工业用地（M2），是指对居住和公共环境有一定干扰、污染和安全隐患的工业用地；

3）三类工业用地（M3），是指对居住和公共环境有严重干扰、污染和安全隐患的工业用地（需布置绿化防护用地）；

部分地区在上述三类工业用地分类的基础上，结合当地的产业发展情况，在工业用地（M类）中增加了新型产业用地（M0）的分类，M0是为适应传统工业向新技术、协同生产空间、组合生产空间，融合研发、创意、设计、中试、无污染生产等新型产业功能以及相关配套服务的用地。

（5）物流仓储用地（W），指物资储备、中转、配送等用地，包括附属道路、停车场以及货运公司车队的站场等用地。按照对居住和公共环境的干扰、污染和安全隐患程度分为三类。

1）一类物流仓储用地（W1），是指对居住和公共环境基本无干扰、污染和安全隐患的物流仓储用地；

2）二类物流仓储用地（W2），是指对居住和公共环境有一定干扰、污染和安全隐患的物流仓储用地；

3）三类物流仓储用地（W3），是指存放易燃、易爆和剧毒等危险品的专用物流仓储用地。

（6）道路交通设施用地（S），指城市道路、交通设施等用地，不包括居住用地、工业用地等内部的道路、停车场等用地。

1）城市道路用地（S1），包括快速路、主干路、次干路和支路，包括交叉口用地；

2）城市轨道交通用地（S2），包括独立地段的城市轨道交通地面以上部分的线路、站点用地；

3）交通枢纽用地（S3），包括铁路客货站、公路长途客运站、港口客运码头、公交枢纽及其附属设施用地；

4）交通站场用地（S4），分为公共交通站场（S41）、社会停车场（S42）；

5）其他交通设施用地（S9），除以上之外的交通设施用地，包括教练场等用地。

(7) 公用设施用地 (U)，指供应、环境、安全等设施用地。

1）供应设施用地（U1），分为供水用地（U11）、供电用地（U12）、供燃气用地（U13）、供热用地（U14）、通信用地（U15）、广播电视用地（U16）；

2）环境设施用地（U2），分为排水用地（U21）、环卫用地（U22）；

3）安全设施用地（U3），分为消防用地（U31）、防洪用地（U32）；

4）其他公共设施用地（U9），除以上之外的公用设施用地，包括施工、养护、维修等设施用地。

(8) 绿地与广场用地 (G)，指公园绿地（G1）、防护绿地（G2）、广场用地（G3）、附属绿地（XG）、区域绿地（EG）等。(在《城市绿地分类标准》CJJ/T 85—2017 中分为五类)。

1）公园绿地（G1），包括向公众开放、以游憩为主要功能，兼具生态、美化、防灾等作用的绿地；

2）防护绿地（G2），包括具有卫生、隔离和安全防护功能的绿地；

3）广场用地（G3），包括以游憩、纪念、集会和避险等功能为主的城市公共活动场地。

4）附属绿地（XG），附属于各类城市建设用地（除“绿地与广场用地”）的绿化用地，包括居住用地、公共管理与公共服务设施用地、商业服务设施用地、工业用地、物流仓储用地、道路与交通设施用地、公共设施用地等用地中的绿地。

5）区域绿地（EG），位于城市建设用地之外，具有城乡生态环境及自然资源和文化资源保护、游憩健身、安全防护隔离、物种保护、园林苗木生产等功能的绿地。

二、城市建设用地之间的相互关系及一般布局要求

城市总体布局是城市的社会、经济、环境以及工程技术与建筑空间组合的综合反映。城市总体布局的核心是城市主要功能在空间形态演化中的有机构成，它是研究城市各项用地之间的内在联系，结合考虑城市化的进程、城市及其相关的城市网络、城镇体系在不同时间和空间发展中的动态关系。

(一) 城市用地空间布局的主要原则

(1) 城乡结合、统筹安排；

(2) 功能协调、结构清晰；

(3) 依托旧区、紧凑发展；

(4) 分期建设、留有余地。

(二) 自然条件对城市规划及建设用地布局的影响

(1) 地貌类型

地貌类型包括山地、高原、丘陵、盆地、平原、河流谷地等，它对城市的影响体现在选址、地域结构和空间形态等方面。

(2) 地表形态

地表形态包括地面起伏度、地面坡度、地面切割度等。地表形态对城市布局的影响主要体现在：

1）山地丘陵城市的市中心一般选在山体的四周进行建设。将自然风光与城市环境有机结合，形成特色；

2）居住区一般布置在用地充裕、地表水丰富的谷地中；

3）工业特别是污染工业应布置在地向较高、通风良好的城市下风向区域。

（3）地表水系

流域的水系分布、走向对污染较重的工业用地和居住用地的规划布局有直接影响，规划中居住用地、水源地特别是取水口应布置在城市的上游地带。

（4）地下水

地下水的流向应与地面建设用地的分布以及其他自然条件一并考虑，以防止因地下水受污染而影响到居住区生活用水的质量。

（5）风向

在城市用地规划及建设用地布局时，一定要考虑盛行风、静风所形成的工业污染对居住区的影响。

（三）城市用地空间布局的主要模式

（1）集中式

就其道路网形式而言，可分为网格状、环状、环形放射状、混合状以及带状等模式。

（2）集中与分散相结合

一般有集中连片发展的主城区，主城外围形成若干具有不同功能的城市组团。

（3）分散式

城市分为若干相对独立的组团，组团间被山丘、河流、农田或森林分隔，一般都有便捷的交通联系。

（四）城市总体布局的基本内容

城市活动概括起来主要有工作、居住、游憩、交通四个方面，为了满足各项活动的较好开展，就应有相应的城市用地。城市中的各项活动是相互连接的、互动的，那么，相应的城市用地就应是相互关联的、相互依赖的，又互不干扰的。结合城市活动的城市用地功能布局主要体现在以下几个方面：

（1）工业区的布局

按组群方式布置工业企业，将那些单独的、小型的、分散的工业企业按其性质、生产协作关系和管理系统组织成综合性的生产联合体，或按组群分工相对集中的布置成为工业区。

工业区要协调好与交通系统的配合，协调好与居住区的关系，控制好工业对居住区乃至对整个城市的环境影响。对于有一定污染（如水体污染、噪声污染、电磁污染、废气污染等）的工业区，应尽可能远离居住区，不可布置在居住区附近。

（2）居住区的布局

居住区的布局按居住生活的层次性，在城市范围内，依据工作和游憩活动的布局，合理分布和安排居住区及其相应的公共服务设施。

居住区的布局应综合考虑所在城市的性质、气候、民族、习俗和传统风貌等地方特点以及规划用地周围环境条件，充分利用规划用地内有保留价值河湖水域、地形地物、植被、道路、建筑物与构筑物等，并将其纳入规划。同时居住区的布局还应考虑日照、采光、通风、防灾、配建设施及管理要求，创造方便、舒适、安全、优美的居住生活环境。

（3）游憩活动及公共生活空间的布局

配合城市各功能要素以及各种公共生活的特点，进行合理安排和布局。

（4）城市交通的组织

按交通性质和交通速度划分城市道路，形成城市道路交通体系，并解决好城市各部分以及各功能区之间的便捷往来和生活组织。

（五）城市用地空间布局的艺术性

城市规划不仅要营造良好的生产、生活环境，而且要创造优美的城市形态及舒适的城市空间结构。同时，城市空间布局也是一项艺术创造活动。因此，在选择城市用地时，要充分利用好城市独特的自然环境，创造出城市的特色。例如，对用地的地形地貌、河湖水系、名胜古迹、花草林木、有保留价值的建筑等进行分析，以便组织到城市总体艺术布局中去。另外，还要讲究城市美学，做好城市设计，探索适宜于本城市性质、规模的城市艺术风貌。通过点、线、面景观（节点景观、通道景观、外缘景观、鸟瞰形象）的组织，以及建筑物、构筑物在形式、风格、色彩、尺度、空间组织等方面的协调，反映城市整体景观的艺术要求。在轴线上要组织布置好主要建筑群的广场和干道，使之具有严谨的空间规律。此外，要保护好有历史传统和地方特色的建筑、建筑群或文物古迹，创造独特的城市环境特色、建筑形象和文化氛围。

针对城市空间局部，在进行规划设计时要尤其注意以下几方面：

（1）城市用地布局的合理性与艺术性；

（2）城市空间布局要充分体现城市审美要求；

（3）城市空间景观的融合与组织；

（4）对城市轴线的呼应及艺术结合；

（5）继承历史传统，突出地方特色。

三、城市建设用地分布的特征

通常影响各种城市建设用地的位置及其相互之间关系的主要因素可以归纳为以下几种：

（1）各种用地的功能对用地的要求；

（2）各种用地的经济承受能力；

（3）各种用地相互之间的关系；

（4）各种规划因素。

以下表中三种主要城市建设用地为例，分别对用地功能、用地的经济承受能力、用地之间的相互关系以及用地规划的区位等主要信息进行分析，可以得出不同用地之间的主要矛盾与相互联系。在进行场地规划设计时，应针对相关的地块进行合理分析，重点解决地块之间的主要矛盾，协调好各用地功能之间的相互关系。

主要城市用地类型的空间分布特征表

用地种类	功能要求	整体租金承受能力	与其他用地关系	在城市中的区位
居住用地	1. 较便捷的交通条件； 2. 较完备的生活服务设施； 3. 良好的居住环境	租金承受能力 中等、较低（不同类型居住用地对租金的承受能力相差较大）	与商务、商业用地及工业用地等就业中心保持密切联系，但尽可能不受干扰	从城市中心至郊区均会设置，分布范围较广
商务、商业用地	1. 便捷的交通条件； 2. 良好的城市基础设施； 3. 良好的商业运营环境	租金承受能力 相对较高	需要一定规模的居住用地作为其服务对象，增加商业收入	城市中心、副中心或社区中心
工业用地	1. 良好、廉价的交通运输条件； 2. 大面积，且相对平坦的用地； 3. 能承受一定工业设备荷载的用地	租金承受能力 中等或较低	需要与居住用地之间保持便捷的交通，对城市其他类型的用地有一定的负面影响	城市下风向、河流下游的城市外围或郊外

四、控制性详细规划阶段对场地设计指标的要求

城市规划编制的完整过程由两个阶段、六个层次组成，其中两个阶段即总体规划阶段和详细规划阶段，六个层次分别为：城市总体规划纲要、城市总体规划（含市域城镇体系规划和中心区域规划）、详细规划、分区规划、控制性详细规划和修建性详细规划。

在几个规划层次中，以控制性详细规划阶段与建设用地布局的衔接最为紧密。在此阶段，建设项目的规模、高度及建筑造型等均会得到较全面地体现。

（一）控制性详细规划的定义

控制性详细规划是以总体规划（或分区规划）为依据，以规划的综合性研究为基础，以数据控制和图纸控制为手段，以规划设计与管理相结合的法规为形式，对城市建设和设施建设实施控制性的管理。把规划研究、规划设计与规划管理结合在一起的规划方法。

控制性详细规划是在对用地进行细分的基础上，规定用地性质、建筑量及有关环境、交通、绿化、空间、建筑群体等的控制要求，通过立法实现对用地建设的规划控制，并为土地有偿使用提供了依据。

控制性详细规划是规划与管理的结合，是由技术管理向法制管理的转变，编制要保持一定的简洁性、程序性和易查性。

控制性详细规划是我国特有的规划类型，是通过规划研究确定的对建设用地使用数据控制进行管理的规划。

（二）控制性详细规划的关注点

控制性详细规划应重点关注城市发展建设中公共利益的保障，明确社会各阶层、团体、个人在城市建设发展中的责、权、利关系，并积极运用城市设计手段控制良好的城市空间环境。

（三）控制性详细规划的基本特点

（1）地域适宜性：规划的内容和深度，在不同城市或同一城市的不同地段，规划内容、控制要求和规划深度各有不同，但应与周围地段整体协调。

（2）管制法制化：控制性详细规划是规划与管理的结合，是将管理由技术性转变为法制化，编制要保持一定的简洁性，编制要有一定的程序性和易查性。

（四）控制性详细规划的基本要求

控制性详细规划要保证规划的科学性和管理的法制化、规范化、程序化及与权威性相容的灵活性，使规划管理人员在规划实施管理中有章可循、有理可据、有法可依，以“法治”取代“人治”。

（五）控制性详细规划与修建性详细规划的关系

两种规划均为城市详细规划，由于各自规划形式的差异，控制性详细规划为修建性详细规划提供规划依据，同时也可作为工程建设项目规划管理的依据。

（六）控制性详细规划的控制方式

（1）指标量化；

（2）条文规定；

（3）图则标定；

（4）城市设计引导；

（5）规定性与指导性。

（七）控制性详细规划的规定性内容（强制性控制内容）

（1）各地块的主要使用功能；

（2）建筑密度；

（3）建筑高度；

（4）容积率；

（5）绿地率；

（6）基础设施和公共服务设施配套规定。

（八）控制性详细规划的控制体系与要素

（1）土地使用

1）土地使用控制：用地性质、用地边界、用地面积及土地使用兼容性；

2）使用强度控制：容积率、建筑密度、居住密度及绿化率；

（2）建筑建造

1）建筑建造控制：建筑高度、建筑退线及建筑间距；

2）城市设计：建筑体量、建筑色彩、建筑形式、历史保护、景观风暴要求、建筑空间组合及建筑小品设置等；

（3）设施配套

1）市政配套设施：给水设施、排水设施、供电设施以及其他设施等；

2）公共配套设施：教育设施、医疗卫生设施、商业服务设施、行政管理设施、文娱体育设施及其附属设施等；

（4）行为活动

1）交通活动控制：车行交通组织、步行交通组织、公共交通组织、配建停车位及其他交通设施；

2）环境保护规定：噪声振动等允许标准值、水污染允许排放量、水污染允许排放浓度、废气污染允许排放量及固体废弃物控制。

（5）其他控制

1）历史保护；

2）五线保护（规划红线、绿线、蓝线、紫线、黄线）；

3）竖向控制；

4）地下空间控制；

5）奖励与补偿控制；

第二节　场地设计指标控制

一、场地设计指标

（一）用地面积

规划划拨用地红线范围内用地常以公顷（hm^2）或亩来标识。其中，1 亩＝666.6m^2，1hm^2＝10000m^2≈15 亩。

（二）用地性质

用地性质一般由城市规划确定，它标定了基地利用方式，限定了基地上的建筑性质与功能。《城市用地分类与规划建设用地标准》明确规定了城市用地 8 大类、35 中类、42 小类的要求。

城市建筑用地包括：居住用地、公共管理与公共服务设施用地、工业用地、物流仓储用地、商业服务业设施用地、道路与交通设施用地、公用设施用地、绿地与广场用地，共 8 大类。

（三）红线

城市红线分为道路红线及用地红线。道路红线是指城市道路（含居住区级道路）用地的边界线。用地红线是指各类建设工程项目用地使用权属范围的边界线。在用地红线内会有建筑控制线，建筑控制线是指规划行政主管部门在道路红线、建设用地边界内，另行划定的地面以上建（构）筑物主体不得超出的界线。

另外，除了城市红线外，还有城市蓝线、城市绿线、城市紫线以及城市黄线，其中，城市蓝线是指水域保护区，包括河道水体的宽度、两侧绿化带以及清淤路的界线；城市绿线是指城市各类绿地范围的控制线；城市紫线是指国家历史文化名城内的历史文化街区以及优秀历史建筑的保护范围界线；城市黄线是指建筑退让高压电线以及城市给水、排水、电信、燃气等市政设施的界线。

根据《民用建筑设计统一标准》GB 50352—2019 的规定，除骑楼、建筑连接体、地铁相关设施及连接城市的管线、管沟、管廊等市政公共设施以外，建筑物及其附属的下列设施不应突出道路红线或用地红线建造：

1. 地下设施，应包括支护桩、地下连续墙、地下室底板及其基础、化粪池、各类水池、处理池、沉淀池等构筑物及其他附属设施等；

2. 地上设施，应包括门廊、连廊、阳台、室外楼梯、凸窗、空调机位、雨篷、挑檐、装饰构架、固定遮阳板、台阶、坡道、花池、围墙、平台、散水明沟、地下室进风及排风口、地下室出入口、集水井、采光井、烟囱等。

经当地规划行政主管部门批准，既有建筑改造工程必须突出道路红线的建筑突出物应符合下列规定：

1. 在人行道上空：

1）2.5m以下，不应突出凸窗、窗扇、窗罩等建筑构件；2.5m及以上突出凸窗、窗扇、窗罩时，其深度不应大于0.6m。

2）2.5m以下，不应突出活动遮阳；2.5m及以上突出活动遮阳时，其宽度不应大于人行道宽度减1.0m，并不应大于3.0m。

3）3.0m以下，不应突出雨篷、挑檐；3.0m及以上突出雨篷、挑檐时，其突出的深度不应大于2.0m。

4）3.0m以下，不应突出空调机位；3.0m及以上突出空调机位时，其突出的深度不应大于0.6m。

2. 在无人行道的路面上空，4.0m以下不应突出凸窗、窗扇、窗罩、空调机位等建筑构件；4.0m及以上突出凸窗、窗扇、窗罩、空调机位时，其突出深度不应大于0.6m。

3. 任何建筑突出物与建筑本身均应结合牢固。

4. 建筑物和建筑突出物均不得向道路上空直接排泄雨水、空调冷凝水等。

（四）建筑控制线

建筑控制线是指规划行政主管部门在道路红线、建设用地边界内，另行划定的地面以上建（构）筑物主体不得超出的界线。建筑范围控制线比道路红线及用地红线范围小。一般情况下，用地红线以内，建筑范围控制线地界以外的用地属土地所有者，只能作为道路、绿化、停车场使用。

二、容量控制

为保证适度的土地利用强度及城市共用设施的正常运转，场地设计必须进行容量的相应控制。

（一）容积率

容积率是指在一定用地及计容范围内，建筑面积总和与用地面积的比值。

容积率没有单位，时常会与其他规划指标相结合，形成用地独有的建筑形态。

容积率是场地设计中的一项重要指标，也是决定场地内建筑布局的关键。

（二）建筑面积密度

建筑面积密度是指单位面积的建设用地上建成的建筑面积数量，单位：m^2/hm^2。

建筑面积密度在数值上与容积率相关，但二者却有不同的含义。后者更侧重于对建筑面积总量的宏观控制，前者则主要是对单位面积的建设用地上形成、建筑面积数量的微观表达。

（三）人口密度

人口密度系指单位面积的用地上平均居住的人数。人口密度通常又分为人口毛密度和人口净密度两项指标。

1. 人口毛密度指单位面积的居住区用地上容纳的居住人口数量。单位：人/hm^2

人口毛密度= 居住总人口数（人）÷居住区用地总面积（hm^2）

人口毛密度主要反映的是居住区用地使用的经济性，即平均容纳了多少居民。也把人口毛密度简称为人口密度。

2. 人口净密度是指单位面积的住宅用地上容纳的居住人口数量。单位：人/hm^2

人口净密度=居住总人口数（人）÷住宅用地总面积（hm^2）

人口净密度则侧重于表达住宅用地的使用效果，并较为直观地反映了居民的居住疏密程度。

3. 人口毛密度与人口净密度存在下列关系：

人口毛密度=人口净密度×住宅用地占居住区用地的比例

这清楚地表明了二者的密切相关性。

三、密度控制

（一）建筑密度

建筑密度也称建筑覆盖率，是指在一定用地范围内，建筑物基底面积总和与总用地面积的比率，单位：%。

建筑密度表达了基地内建筑直接占用土地面积的比例。

（二）建筑系数

建筑系数是指在一定用地范围内，被建筑物、构筑物占用的土地面积和与总用地面积的比率，单位：%。

（三）（场地）利用系数

（场地）利用系数是指在一定用地范围内，被以各种方式有效利用的土地总面积和与总用地面积的比率，单位：%。

四、高度控制

（一）平均层数

指居住区建筑基地内，总建筑面积与总建筑基底面积的比值，单位：层

平均层数（层）=总建筑面积（m^2）÷建筑基地面积之和（m^2）

一般常用于居住区规划，此时又称为住宅平均层数。

（二）极限高度

极限高度即建筑物的最大高度，单位：m。极限高度主要用以控制建筑物对空间高度的占用，并保护空中航线的安全及城市天际线控制等，具体应遵照城市规划部门的具体规定。另外，规划高度和消防高度可能存在不同的概念和规定，需根据各地要求对相关的建筑高度进行合理的统筹与设计。

在用地的规划条件中，有时也会采用限定建筑的最高层数来控制用地的建筑物高度。

五、绿化控制

（一）绿化覆盖率

绿化覆盖率是指建设用地内所有乔灌木及多年生草本植物覆盖土地面积（重叠部分不重复计）的总和与总用地面积的比值，单位：%。

绿化覆盖率=绿化覆盖总面积（m^2）÷用地面积（m^2）×100%

绿化覆盖率直观反映了用地的绿化效果。部分地区的屋顶、阳台及露台绿化在满足当地规划条文中的覆土要求后，可按相关的绿化面积进行折算、叠加。

（二）绿化用地面积

绿化用地面积是指建设用地内专以用作绿化的各类绿地面积之和，单位：m^2。

（三）绿地率

绿地率是指在一定用地范围内，各类绿地总面积占该用地总面积的比率，单位：%。

绿地率=各类绿地面积之和（m^2）÷总用地面积（m^2）×100%

式中各类绿地包括：公共绿地、专用绿地、宅旁绿地、防护绿地和道路绿地等，部分地区的屋顶、阳台及露台绿化在满足当地规划的覆土要求后，可按相关的绿地面积进行折算、叠加。

除上述控制指标外，场地设计中还常用到其他一些规划设计控制指标和要求，如车行及人行出入口的位置、建筑间距、日照及朝向、建筑形式、色彩与城市风貌、及公共配套设施要求等。因此在场地设计时，在遵守相应规范标准的同时，应满足当地规划部门提出的各种条件和要求。同时，场地设计也应满足其他的法规规范，如消防设计规范、无障碍场地设计规范等要求。

参考、引用资料：

①《城市用地分类与规划建设用地标准》GBJ 50137—2011（中国建筑工业出版社）

②《城市居住区规划设计标准》GB 50180—2018（中国建筑工业出版社）

③《城市绿地分类标准》CJJ/T 85—2017（中国建筑工业出版社）

④《民用建筑设计统一标准》GB 50352—2019（中国建筑工业出版社）

⑤《城市规划编制办法》(2006)（建设印令第 146 号）

⑥《城市、镇控制性详细规划编制审批办法》(2011)（住房和城乡建设部令第 7 号）

⑦第 1 分册《城乡规划原理》（全国注册城乡规划师职业资格考试辅导教材），中国建筑工业出版社。

⑧第 2 分册《城乡规划相关知识》（全国注册城乡规划师职业资格考试辅导教材），中国建筑工业出版社。

模拟题

1. 城市建设用地通常分为（　）大类、（　）中类、（　）小类。

A. 2、9、14　　　　B. 6、20、30

C. 8、35、42　　　　D. 10、38、45

【答案】C

【说明】参见《城市用地分类与规划建设用地标准》GB 50137—2011 及本章第一节的相关内容。

2. 以下哪类用地不属于城市建设用地？（　　）

A. 居住用地

B. 公共管理与公共服务设施用地

C. 绿地与广场用地

D. 特殊用地

【答案】D

【说明】参见《城市用地分类与规划建设用地标准》GBJ 50137—2011 及本章第一节的相关内容。

3. 商业服务业设施用地不包括以下哪种类型？（　　）

A. 商业用地　　B. 商务用地

C. 文化设施用地　　D. 娱乐康体用地

【答案】C

【说明】参见《城市用地分类与规划建设用地标准》GB 50137—2011 及本章第一节的相关内容。

4. 自然条件对城市规划及建设用地的布局会产生一定的影响，以下哪一项不属于影响因素之一？（　　）

A. 地貌类型　　B. 地表形态

C. 地表水系、地下水　　D. 风向

E. 噪声来源

【答案】E

【说明】参见本章第一节的相关内容。

5. 控制性详细规划的规定性内容包括以下哪些？(多选题)（　　）

A. 各地块的主要用途　　B. 建筑密度

C. 建筑高度　　D. 容积率

E. 绿地率　　F. 基础设施和公共服务设施配套规定

【答案】ABCDEF

【说明】参见本章第二节的相关内容。

6. 以下哪一项不属于城市用地空间布局的主要模式？（　　）

A. 集中式　　B. 分散式

C. 围合式　　D. 集中与分散相结合

【答案】C

【说明】参见本章第一节的相关内容。

7. 在实际的城市建设项目中，以下哪种情况是不可能出现的？（　　）

A. 建筑密度＋绿地率＜100％　　B. 建筑密度＋绿地率＝100％

C. 建筑密度×建筑层数＜1　　D. 建筑密度×建筑层数＝1

【答案】B

【说明】参见本章第二节的相关内容。在城市建设项目中，项目用地还包括红线内的道路广场用地，因此建筑密度+绿地率=100%的情况是不可能出现的。

8. 控制性详细规划的成果可以不包括（　　）。

A. 区域位置图　　B. 用地现状图

C. 工程管线规划图　　D. 建筑总平面图

【答案】D

【说明】参见《城市、镇控制性详细规划编制审批办法》（2011）住房和城乡建设部令第7号及本章第一节的相关内容。

9. 在以下用地的各项指标中，采用百分比表示的是（　　）。（多选题）

A. 绿地率　　B. 建筑密度

C. 容积率　　D. 停车位

E. 建筑高度

【答案】AB

【说明】参见《城市、镇控制性详细规划编制审批办法》（2011）住房和城乡建设部令第7号及本章第一节的相关内容。

10. 不可布置在居住区附近的工业是（　　）。

A. 食品加工　　B. 皮革加工

C. 玩具加工　　D. 服装加工

【答案】B

【说明】制革业是产生大量污水的行业，制革污水不仅量大，而且是一种成分复杂、高浓度的有机废水，是一种较难治理的工业废水，需要严格的环保监管，因此不可布置在居住区附近。

附　录

考生在复习上述相关知识点的基础上，还需进一步了解相关设计工作如何通过绘制图纸来落地。根据《总图制图标准》GB/T 50103—2010 的标准要求实施以下制图标准。

12.1　图线的宽度

应根据图样的复杂程度和比例，按现行国家标准《房屋建筑制图统一标准》GB/T 50001 中图线的有关规定选用。

总图制图应根据图纸功能，按表 12.1.1 规定的线型选用。

图线　　　　**表 12.1.1**

名称		线型	线宽	用途
实线	粗	————	b	1. 新建建筑物±0.00 高度可见轮廓线 2. 新建铁路、管线
	中	————	0.7b 0.5b	1. 新建构筑物、道路、桥涵、边坡、围墙、运输设施的可见轮廓线 2. 原有标准轨距铁路
	细	————	0.25b	1. 新建建筑物±0.00 高度以上的可见建筑物、构筑物轮廓线 2. 原有建筑物、构筑物、原有窄轨、铁路、道路、桥涵、围墙的可见轮廓线 3. 新建人行道、排水沟、坐标线、尺寸线、等高线
虚线	粗	- - - - - -	b	新建建筑物、构筑物地下轮廓线
	中	- - - - - -	0.5b	计划预留扩建的建筑物、构筑物、铁路、道路、运输设施、管线、建筑红线及预留用地各线
	细	- - - - - -	0.25b	原有建筑物、构筑物、管线的地下轮廓线
单点长画线	粗	—·—·—	b	露天矿开采界限
	中	—·—·—	0.5b	土方填挖区的零点线
	细	—·—·—	0.25b	分水线、中心线、对称线、定位轴线
双点长画线	粗	—··—··—	b	用地红线
	中	—··—··—	0.7b	地下开采区塌落界限
	细	—··—··—	0.5b	建筑红线
折断线		——\/\——	0.5b	断线
不规则曲线		～～～	0.5b	新建人工水体轮廓线

注：根据各类图纸所表示的不同重点确定使用不同粗细线型。

12.2 比例

12.2.1 总图制图采用的比例宜符合表 12.2.1 的规定。

比 例 **表 12.2.1**

图名	比例
现状图	1∶500、1∶1000、1∶2000
地理交通位置图	1∶25000、1∶200000
总体规划、总体布置、区域位置图	1∶2000、1∶5000、1∶10000、1∶25000、1∶50000
总平面图、竖向布置图、管线综合图、土方图、铁路、道路平面图	1∶300、1∶500、1∶1000、1∶2000
场地园林景观总平面图、场地园林景观竖向布置图、种植总平面图	1∶300、1∶500、1∶1000
铁路、道路纵断面图	垂直:1∶100、1∶200、1∶500 水平:1∶1000、1∶2000、1∶5000
铁路、道路横断面图	1∶20、1∶50、1∶100、1∶200
场地断面图	1∶100、1∶200、1∶500、1∶1000
详图	1∶1、1∶2、1∶5、1∶10、1∶20、1∶50、1∶100、1∶200

12.2.2 一个图样宜选用一种比例，铁路、道路、土方等的纵断面图，可在水平方向和垂直方向选用不同比例。

12.3 计量单位

12.3.1 总图中的坐标、标高、距离以米为单位。坐标以小数点标注三位，不足以“ ”补齐；标高、距离以小数点后两位数标注，不足以“ ”补齐。详图可以毫米为单位。

12.3.2 建筑物、构筑物、铁路、道路方位角（或方向角）和铁路、道路转向角的度数，宜注写到“秒”，特殊情况应另加说明。

12.3.3 铁路纵坡度宜以千分计，道路纵坡度、场地平整坡度、排水沟沟底纵坡度宜以百分计，并应取小数点后一位，不足时以“ ”补齐。

12.4 坐标标注

12.4.1 总图应按上北下南方向绘制。根据场地形状或布局，可向左或右偏转，但不宜超过 45°。总图中应绘制指北针或风玫瑰图（图 12.4.1）。

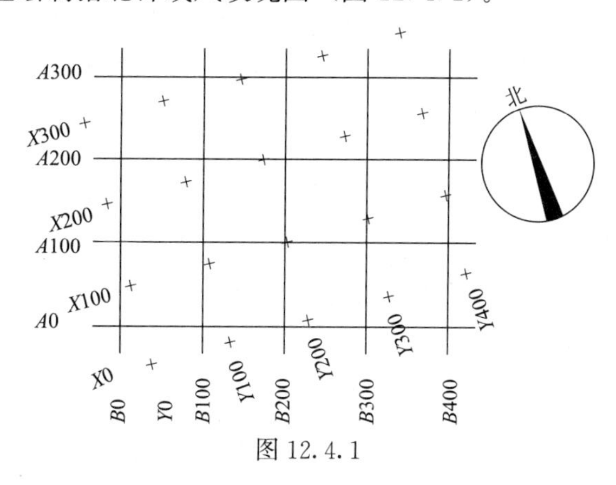

图 12.4.1

注：图中 X 为南北方向轴线，X 的增量在 X 轴线上；Y 为东西方向轴线，Y 的增量在 Y 轴线上，A 轴相当于测量坐标网中的 X 轴，B 轴相当于测量坐标网中的 Y 轴。

12.4.2 坐标网格应以细实线表示。测量坐标网应画成交叉十字线，坐标代号宜用“X、Y”表示；建筑坐标网应画成网格通线，自设坐标代号宜用“A、B”表示（图 2.4.1）。坐标值为负数时，应注“—”号，为正数时，“+”号可以省略。

12.4.3 总平面图上有测量和建筑两种坐标系统时，应在附注中注明两种坐标系统的换算公式。

12.4.4 表示建筑物、构筑物位置的坐标应根据设计不同阶段要求标注，当建筑物与构筑物与坐标轴线平行时，可注其对角坐标。与坐标轴线成角度或建筑平面复杂时，宜标注三个以上坐标，坐标宜标注在图纸上。根据工程具体情况，建筑物、构筑物也可用相对尺寸定位。

12.4.5 在一张图上，主要建筑物、构筑物用坐标定位时，根据工程具体情况也可用相对尺寸定位。

12.4.6 建筑物、构筑物、铁路、道路、管线等应标注下列部位的坐标或定位尺寸：

1 建筑物、构筑物的外墙轴线交点；

2 圆形建筑物、构筑物的中心；

3 皮带走廊的中线或其交点；

4 铁路道岔的理论中心，铁路、道路的中线交叉点和转折点；

5 管线（包括管沟、管架或管桥）的中线交叉点和转折点；

6 挡土墙起始点、转折点墙顶外侧边缘（结构面）。

12.5 标高注法

12.5.1 建筑物应以接近地面处的 ±0.00 标高的平面作为总平面。字符平行于建筑长边书写。

12.5.2 总图中标注的标高应为绝对标高，当标注相对标高，则应注明相对标高与绝对标高的换算关系。

12.5.3 建筑物、构筑物、铁路、道路、水池等应按下列规定标注有关部位的标高：

1 建筑物标注室内 ±0.00 处的绝对标高在一栋建筑物内宜标注一个 ±0.00 标高，当有不同地坪标高以相对 ±0.00 的数值标注；

2 建筑物室外散水，标注建筑物四周转角或两对角的散水坡脚处标高；

3 构筑物标注其有代表性的标高，并用文字注明标高所指的位置；

4 铁路标注轨顶标高；

5 道路标注路面中心线交点及变坡点标高；

6 挡土墙标注墙顶和墙趾标高，路堤、边坡标注坡顶和坡脚标高，排水沟标注沟顶和沟底标高；

7 场地平整标注其控制位置标高，铺砌场地标注其铺砌面标高。

12.5.4 标高符号应按现行国家标准《房屋建筑制图统一标准》GB/T 50001 的有关规定进行标注。

12.6 名称和编号

12.6.1 总图上的建筑物、构筑物应注写名称，名称宜直接标注在图上。当图样比例小或图面无足够位置时，也可编号列表标注在图内。当图形过小时，可标注在图形外侧附近处。

12.6.2 总图上的铁路线路、铁路道岔、铁路及道路曲线转折点等，应进行编号。

12.6.3 铁路线路编号应符合下列规定：

1 车站站线宜由站房向外顺序编号，正线宜用罗马字表示，站线宜用阿拉伯数字表示；

2 厂内铁路按图面布置有次序地排列，用阿拉伯数字编号；

3 露天采矿场铁路按开采顺序编号，干线用罗马字表示，支线用阿拉伯数字表示。

12.6.4 铁路道岔编号应符合下列规定：

1 道岔用阿拉伯数字编号；

2 车站道岔宜由站外向站内顺序编号，一端为奇数，另一端为偶数。当编里程时，里程来向端宜为奇数，里程去向端宜为偶数。不编里程时，左端宜为奇数，右端宜为偶数。

12.6.5 道路编号应符合下列规定：

1 厂矿道路宜用阿拉伯数字，外加圆圈顺序编号；

2 引道宜用上述数字后加 1、2 编号。

12.6.6 厂矿铁路、道路的曲线转折点，应用代号 JD 后加阿拉伯数字顺序编号。

12.6.7 一个工程中，整套总图图纸所注写的场地、建筑物、构筑物、铁路、道路等的名称应统一，各设计阶段的上述名称和编号应一致。

12.7 图 例

总平面图例 **表 12.7.1**

序号	名称	图例	备注
1	新建建筑物	X= Y= ① 12F/2D H=59.00m	新建建筑物以粗实线表示与室外地坪相接处±0.00外墙定位轮廓线 建筑物一般以±0.00高度处的外墙定位轴线交叉点坐标定位。轴线用细实线表示，并标明轴线号 根据不同设计阶段标注建筑编号，地上、地下层数，建筑高度，建筑出入口位置（两种表示方法均可，但同一图纸采用一种表示方法） 地下建筑物以粗虚线表示其轮廓 建筑上部（±0.00以上）外挑建筑用细实线表示 建筑物上部连廊用细虚线表示并标注位置
2	原有建筑物		用细实线表示

续表

序号	名称	图例	备注
3	计划扩建的预留地或建筑物		用中粗虚线表示
4	拆除的建筑物		用细实线表示
5	建筑物下面的通道	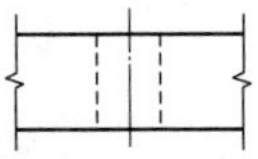	—
6	散状材料露天堆场	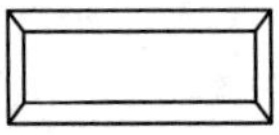	需要时可注明材料名称
7	其他材料露天堆场或露天作业场	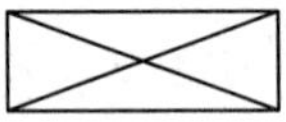	需要时可注明材料名称
8	铺砌场地	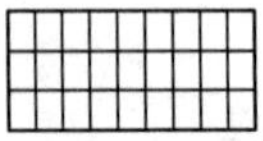	—
9	敞棚或敞廊	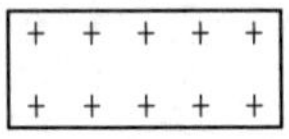	—
10	高架式料仓	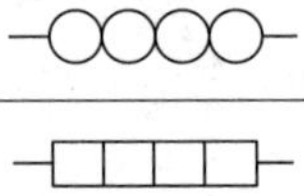	—
11	漏斗式贮仓		左、右图为底卸式 中图为侧卸式
12	冷却塔（池）	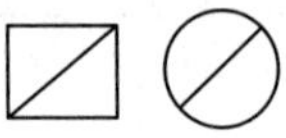	应注明冷却塔或冷却池
13	水塔、贮罐	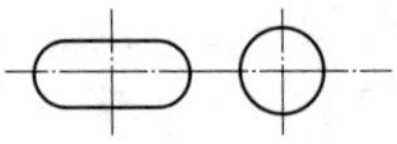	立式贮罐为卧式贮罐 右图为水塔或立式贮罐
14	水池、坑槽		也可以不涂黑
15	明溜矿槽（井）	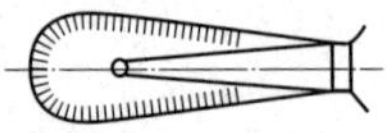	—
16	斜井或平硐	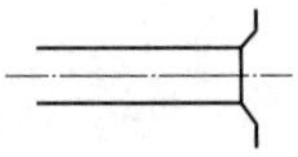	—

续表

序号	名称	图例	备注
17	烟囱		实线为烟囱下部直径，虚线为基础，必要时可注写烟囱高度和上、下口直径
18	围墙及大门		—
19	挡土墙	5.00 1.50	挡土墙根据不同设计阶段的需要标注 墙顶标高 墙底标高
20	挡土墙上设围墙		—
21	台阶及无障碍坡道	1. 2.	1. 表示台阶(级数仅为示意) 2. 表示无障碍坡道
22	露天桥式起重机	G_n= (t)	起重机起重量 G_n，以吨计算 “+”为柱子位置
23	露天电动葫芦	G_n= (t)	起重机起重量 G_n，以吨计算 “+”为支架位置
24	门式起重机	G_n= (t) G_n= (t)	起重机起重量 G_n，以吨计算 上图表示有外伸臂 下图表示无外伸臂
25	架空索道		“Ⅰ”为支架位置
26	斜坡卷扬机道		—
27	斜坡栈桥 (皮带廊等)		细实线表示支架中心线位置
28	坐标	1. X=105.00 Y=425.00 2. A=105.00 B=425.00	1. 表示地形测量坐标系 2. 表示自设坐标系 坐标数字平行于建筑标注
29	方格网交叉点标高	−0.50 77.85 78.35	“78.35”为原地面标高 “77.85”为设计标高 “0.50”为施工高度 “—”表示挖方(“+”表示填方)

续表

序号	名称	图例	备注
30	填方区、挖方区、未整平区及零线	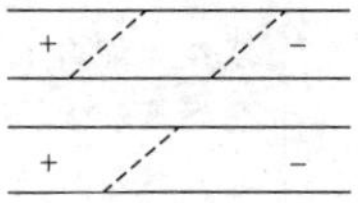	“+”表示填方区 “-”表示挖方区 中间为未整平区 点划线为零点线
31	填挖边坡	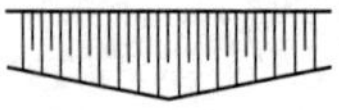	—
32	分水脊线与谷线	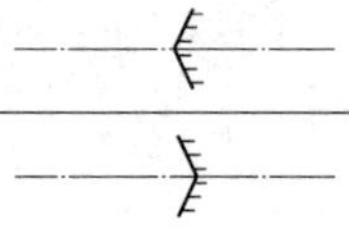	上图表示脊线 下图表示谷线
33	洪水淹没线	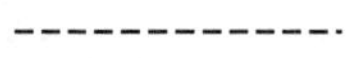	洪水最高水位以文字标注
34	地表排水方向		—
35	截水沟	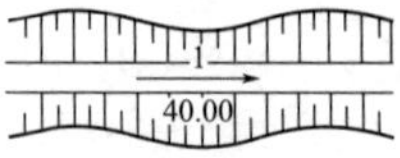 1 40.00	“1”表示1%的沟底纵向坡度，“40.00”表示变坡点间距离，箭头表示水流方向
36	排水明沟	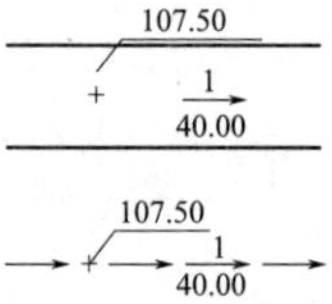 107.50 + 1 40.00 107.50 + 1 40.00	上图用于比例较大的图面 下图用于比例较小的图面 “1”表示1%的沟底纵向坡度，“40.00”表示变坡点间距离，箭头表示水流方向 “107.50”表示沟底变坡点标高（变坡点以“+”表示）
37	有盖板的排水沟	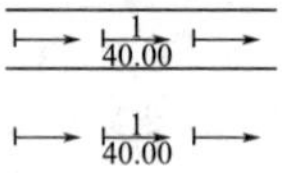 1 40.00 1 40.00	—
38	雨水口	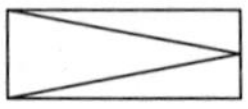	1. 雨水口 2. 原有雨水口 3. 双落式雨水口
39	消火栓井		—
40	急流槽	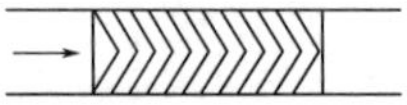	箭头表示水流方向
41	跌水	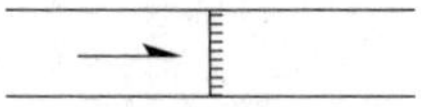	
42	拦水（闸）坝	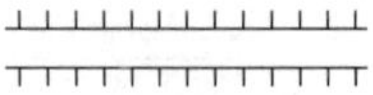	—
43	透水路堤	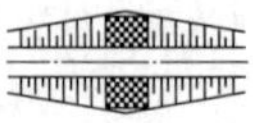	边坡较长时，可在一端或两端局部表示

续表

序号	名称	图例	备注
44	过水路面		—
45	室内地坪标高	151.00 (±0.00)	数字平行于建筑物书写
46	室外地坪标高	143.00	室外标高也可采用等高线
47	盲道		—
48	地下车库入口		机动车停车场
49	地面露天停车场		—
50	露天机械停车场		露天机械停车场

道路与铁路图例 **表 12.7.2**

1	新建的道路	0.30% 100.00 R=6.00 107.50	“R=6.00”表示道路转弯半径；“107.5”为道路中心线交叉点设计标高，两种表示方式均可，同一图纸采用一种方式表示；“100.00”为变坡点之间距离，“0.30%”表示道路坡度，一表示坡向
2	道路断面	1. 2. 3. 4.	1. 为双坡立道牙 2. 为单坡立道牙 3. 为双坡平道牙 4. 为单坡平道牙
3	原有道路		—
4	计划扩建的道路		—

续表

5	拆除的道路	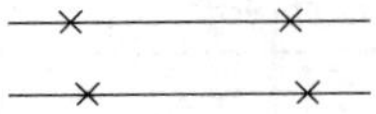	—
6	人行道	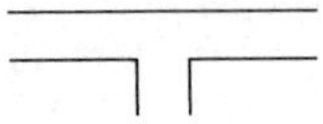	—
7	道路曲线段	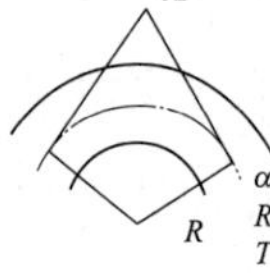 JD R α=95° R=50.00 T=60.00 L=105.00	主干道宜标以下内容： JD为曲线转折点，编号应标坐标 α为交点 T为切线长 L为曲线长 R为中心线转弯半径 其他道路可标转折点、坐标及半径
8	道路隧道	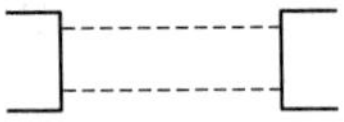	—
9	汽车衡	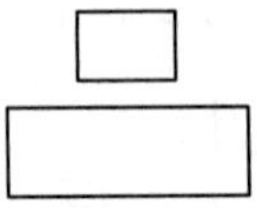	—
10	汽车洗车台	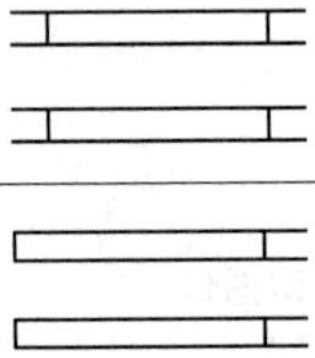	上图为贯通式下图为尽头式
11	运煤走廊	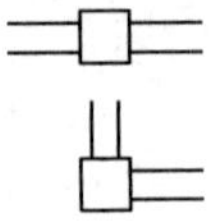	—
12	新建的标准轨距铁路		—
13	原有的标准轨距铁路		—
14	计划扩建的标准轨距铁路		—
15	拆除的标准轨距铁路		—
16	原有的窄轨铁路	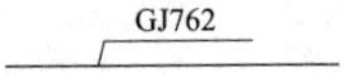 GJ762	—
17	拆除的窄轨铁路	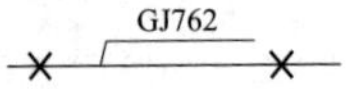 GJ762	“GJ762”为轨距（以mm计）
18	新建的标准轨距电气铁路		—

续表

19	原有的标准轨距电气铁路		—
20	计划扩建的标准轨距电气铁路		—
21	拆除的标准轨距电气铁路		—
22	原有车站		—
23	拆除原有车站		—
24	新设计车站		—
25	规划的车站		—
26	工矿企业车站		—
27	单开道岔	n	"1/n"表示道岔号数 n 表示道岔号
28	单式对称道岔	n	
29	单式交分道岔	1/n 3	
30	复式交分道岔	n	
31	交叉渡线	n n n n	—
32	菱形交叉		
33	车挡		上图为土堆式 下图为非土堆式
34	警冲标		—
35	坡度标	GD112.00 6 8 110.00 180.00 56 44	"GD112.00"为轨顶标高,"6"、"8"表示纵向坡度为 6‰、8‰,倾斜方向表示坡向,"110.00"、"180.00"为变坡点间距离,"56"、"44"为至前后百尺标距离
36	铁路曲线段	JD2 α-R-T-L	"JD2"为曲线转折点编号,"α"为曲线转向角,"R"为曲线半径,"T"为切线长,"L"为曲线长

续表

37	轨道衡		粗线表示铁路
38	站台		—
39	煤台		粗线表示铁路
40	灰坑或检查坑		
41	转盘		
42	高柱色灯信号机	(1) (2) (3)	(1)表示出站、预告 (2)表示进站 (3)表示驼峰及复式信号
43	矮柱色灯信号机		—
44	灯塔		左图为钢筋混凝土灯塔 中图为木灯塔 右图为铁灯搭
45	灯桥		—
46	铁路隧道		—
47	涵洞、涵管		上图为道路涵洞、涵管，下图为铁路涵洞、涵管 左图用于比例较大的图面，右图用于比例较小的图面
48	桥梁		用于旱桥时应注明 上图为公路桥，下图为铁路桥
49	跨线桥		道路跨铁路
			铁路跨道路
			道路跨道路
			铁路跨铁路
50	码头		上图为固定码头 下图为浮动码头

续表

51	运行的发电站		—
52	规划的发电站		—
53	规划的变电站、配电所		—
54	运行的变电站、配电所		—

管线图例 **表 12.7.3**

序号	名称	图例	备注
1	管线	代号	管线代号按国家现行有关标准的规定标注 线型宜以中粗线表示
2	地沟管线	代号 代号	—
3	管桥管线	代号	管线代号按国家现行有关标准的规定标注
4	架空电力、电信线	代号	“○”表示电杆 管线代号按国家现行有关标准的规定标注

园林景观绿化图例 **表 12.7.4**

序号	名称	图例	备注
1	常绿针叶乔木		—
2	落叶针叶乔木		—
3	常绿阔叶乔木		—
4	落叶阔叶乔木		—
5	常绿阔叶灌木		—
6	落叶阔叶滋木		—

续表

序号	名称	图例	备注
7	落叶阔叶乔木林		—
8	常绿阔叶乔木林		—
9	常绿针叶乔木林		—
10	落叶针叶乔木林		—
11	针阔混交林		—
12	落叶灌木林		—
13	整形绿篱		—
14	草坪	1. 2. 3.	1. 草坪 2. 表示自然草坪 3. 表示人工草坪
15	花卉		—
16	竹丛		—
17	棕榈植物		—

续表

序号	名称	图例	备注
18	水生植物	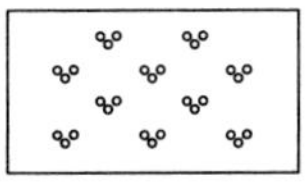	—
19	植草砖	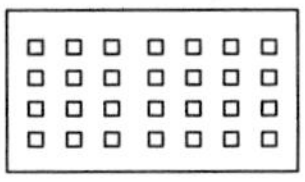	—
20	土石假山	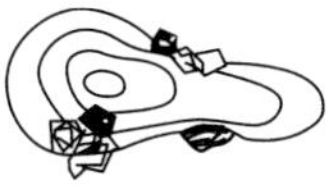	包括“土包石”、“石抱土”及假山
21	独立景石	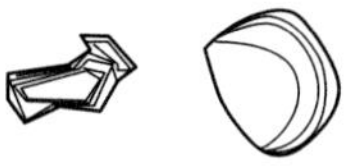	—
22	自然水体	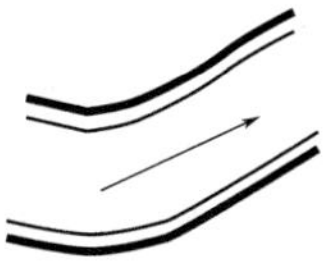	表示河流以箭头表示水流方向
23	人工水体		—
24	喷泉		—